环球网校
只做职教 | www.hqwx.com

10年真题精解

安全生产技术基础

环球网校注册安全工程师考试研究院 组编

立信会计出版社
LIXIN ACCOUNTING PUBLISHING HOUSE

图书在版编目(CIP)数据

安全生产技术基础 / 环球网校注册安全工程师考试研究院组编. —上海 ：立信会计出版社，2024.1
（10 年真题精解）
ISBN 978-7-5429-7466-2

Ⅰ.①安… Ⅱ.①环… Ⅲ.①安全生产—资格考试—题解Ⅳ.①X93-44

中国国家版本馆 CIP 数据核字(2023)第 250252 号

责任编辑　毕芸芸

10 年真题精解:安全生产技术基础

Shinian Zhenti Jingjie:Anquan Shengchan Jishu Jichu

出版发行	立信会计出版社		
地　　址	上海市中山西路 2230 号	邮政编码	200235
电　　话	(021)64411389	传　　真	(021)64411325
网　　址	www.lixinaph.com	电子邮箱	lixinaph2019@126.com
网上书店	http://lixin.jd.com	http://lxkjcbs.tmall.com	
经　　销	各地新华书店		
印　　刷	三河市中晟雅豪印务有限公司		
开　　本	787 毫米×1092 毫米　　1 / 16		
印　　张	14		
字　　数	352 千字		
版　　次	2024 年 1 月第 1 版		
印　　次	2024 年 1 月第 1 次		
书　　号	ISBN 978-7-5429-7466-2/X		
定　　价	49.00 元		

如有印订差错，请与本社联系调换

环球君寄语

真题是最好的备考资料。唯有对真题进行细致深入的分析，才能真正把握命题趋势、找准重点难点、击破薄弱点，进而高效率备考，顺利通过考试。

本书之所以选择对近10年真题进行深入分析，是因为10年的跨度足够长。一个成熟的考试，经历10年命题、答题、复盘、检验，会形成一定的规律。这个规律不仅反映了考试情况，也反映了行业特点、发展趋势。

尽管注册安全工程师职业资格考试在2019年进行了改革，由之前的不分专业考试改为分专业考试；同时，由于很多法律、法规、规范等进行了修订，之前的考试题目大多已经不适应应试要求，被重新调整，但是经仔细分析发现，一些重点、难点自始至终没有发生太大变化，这是由于安全行业的一些核心内容没有发生变化。考虑到注册安全工程师职业资格考试的特点，本书在编写过程中主要以近5年真题为主，融合近10年的考查重点，结合最新法律、法规及规范对真题进行精解。

“10年真题精解”中的“精”意味着精雕细刻、精耕细作、精益求精；“精解”意味着本书对真题的分析精细入微。本书不仅对10年真题涉及的考点进行提炼分析、归纳总结，还设置了“举一反三”的精选习题、恰到好处的“环球君点拨”等栏目。

“10年真题精解”的策划、撰稿、审校、测评、发行，不是一蹴而就的，而是经历了3年的磨砺、沉淀，得到环球网校百余位老师、教研员的大力支持。在本书付梓之时，感谢所有参与创作、审校的老师：李征、杨云飞、康小瑜、王颖、程博悦、杨亚男、田立方、袁文嵩等。

特别感谢本书作者王颖。王颖老师是安全、建工、造价领域的资深讲师，拥有十余年授课经验。王老师对考试的研究极为深入，能够用简洁明快的语言阐述晦涩难懂的知识，对考生要求较为严格，被考生亲切地称为“打手老师”。

环球网校自2003年成立至今，已经陪伴、帮助千万考生通过资格考试。20年来，环球网校始终秉持“以考生为中心”的理念设计产品，不仅制作了大量精良的课程，还推出了备受考生好评的“云私塾Pro”，打造千人千面的AI自适应学习系统。作为产品的重要组成部分，图书也不例外。近些年来，我们的图书品质不断优化，品种逐步丰富。相信这套“10年真题精解”丛书将成为帮助您顺利通过考试的利器。

亲爱的考生，加油！

环球网校注册安全工程师考试研究院

环球君的备考建议

复习备考是一个枯燥乏味但又需要长期坚持的过程，不仅需要努力，而且需要科学的方法。有了科学合理的备考方法，复习会变得容易，效率会更高。环球君针对资格考试复习备考总结了一套完整的方法论，在这里分享给大家，以帮助您更好地使用本书，高效备考！

一、学习价值曲线

环球君建议您在复习备考之前，先了解学习逻辑，因为这是指导学习的基础，解决大家不知道怎么学，以及如何更高效学习的问题。对此，环球君也发现了学习逻辑规律——如下图所示的学习价值曲线，其在整个在线培训行业的课程设置上都产生了深远的影响力。

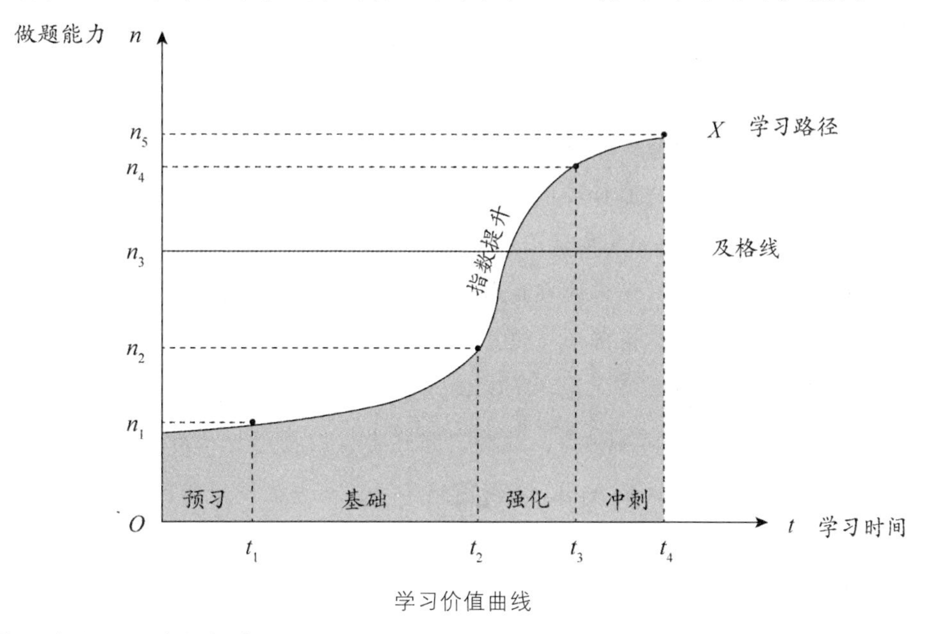

学习价值曲线

对学习价值曲线进行解读如下：

(1) 在预习和基础阶段，核心目的是构建知识框架。这个阶段知识量太大，很容易遗忘，要理解知识，不必苛求当下就能掌握。

(2) 备考的目的是通过考试，通过考试的关键是提高做题能力。根据学习价值曲线可以看出，强化和冲刺阶段是提升做题能力的关键。强化阶段的重点是以做题的方式对知识进行输出，总结错题、难题，归纳关联知识点；冲刺阶段的重点是查漏补缺，强化高频考点和必考点的学习，进行突击提分。

二、本书使用方法

三分学、七分练，无论采用哪种复习方法，都要把做题放在第一位。做题就要做好题，好题的代表是真题。通过对近10年的考试真题进行剖析、比对、筛选，环球网校注册安全工程师考试研究院精心挑选出典型真题，并对其进行深入分析，对相关考点进行点题和适度拓展，组编了这套“10年真题精解”丛书，以有效帮助您提升做题能力。建议您按照以下方法使用本书，以达到最佳复习效果。

（一）什么时候开始用这套丛书

做真题之前，建议先对自己的基础进行判断。如果认为自己基础还不错，可以直接开始做本书中的题目；如果基础较差，建议先听环球网校基础班课程，快速听一遍之后，就可以开始做本书的题目了。

（二）如何使用这套丛书

第一步：独立做题，标记正确与否。建议用红色笔对错题进行突出标记。

第二步：认真分析答案解析（无论是否正确，都要认真看解析），判断自己对知识是否“真正”掌握。

第三步：逐字逐句阅读真题精解部分。真题精解部分对真题相关考点进行了考情分析，并对其核心内容进行了细致阐述。通过对这部分的学习，您会对该考点的内容、考查方式、重要程度了然于胸。

第四步：做“举一反三”栏目中的典型题。学习要学以致用、融会贯通。做更多优质的题目不仅可以检验自己能否准确运用所学知识点，还可以训练解题思路。

为方便您更好、更高效地学习，本书在重要的、不易理解的考点设有二维码，您扫码即可看到环球网校名师对该考点的详细讲解。此外，您还可以扫描下方“看课扫我”“做题扫我”二维码兑换安全工程师课程和题库App，随时随地学习，全方位提升应试水平。

“10年真题精解”是环球网校呕心沥血之作，期待这套丛书能够帮助您熟悉出题“套路”，学会解题“思路”，找到破题“出路”。在注册安全工程师职业资格考试备考之路上，环球网校全体教学教研团队将与您携手同行，助您一路通关！

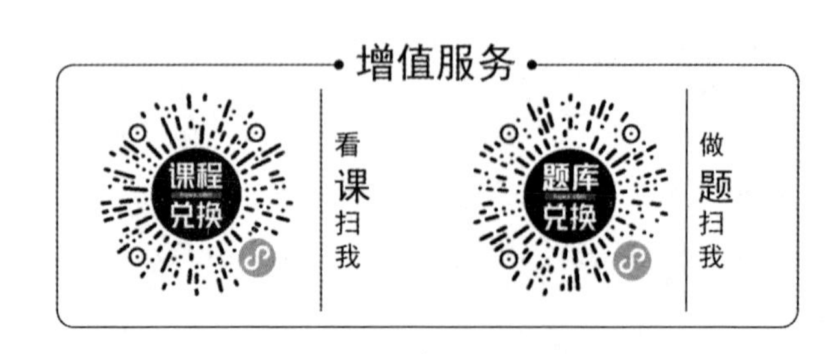

目　录

第一篇　走进中级注册安全工程师考试

第二篇　10 年真题精解

第一篇

走进中级注册安全工程师考试

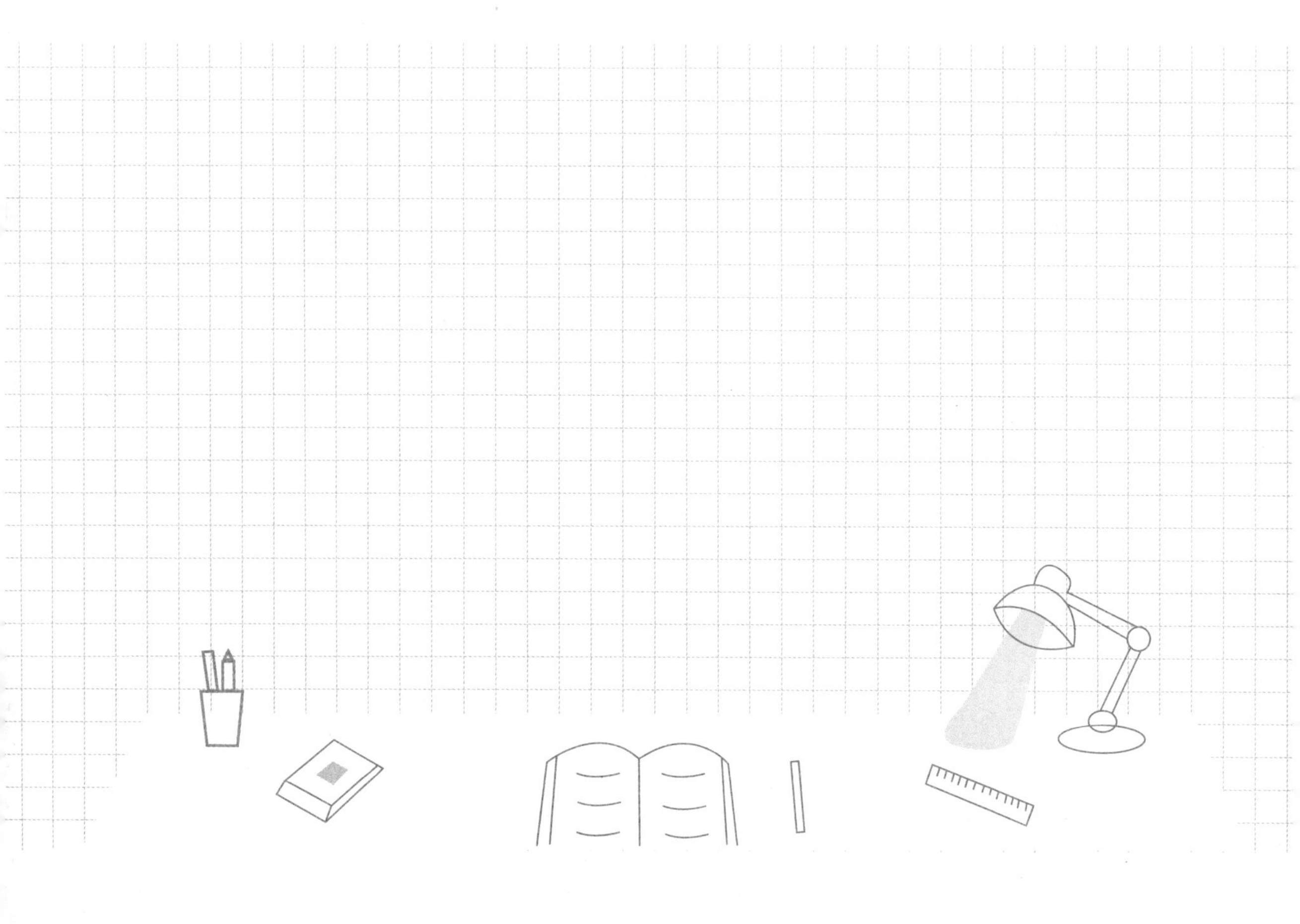

一、考试特点

中级注册安全工程师职业资格考试在2019年进行了改革，考试内容和考试大纲均做了很大调整。其中，最重要的变化是进行了专业的划分。目前，中级注册安全工程师考试科目共4个，分为3个公共科目和1个专业科目。公共科目为“安全生产法律法规”“安全生产管理”和“安全生产技术基础”；专业科目为“安全生产专业实务”，包括煤矿安全、金属非金属矿山安全、化工安全、金属冶炼安全、建筑施工安全、道路运输安全和其他安全（不包括消防安全）7个专业类别。

近两年“安全生产技术基础”科目真题考查的特点趋于综合化、专业化、深入化和细致化。另外，特种设备相关内容会考查较多超纲题目，考试难度有所增加。想要顺利通过考试，需要把基础打牢、恒重知识点“吃透”，注重专业知识的积累。

以下是对“安全生产技术基础”科目考试内容的梳理。

第一章“机械安全技术”

本章共包含六节内容。第一节“机械安全基础知识”、第六节“安全人机工程”的内容属于通用内容，贯穿于机械使用的全过程。第二节至第五节属于是典型机械危害因素、安全附件、安全技术要求的具体内容，分别介绍了金属切削机床、砂轮机、冲压剪切机械、木工机械的相关内容。第五节重点介绍了铸造安全技术和锻造安全技术的危害因素、工艺要求等。本章数字内容较多，需记忆的内容也较多。

第二章“电气安全技术”

本章共包含五节内容。第一节“电气事故及危害”，需掌握电击事故与电伤事故类型的区分、电流对人体的影响。第二节“触电防护技术”是本章的核心内容，需要理解电力“三大系统”的原理和特点，安全电压、电气隔离、不导电环境设置的要求。第三节“电气防火防爆技术”，需掌握电气引燃源、爆炸危险区域的划分、防爆电气线路、电气防火防爆技术的要求。第四节“雷击和静电防护技术”，需掌握雷电的危害和防护措施、静电的危害和防护措施。第五节“电气装置安全技术”，需掌握手持电动工具的类型、高低压电气设备、电气安全监测仪器相关内容。

第三章“特种设备安全技术”

本章共包含七节内容。第一节“锅炉安全技术”，需重点掌握锅炉的安全管理要求、安全附件、安全操作要求；第二节“气瓶安全技术”，需重点掌握气瓶的安全管理要求、安全附件、安全操作要求；第三节“压力容器安全技术”，需重点掌握压力容器的安全附件、安全操作要求和事故；第四节“压力管道安全技术”，需重点掌握压力管道的分类、安全附件及安全操作要求；第五节“起重机械安全技术”，需重点掌握起重机械安全管理的内容，安全附件、安全操作、司索工的工作要求。在上述五种特种设备中，锅炉、气瓶、起重机械是必考内容，压力容器、压力管道属于重要考点。此五类特种设备在考试中也经常考查超纲内容。第六节“场（厂）内专用机动车辆安全技术”、第七节“大型游乐设施安全技术”的考点分布相对稀疏，掌握重要知识点即可。

第四章“防火防爆安全技术”

本章共包含五节内容。第一节“火灾爆炸事故机理”、第二节“防火防爆技术”是本章的重要理论内容，需要重点理解和掌握。第三节“烟花爆竹安全技术”、第四节“民用爆炸物品安全技术”涉及内容较多，考点范围较广，掌握重要考点即可。第五节“消防设施与器材”，考点相对集中，需掌握常考点和进行自我突破。

第五章“危险化学品安全基础知识”

本章共包含六节内容。第一节“危险化学品安全的基础知识”，需重点掌握危险化学品的主要危险特性和 SDS 的内容。第二节“危险化学品燃烧爆炸的分类、破坏作用及预防”，需重点掌握燃烧爆炸的分类、特点及举例。第三节“危险化学品储存、运输与包装安全技术”、第四节“危险化学品经营的安全要求”，考试时主要从生产经营的角度对危险化学品进行考查。第五节“泄漏控制与销毁处置技术”，需重点掌握相关技术措施。第六节“危险化学品的危害及防护”，考试时主要考查相关知识点的应用，如出现危险化学品危害时如何进行处置，如何选用合适的防护用品。

二、考情分析

根据对近 5 年真题考查内容的研究总结，可以发现“安全生产技术基础”科目考查的内容越来越专业化，增加了应用类题目和识图类题目；对常规知识点的考查越来越综合、越来越细致；要求考生更注重专业知识的积累。

近 5 年考试真题分值统计表见下表。

近 5 年考试真题分值统计表（单位：分）

各章考点名称		考试年份					考频
		2023	2022	2021	2020	2019	
第一章	**机械安全技术**	**15**	**15**	**21**	**19**	**15**	
考点名称	机械使用过程中的危险有害因素	0	0	1	1	0	中频
	机械危险部位及其安全防护措施	1	1	0	0	0	低频
	实现机械安全的途径与对策	3	1	2	1	1	高频
	机械制造生产场所安全技术	0	0	1	1	0	中频
	金属切削机床存在的主要危险	1	1	2	2	0	高频
	砂轮机安全技术	2	1	2	2	0	高频
	压力机	0	1	0	0	1	中频
	剪板机	1	2	1	1	0	高频
	木材加工特点和危险因素	0	0	1	1	0	中频
	木工平刨床安全技术	1	0	0	0	2	低频
	带锯机安全技术	0	0	0	0	1	低频
	圆锯机安全技术	2	1	1	1	0	高频
	铸造作业危险有害因素及安全技术措施	0	1	3	2	1	高频
	锻造作业危险有害因素及安全技术措施	1	2	1	2	3	高频
	人的特性	0	2	3	3	1	高频
	人与机器特性的比较	1	0	1	1	3	高频
	人机系统和人机作业环境	2	2	2	1	2	高频
第二章	**电气安全技术**	**22**	**20**	**27**	**20**	**16**	

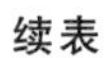

续表

各章考点名称		考试年份					考频
		2023	2022	2021	2020	2019	
考点名称	触电事故种类	1	1	1	2	1	高频
	电流对人体作用的影响	1	2	2	1	1	高频
	绝缘、屏护和间距	1	2	1	1	4	高频
	保护接地和保护接零	2	1	4	3	1	高频
	双重绝缘、安全电压和漏电保护	3	3	0	3	2	高频
	电气引燃源	2	1	3	1	1	高频
	爆炸危险区域	0	0	3	2	0	中频
	防爆电气设备和防爆电气线路	1	0	1	0	2	中频
	电气防火防爆技术	1	0	0	1	1	中频
	雷电防护技术	4	3	4	1	1	高频
	静电防护技术	1	1	5	3	1	高频
	低压电气设备	4	6	1	0	1	高频
	电气线路	0	0	1	1	0	中频
	电气安全检测仪器	1	0	1	1	0	中频
第三章	**特种设备安全技术**	**16**	**13**	**15**	**11**	**15**	
考点名称	锅炉安全附件	2	1	0	1	0	中频
	锅炉使用安全技术	0	0	1	0	2	中频
	锅炉事故	1	1	0	1	1	高频
	气瓶概述	2	3	2	1	1	高频
	气瓶充装	0	0	0	0	1	低频
	充装站对气瓶的日常管理	2	1	1	3	0	高频
	压力容器基础知识	0	0	1	0	1	中频
	压力容器安全附件、仪表及安全技术	1	0	2	0	2	中频
	压力管道基础知识	0	1	2	0	0	中频
	压力管道安全技术及事故	0	0	2	0	1	中频
	起重机械使用安全管理	1	1	0	1	2	高频
	起重机械使用安全技术	3	3	2	2	2	高频
	场（厂）内专用机动车辆使用安全技术	3	1	1	1	1	高频
	大型游乐设施使用安全管理及其安全装置	1	1	1	1	1	高频
第四章	**防火防爆安全技术**	**15**	**18**	**20**	**15**	**14**	

续表

各章考点名称		考试年份					考频
		2023	2022	2021	2020	2019	
考点名称	燃烧与火灾	1	1	2	1	2	高频
	爆炸	2	4	4	3	5	高频
	点火源及其控制	0	1	1	1	0	高频
	爆炸控制	2	1	2	3	3	高频
	防火防爆安全装置及技术	5	4	4	2	2	高频
	烟花爆竹基本安全知识	1	2	4	2	1	高频
	民用爆炸物品生产安全基础知识	1	1	1	1	0	高频
	消防设施	1	2	0	1	1	高频
	消防器材	2	2	2	1	0	高频
第五章	**危险化学品安全基础知识**	**11**	**10**	**10**	**7**	**8**	
考点名称	危险化学品的主要危险特性	1	1	0	0	1	中频
	化学品安全技术说明书和安全标签的内容及要求	3	2	0	1	1	高频
	燃烧爆炸的分类	1	1	1	1	2	高频
	爆炸的破坏作用	0	1	1	0	1	高频
	危险化学品火灾、爆炸事故的预防	1	1	2	0	1	高频
	危险化学品储存的基本要求	3	0	1	1	0	中频
	危险化学品经营企业的条件和要求	0	1	1	2	0	高频
	危险化学品火灾控制	2	1	1	1	1	高频
	毒性、放射性危险化学品	0	2	3	1	1	高频
	劳动防护用品选用原则	0	1	1	1	0	高频

三、备考指导

“安全生产技术基础”科目可按照三阶段学习法进行学习。

（一）基础阶段

此阶段以理解知识点为主，通过基础学习掌握科目的知识框架，了解重要知识点有哪些。在基础阶段侧重理解，通过章节练习题进行强化记忆。

（二）强化阶段

此阶段以知识拔高为主，重点掌握知识点之间的关联性，进行知识点的总结和对比。在强化阶段侧重记忆，通过强化学习提高知识点的掌握程度，通过模拟题进行查漏补缺。

（三）冲刺阶段

此阶段以近5年真题为主线，熟悉和掌握出题人的思路、出题方向，对于高频考点做到不丢分，通过真题模拟考试限时做题的方式，将自己调整到最佳状态。

在整体学习过程当中，根据知识点的特点、自己对知识点的掌握程度、考点的重要程度合理分配时间，切记“钻牛角尖”。

四、答题技巧

“安全生产技术基础”科目考试考查 85 道客观题，其中 70 道单选题、15 道多选题。对单选题进行作答时应尽量准确，如果无法确定正确答案或者题目超纲，则可以先利用已学到的知识进行分析，再进行筛选；对于多选题一定要遵循“宁缺毋滥”的原则，切不可贪多，除非十分有把握。针对客观题的特点，分享以下几个做题技巧。

（一）直选法

题目如果考查简单，一般会考查概念、数字，可在对知识点掌握相对熟练的基础上直接选择正确答案。

（二）对比法

题目考查某一知识点，选项中有相似内容，可先进行对比，根据已知考点内容排除“绝对错误”选项，再进行分析判断。

（三）排除法

有些题目可从选项的设置中判断出绝对正确或者绝对错误的选项，根据“绝对错误/绝对正确”的特点，选择与题干相符的答案。

（四）常识法

对一些超纲类题目，在作答的时候可以结合自己生活或工作常识进行考虑，这类题目近几年考查越来越多，主要是对考生综合能力和专业素养的考查。

第二篇

10年真题精解

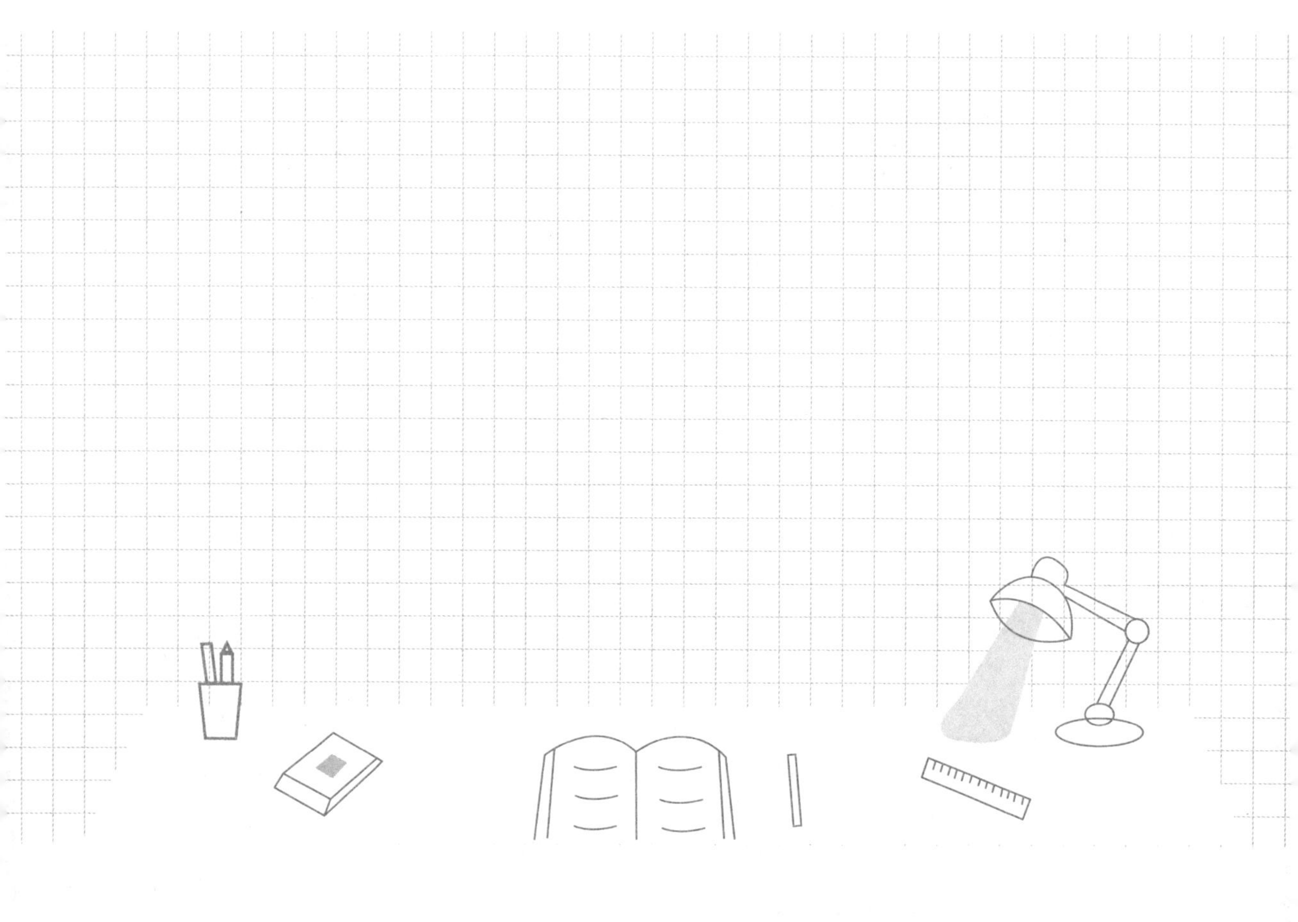

第一章　机械安全技术

第一节　机械安全基础知识

考点 1　机械使用过程中的危险有害因素［2021、2020］

真题链接

［2021 · 单选］金属切削作业存在较多危险因素，包括机械危险、电气危险、热危险、噪声危险等因素，可能会对人体造成伤害。因此，切削机床设计时应尽可能排除危险因素。下列切削机床设计中，针对机械危险因素的是（　　）。

A. 控制装置设置在危险区以外　　B. 友好的人机界面设计

C. 工作位置设计考虑操作者体位　　D. 传动装置采用隔离式防护装置

［解析］“控制装置设置在危险区以外”属于电气系统的防护。“友好的人机界面设计”“工作位置设计考虑操作者体位”属于满足安全人机学要求。

［答案］D

［2020 · 单选］机械使用过程中的危险可能来自机械设备和工具自身、原材料、工艺方法和使用手段等多方面，危险因素可分为机械性危险因素和非机械性危险因素。下列危险因素中，属于非机械性的是（　　）。

A. 挤压　　B. 碰撞

C. 冲击　　D. 噪声

［解析］根据关键词“职业、电、人”可以判断选项 D 正确。

［答案］D

真题精解

点题：本系列真题考查的是机械使用过程中的危险有害因素，主要考查考生对于机械性伤害与非机械性伤害的区分。对于本考点的考查有两种方式，一种是直接考查两种伤害类型的区分；另一种则需要结合题目中设置的安全防护措施，分析并判断是哪种类型的危险有害因素。

分析：机械使用过程中的危险有害因素主要包括机械性危险有害因素和非机械性危险有害因素。

1. 机械性危险有害因素

机械性危险有害因素包括：锋利的刀刃、尖锐的边角、粗糙的表面；运动的机械部位造成的挤压、剪切、缠绕；人、物体的高处坠落或者超高压、压力释放时引起的伤害；运动的机械部件飞出、脱落、断裂对人造成的打击伤害；机械“抵抗能力”不够导致的伤害，即机械的抗倾覆、抗滑能力、机械强度不够；料堆（垛）坍塌、土石方滑坡导致的窒息。以上情形，在危害的致因中均属于由机械性的运动导致的。

2. 非机械性危险有害因素

非机械性危险有害因素主要包括：

(1)“职业病”伤害，如振动危险、噪声危险、高低温危险、辐射危险、材料和物质产生的危险。

(2) 电气危险。

(3) 未遵循人机工程学原则导致的危险，如强迫体位、设备尺寸设计不合理等。

拓展：考生需要记忆并且区分机械性危险和非机械性危险，学习时可以选择记忆相对少的内容，做题时运用排除法选择正确答案。其中非机械性危险有害因素可以巧记为“职业、电、人”，根据这三个关键词可以对机械性危险有害因素的类别进行有效区分。

举一反三

[典型例题 1·单选] 某化工厂因扩大生产，新建一所厂房，由于疏于管理，造成一起重大安全事故。经安全小组进行检查，发现以下问题，下列问题中属于非机械性危险有害因素的是（　　）。

A. 厂区内的压力容器安全泄压装置失效，存在重要元件超压运行的情形

B. 轨道式起重机铁鞋质量存在问题，有倾覆的危险

C. 物料堆（垛）超高，缺少防止坍塌的措施

D. 焊接车间噪声超过规定值，且缺少降噪措施

[解析] 根据关键词“职业、电、人”，可以判断选项 D 为非机械性危险有害因素。

[答案] D

[典型例题 2·单选] 某施工现场，工人张某跟随师父李某在混凝土搅拌现场熟悉生产作业环境。李某与人交谈时，张某因好奇触碰下料斗的启动按钮，致使下料口门开启，此时下料斗内一工人赵某正在清理料斗结块，斗门突然开启致使赵某从 3m 高的下料斗口摔落至地面，随即被落下的混凝土块砸中，当场死亡。导致此次事故发生的机械性危险有害因素是（　　）。

A. 料斗丧失稳定性、机械强度不够导致的坍塌、电气故障

B. 高处坠落料块的势能、击中物体的动能、料块坠落时产生的挤压

C. 料斗口锋利的边缘、机械强度不够导致的坍塌、料斗中尖锐部位造成的形状伤害

D. 高处坠落的势能伤害、料斗口稳定性丧失、料斗中尖锐部位造成的形状伤害

[解析] 根据题目背景描述可以判断此次事故是由高处坠落料块的势能、击中物体的动能、料块坠落时产生的挤压导致的。选项 A 中“电气故障”属于非机械性伤害。选项 C、D 中“料斗口锋利的边缘”“料斗中尖锐部位造成的形状伤害”属于无中生有。

[答案] B

[典型例题 3·单选] 危险因素可分为机械性危险因素和非机械性危险因素。下列危险有害因素中，属于机械性的是（　　）。

A. 高温　　B. 辐射

C. 振动　　D. 挤压

[解析] 非机械性危险有害因素包括“职业、电、人”，通过排除法可以判断选项 D 正确。

[答案] D

环球君点拨

本考点属于安全生产技术基础科目常规考点，是考生必须掌握的内容。本考点相对简单，较容易掌握。在机械性与非机械性危险有害因素中可以通过掌握内容较少的非机械性危险有害因素排除选项，选择正确答案。考生可结合上述“点题”中的两种考试方式进行掌握，尤其是出现本考点结合安全防护措施知识点时，要能够分析出安全防护措施针对的伤害类型进而再结合题干作答。

扫码听课

考点 2　机械危险部位及其安全防护措施 [2023、2022、2018]

真题链接

[2023・单选] 在机械设备旋转轴上的凸起物可能造成人体接触后衣物缠绕。下列机械安全防护装置中，适用于具有凸起物的旋转轴的是（　　）。

A. 护套或防护罩　　B. 开口式防护罩

C. 固定式防护罩　　D. 移动式防护罩

[解析] 具有凸起物的旋转轴应利用固定式防护罩进行全面封闭。

[答案] C

[2022・单选] 机械设备运动部分是最危险的部位，尤其是那些操作人员易接触到的零部件。下列针对不同机械设备转动部位的危险所采取的安全防护措施中，正确的是（　　）。

A. 针对轧钢机，在旋式轧辊处采用钳形防护罩防护

B. 针对辊式输送机，在驱动轴上游安装防护罩防护

C. 针对啮合齿轮，齿轮传动机构采用半封闭防护

D. 针对手持式砂轮机，在磨削区外采用局部防护

[解析] 选项 B 错误，应在驱动轴下游安装钳形防护罩。选项 C 错误，齿轮传动机构应采用全封闭型的防护装置。选项 D 错误，除了磨削区域附近，均应加以密闭来提供防护。

[答案] A

[2018・单选] 皮带传动的危险出现在皮带接头及皮带进入到皮带轮的部位，通常采用金属骨架的防护网进行防护。下列关于皮带传动系统的防护措施中，不符合安全要求的是（　　）。

A. 皮带轮中心距在 3m 以上，采用金属骨架的防护网进行防护

B. 皮带宽度在 15cm 以上，采用金属骨架的防护网进行防护

C. 皮带传动机构离地面 2m 以下，皮带回转速度在 9m/min 以下，未设防护

D. 皮带传动机构离地面 2m 以上，皮带轮中心距在 3m 以下，未设防护

[解析] 皮带传动机构距离地面 2m 以下时，需要设置防护装置（金属骨架防护网），选项 C 错误。

[答案] C

真题精解

点题：本系列真题考查的是机械危险部位及其安全防护措施，不同的运动方式存在的危险部位不同，因此采用的安全防护措施不同。对于本考点要求掌握每种运动方式下不同的运动部件存在的危险部位及防护措施，建议考生归纳总结，掌握关键词。2023 年、2022 年和 2018 年真题类似，均考查了辊轴的内容。

分析：机械危险部位及其安全防护措施包括：转动的危险部位及防护——两轴、三辊、两轮；直线运动的危险部位及防护；皮带轮的危险部位及安全防护装置设置要求。机械危险部位及其安全防护措施内容较多，需要记忆的内容也较多，因此本书对转动的危险部位、皮带轮的相关内容做以下分析总结，以帮助考生提高对于本考点的掌握程度。

1. 转动的危险部位——两轴、三辊、两轮

转动的危险部位——两轴、三辊、两轮的相关内容见表 1-1。

表 1-1 转动的危险部位——两轴、三辊、两轮

类型		防护装置的设置
两轴	光滑的转动轴（无凸起部分）	设置护套：松散的、与轴具有 12mm 净距
	有凸起部分的转动轴（联轴器）	固定式防护罩全面封闭
三辊	对旋式轧辊	钳型防护罩
	牵引辊	钳型条、减小开口间隙
	辊式输送机	驱动轴下游设置防护罩；所有滚轴都被驱动则无须安装
两轮	啮合齿轮	全封闭型防护装置；防护罩内壁涂成红色；电气联锁
	有辐轮	金属盘片；弹簧离合器

（1）两轴：需要注意光滑的转动轴防护装置在进行设置时，护套的状态是“松散”，而不是“紧固”。

（2）三辊：牵引辊设置钳型条的目的是减小开口间隙，降低卷入的风险。“减小开口间隙”≠“减小开口尺寸”，与减小开口间隙不同的是减小开口尺寸改变了牵引辊的工艺参数，因此“减小开口尺寸”是错误的表述。

（3）两轮：啮合齿轮防护罩内壁涂成红色，砂轮机罩内壁涂成黄色，此处二者容易混淆。

2. 皮带轮

皮带轮的相关内容见表 1-2。

表 1-2 皮带轮的相关内容

项目	内容
危险部位	皮带接头、皮带进入轮的部位
设置安全防护的情形	传动机构离地面 2m 以下
	传动机构离地面 2m 以上且皮带轮中心距在 3m 以上
	传动机构离地面 2m 以上且皮带宽度在 15cm 以上
	传动机构离地面 2m 以上且皮带回转速度在 9m/min 以上
安全装置设置	金属骨架防护网，距离皮带不小于 50mm

对于皮带轮设置安全防护装置的条件高效掌握的方法：太矮（2m）、太长（3m）、太宽（15cm）、太快（9m/min）。对于皮带轮而言，要求考生能够根据题目中给出的转动方向，在示意图上识别皮带轮的危险部位。

拓展：本考点多考查防护装置的设置，考试中多为抽取其中几项内容要求考生判断不同的危险部位防护装置设置是否符合要求。本考点内容不难理解，考生需要注意细节，如是“不大于”还是“不小于”、数字、设置安全装置的位置，需要精准掌握。

举一反三

［典型例题 1・单选］机械设备存在不同程度的危险部位，在人操纵机械的过程中对人造成伤害。下列关于机械危险部位防护的说法中，错误的是（　　）。

A. 对于无凸起的转动轴，光滑暴露部分可以装一个和轴可以互相滑动的护套

B. 对于有凸起的转动轴，可以使用固定式防护罩对其进行全封闭保护

C. 对于辊轴交替驱动的辊式输送机，可以在驱动轴的上游安装防护罩

D. 对于常用的牵引辊，可以安装钳型条通过减少间隙提供保护

［解析］对于辊轴交替驱动的辊式输送机，在驱动轴的下游安装防护罩；如果所有滚轴都被驱动，则不存在卷入危险，无须设置防护装置。

［答案］C

［典型例题 2・单选］带"轮"的机械设备是一类特殊的旋转机械。下列对于此类机械设备的说法中，错误的是（　　）。

A. 啮合齿轮部件必须有全封闭的防护装置，且装置必须坚固可靠

B. 当有辐轮附属于一个转动轴时，最安全的方法是用手驱动

C. 砂轮机的防护装置除磨削区附近，其余位置均应封闭

D. 啮合齿轮的防护罩应方便开启，内壁涂成红色，应安装电气联锁装置

［解析］运动的有辐轮对人可能造成机械性伤害，不能直接用手进行驱动，可以通过设置金属盘片或弹簧离合器减少危险的发生。

［答案］B

［典型例题 3・单选］下列关于做直线运动的机械设备存在的危险有害因素的说法中，正确的是（　　）。

A. 砂带机的砂带应远离操作者方向运动，具有止逆装置

B. 存在直线运动的带锯机，为方便操作，可将带锯条全部露出

C. 运动平板或滑枕达到极限位置时，端面距离和固定结构的间距不能小于 100mm，以免造成挤压

D. 为了方便调整配重块的操作，可以将配重块大部分露出

［解析］选项 B 错误，带锯条、带锯机在使用过程中仅用于切割材料部分可以露出，其他部分应加以封闭。选项 C 错误，工作台和滑枕为防止产生挤压伤害应预留安全距离，安全距离不应小于 500mm，注意对数字的精准掌握。选项 D 错误，配重块应在全部行程中加以封闭。

［答案］A

［典型例题 4・单选］皮带传动的危险出现在皮带接头及皮带进入到皮带轮的部位，通常采用金属焊接的防护网进行防护。下列皮带传动系统的防护措施中，符合安全要求的是（　　）。

A. 皮带传动安装了金属焊接的防护网，金属网与皮带的距离为 35mm

B. 皮带宽度在 15cm 以上，采用金属焊接的防护网进行防护

C. 皮带传动机构离地面 2m 以下，皮带回转速度在 9m/min 以上，未设防护

D. 传动机构离地面 2m 以下，皮带轮中心距在 3m 以下，未设防护

［解析］选项 A 错误，金属骨架防护网与皮带的距离不应小于 50mm。选项 C、D 错误，传动机构离地面 2m 以下时必须设置安全防护装置，没有其他附加条件。传动机构离地面 2m 以上，且

满足“太长”“太宽”“太长”条件之一时也应设置安全防护装置。

[答案] B

环球君点拨

本考点属于安全生产技术基础科目的基础考点，是考生必须掌握的内容。本考点相对简单，在第一章后续介绍的机械安全技术中各个机械的危险因素中均有体现。本考点涉及数字内容较多，需要考生精准掌握，因此考生需要多看、多记，利用关键词、口诀进行掌握。

考点 3 实现机械安全的途径与对策 [2023、2022、2021、2020、2019、2013]

真题链接

[2023 · 单选] 机械设备安全包括机械产品安全和机械使用安全。机械使用安全应通过直接、间接、提示性安全技术措施等途径实现。改变机器的设计或优化性能属于（　　）。

A. 直接安全技术措施　　B. 其他安全防护措施

C. 提示性安全技术措施　　D. 间接安全技术措施

[解析] 消除或减小相关的风险，应按下列等级顺序选择安全技术措施，即“三步法”。第一步：本质安全设计措施，也称直接安全技术措施。第二步：安全防护措施，也称间接安全技术措施。第三步：使用安全信息，也称提示性安全技术措施。本质安全设计措施是指通过改变机器设计或工作特性，来消除危险或减小与危险相关的风险的安全措施。

[答案] A

[2021 · 单选] 本质安全设计措施是指通过改变机器设计或工作特性，来消除危险或减少与危险相关的风险的安全措施。下列采用的安全措施中，属于本质安全措施的是（　　）。

A. 采用安全电源　　B. 设置防护装置

C. 设置保护装置　　D. 设置安全标志

[解析] 采用安全电源属于本质安全设计措施中使用本质安全的工艺过程和动力源，选项 A 正确。设置防护装置、保护装置属于安全防护措施，设置安全标志属于使用安全信息。

[答案] A

[2021 · 单选] 机械产品设计应考虑维修性，以确保机械产品一旦出现故障，易发现、易检修。下列机械产品设计要求中，不属于维修性考虑的是（　　）。

A. 关键零部件的多样化设计

B. 零部件的标准化与互换性

C. 故障部位置于危险区以外

D. 足够的检修活动空间

[解析] 维修性设计应考虑的要求包括：将维护、润滑和维修设定点放在危险区之外；检修人员接近故障部位进行检查、修理、更换零件等维修作业的可达性；零部件的标准化与互换性，同时必须考虑维修人员的安全。选项 A 属于可靠性设计应考虑的内容。（注：2021 年真题对于此知识点也考查多选题：产品维修性设计应考虑的主要因素的内容。）

[答案] A

[2022 · 单选] 安全防护措施是指从人的安全需求出发，采用特定的技术手段防止或限制各种

危险的安全措施，包括防护装置、保护装置及其他补充措施。其中防护装置有固定式、运动式、联锁式、栅栏式等。关于防护装置特性的说法正确的是（　　）。

A. 固定式防护装置位置固定，不能打开或拆除

B. 联锁式防护装置的开闭状态与防护对象的危险状态相联锁

C. 活动式防护装置与机器的构架相连接，使用工具才能打开

D. 栅栏式防护装置用于防护传输距离不大的传动装置

[解析] 选项 A 错误，固定式防护装置的特点为不用工具不能将其打开或拆除。选项 C 错误，活动式防护装置的特点为不用工具就可以打开。选项 D 错误，栅栏式防护装置适用于防护范围比较大的场合。

[答案] B

[2019 · 单选] 消除或减小相关风险是实现机械安全的主要对策和措施，一般通过本质安全技术、安全防护措施、安全信息来实现。下列关于机械安全的对策和措施中，属于安全防护措施的是（　　）。

A. 采用易熔塞、限压阀　　　　B. 设置信号和警告装置

C. 采用安全可靠的电源　　　　D. 设置双手操纵装置

[解析] 安全防护装置分为保护装置、防护装置和补充保护措施。其中防护装置包括壳、罩、屏、门、盖、栅栏等结构和封闭式装置；保护装置包括联锁装置、双手操纵装置、能动装置、限位装置等；补充保护措施以急停装置为代表。

[答案] D

[2020 · 单选] 安全保护装置是通过自身结构功能限制或防止机器某种危险，从而消除或减小风险的装置。常见的种类包括联锁装置、能动装置、敏感保护装置、双手操作式装置、限制装置等。下列关于安全保护装置功能的说法中，正确的是（　　）。

A. 联锁装置是防止危险机器功能在特定条件下停机的装置

B. 限制装置是防止机器或危险机器状态超过设计限度的装置

C. 能动装置是与停机控制一起使用的附加手动操纵装置

D. 敏感保护装置是探测周边敏感环境并发出信号的装置

[解析] 选项 A 错误，联锁装置是用于防止危险机器功能在特定条件下运行的装置。选项 C 错误，能动装置的特点是与启动控制一起使用，通过连续操作使机器执行预定功能。选项 D 错误，敏感保护装置工作时主要是通过探测人体或人体局部，向控制系统发出信号降低被探测人员风险的装置。

[答案] B

真题精解

点题：本系列真题考查的是实现机械安全的途径与对策，本考点主要考查本质安全设计措施、安全防护措施、安全信息使用三个方面的内容。本考点可考查的内容较多，考查形式灵活，主要包括：

（1）分类。首先是本质安全设计措施、安全防护措施、安全信息使用的分类，要求能够根据题目背景、举例进行判断并选择题中的类别。其次是防护装置和保护装置的内容，要求通过题干加以辨析。

（2）概念（作用）。关于防护措施的作用、防护装置的选用是常考点，此类题目主要要求根据防护装置、保护装置的概念及作用进行区分，结合工作环境选用合适的防护装置、保护装置。

安全信息的使用特点比较明显，一般以直接考查的形式进行考查，此部分内容较易得分，要求考生精准掌握。但是，对于安全标志的内容需要注意安全标志的特点、应用场景，考试时考生容易在此丢分。

2013 年真题考查本质安全措施的区分，考查形式同 2021 年真题。

分析：安全防护措施和安全色的使用的主要内容如下。

1. 安全防护措施

由于需要记忆、区分的内容较多，以下分别总结了防护装置、保护装置和补充保护措施的内容，考生可将相似内容对比学习，以提高此知识点的掌握程度，具体内容见表 1-3。

表 1-3 安全防护措施

安全防护措施	典型举例	具体内容
防护装置	（1）壳、罩、门、盖、栅栏等 （2）固定式、活动式、联锁式	提供防护的物理屏障；具有隔离、阻挡、容纳和其他作用
保护装置	联锁装置	防止危险机器功能在特定条件下运行的装置
	能动装置	一种附加手动操纵装置，与启动控制一起使用，并且只有连续操作时，才能使机器执行预定功能
	双手操纵装置	需要双手同时操作，强制操作者在机器运转期间，双手没有机会进入机器的危险区，是保护操作者的一种装置
	敏感保护装置	用于探测人体或人体局部，并向控制系统发出正确信号以降低被探测人员风险的装置
	机械抑制装置	在机构中引入的能靠其自身强度，防止危险运动的机械障碍（如楔、轴、撑杆、销）的装置
补充保护措施	急停装置	（1）红色掌揿或蘑菇式开关、拉杆操作开关等，附近衬托色为黄色 （2）急停装置被启动后，在用手动重调之前应不可能恢复电路

2. 安全色的使用

（1）红色：表示危险、禁止、停止或者消防设施、设备等。需要特别注意的是红色可以表示机械设备中的停止按钮、刹车及停车装置；飞轮、齿轮、皮带轮的轮辐、轮毂等的裸露部位；仪表刻度盘上极限位置的刻度等。

（2）黄色：表示注意、警告等。如警告标志、警告信号、防护栏杆等。其中需要注意的是皮带轮及其防护罩的内壁、砂轮机罩的内壁涂黄色，区分于齿轮装置防护罩的内壁颜色——红色。

（3）蓝色：用于道路交通标志和标线中警告标志。此处容易选错答案，考生需注意。

拓展：除了上述安全防护措施和安全色的使用，还需要学习本质安全设计措施、安全防护措施、安全信息的使用等内容。

1. 本质安全设计措施

本质安全设计措施与安全防护措施、安全信息使用最大的不同点在于本质安全设计措施主要强调在机械设备的“设计阶段”就考虑了机械设备可能带来的危险性，进而在机械设备设计的时候尽量减小或者消除相关危险性。如合理的结构形式、限制机械应力以保证足够的抗破坏能力、使用本质安全的工艺过程和动力源、控制系统的安全设计、材料和物质的安全性、机械的可靠性和维修性设计、遵循安全人机工程学的原则。

2. 安全防护措施

安全防护措施包括防护装置、保护装置及其他补充保护措施。其中防护装置的作用、特点、类型是常考内容。保护装置的类型、作用、特点是高频考点。补充保护装置多考查急停装置，急停装置的设置要求也要求考生必须掌握。

3. 安全信息的使用

安全信息的使用中信息的使用原则、安全标志的选用、设置和安全色的内容为常考内容。

举一反三

[典型例题 1 • 单选] 下列实现机械安全的途径与对策措施中，不属于本质安全措施的是（　　）。

A. 通过设置合理的安全间距，使人体避免进入危险区域

B. 系统的安全装置布置高度符合安全人机工程学原则

C. 改革工艺，减少噪声、振动，控制有害物质的排放

D. 在基坑边缘设置栏杆，防止人员跌入基坑

[解析] 选项 D，在基坑边缘设置栏杆属于设置防护装置，不属于本质安全。

[答案] D

[典型例题 2 • 单选] 机械的可靠性设计一方面是指设备的可靠性，即机械设备尽量少出故障；另一方面是指设备的维修性，即设备出了故障易修复。根据此原则，下列不符合维修性设计考虑的要求是（　　）。

A. 将维护、润滑和维修设定点放在危险区之内

B. 检修人员接近故障部位进行检查、修理、更换零件等维修作业的可达性

C. 考虑封闭设备用于人员进行检修的开口部分的结构及其固定方式

D. 零部件的标准化与互换性和维修人员的安全

[解析] 机械设备的维修性设计应将维护、润滑和维修设定点放在危险区之外，选项 A 错误。

[答案] A

[典型例题 3 • 单选] 防护装置是指用于提供防护的物理屏障，可以将人与危险隔离。下列关于防护装置及其功能的描述中，正确的是（　　）。

A. 防护装置可以防止人体任何部位进入机械的危险区触及各种运动零部件——阻挡作用

B. 防护装置可以防止飞出物打击，高压液体意外喷射或防止人体灼烫、腐蚀伤害等——隔离作用

C. 防护装置可以接受可能由机械抛出、掉落、射出的零件及其破坏后的碎片等——阻挡作用

D. 防护装置可以在有特殊要求的场合对烟雾、噪声等具有特别阻挡、隔绝密封、吸收或屏蔽——其他作用

[解析] 防护装置的作用包括隔离、阻挡、容纳和其他作用 4 个方面。防止人体任何部位进入

机械的危险区触及各种运动零部件，选项 A 是隔离作用。防止飞出物打击，高压液体意外喷射或防止人体灼烫、腐蚀伤害等，选项 B 是阻挡作用。接受可能由机械抛出、掉落、射出的零件及其破坏后的碎片等，选项 C 是容纳作用。在有特殊要求的场合，应对电、高温、火、爆炸物、振动、辐射、粉尘、烟雾、噪声等具有特别阻挡、隔绝、密封、吸收或屏蔽作用，选项 D 是其他作用。

[答案] D

[典型例题 4 · 多选] 保护装置是通过自身的结构功能限制或防止机器的某种危险，消除或减小风险的装置。下列关于保护装置种类及其对应关系的说法中，不正确的是（　　）。

A. 联锁装置是用于防止危险机器功能在特定条件下运行的装置，有机械、电气等类型

B. 敏感保护装置是用于环境，并向控制系统发出正确信号以降低被探测人员风险的装置

C. 限制装置是指在机构中引入的能靠其自身强度，防止危险运动的机械障碍的装置

D. 机械抑制装置是防止机器或危险机器状态超过设计限度的装置

E. 有限运动控制装置是与机器控制系统一起作用的，使机器元件做有限运动的控制装置

[解析] 敏感保护装置是用于探测人体或人体局部，并向控制系统发出正确信号以降低被探测人员风险的装置，选项 B 错误。机械抑制装置是在机构中引入的能靠其自身强度，防止危险运动的机械障碍（如楔、轴、撑杆、销）的装置，选项 C 错误。限制装置是防止机器或危险机器状态超过设计限度（如空间限度、压力限度、载荷限度等）的装置，选项 D 错误。

[答案] BCD

[典型例题 5 · 单选] 补充保护措施也称附加预防措施，是指在设计机器时，除了通过设计减小风险，采用安全防护措施和提供各种使用信息外，还另外采取的有关安全措施。急停装置是补充保护措施的一种。下列关于急停装置的说法中，正确的是（　　）。

A. 急停装置的急停器件应为黄色掌揿或蘑菇式开关、拉杆操作开关等

B. 急停功能只可以部分削弱安全装置或与安全功能有关装置的效能

C. 急停装置应当设置在坚固不易破碎的玻璃罩内

D. 急停装置被启动后应保持接合状态，在手动重调之前应不可能恢复电路

[解析] 急停器件为红色掌揿或蘑菇式开关、拉杆操作开关等，附近衬托色为黄色，选项 A 错误。在紧急停止装置设置时，首先紧急停止装置的设置不能代替其他功能部件和结构，也不能代替其他安全装置；其次设置的紧急停止装置不能引起新的危险，选项 B 错误。急停装置可设置在操作者无危险随手可及之处，也可以设置在可碎玻璃壳内，选项 C 错误。

[答案] D

[典型例题 6 · 单选] 在进行企业风险分级管控和隐患排查治理巡查时，在某金属切削机床车间里，下列常见的安全标志中不是必须张贴的是（　　）。

A.

B.

C.

D.

[解析] 金属切削机床操作车间存在大量金属粉尘，必须佩戴防护眼镜、防尘口罩保证人体不受到粉尘危害，同时金属粉尘极易发生粉尘爆炸，要严格控制明火。

[答案] C

环球君点拨

本考点属于安全生产技术基础科目的基础考点，是考生必须掌握的内容。本考点较难理解，尤其是本质安全设计措施和安全防护措施的区分，他们有较多相似内容，因此一定要从原则上区分。本质安全设计措施强调在机械设备设计阶段就考虑安全性能；安全防护措施中防护装置强调“物理屏障”，保护装置强调通过“自身功能”消除和减小风险。

本考点内容可以循规蹈矩地考查，即直接考查考点内容；也可以灵活考查，结合所学内容、生产生活设计工艺进行考查，该考查方式要求考生要有一定的生产生活的积累。

考点 4　机械制造生产场所安全技术 [2021、2020、2014]

真题链接

[2021·单选] 机械制造企业的车间内设备应合理布局，各设备之间，管线之间，管线与建筑物的墙壁之间的距离应符合有关规范的要求。根据《机械工业职业安全卫生设计规范》(JBJ 18—2000)，大型机床操作面间最小安全距离是（　　）。

A. 0.5m　　B. 1.0m

C. 1.5m　　D. 2.0m

[解析] 根据大型机床操作面间最小安全距离的要求，大型机床操作面间最小安全距离是 1.5m。

[答案] C

[2020·单选] 某工厂为了扩大生产能力，在新建厂房内需安装一批设备，有大、中、小型机床若干，安装时要确保机床之间的间距符合《机械工业职业安全卫生设计规范》(JBJ 18—2000)。其中，中型机床之间操作面间距应不小于（　　）。

A. 1.1m　　B. 1.3m

C. 1.5m　　D. 1.7m

[解析] 根据中型机床操作面间最小安全距离的要求，中型机床之间操作面间距应不小于 1.3m。

[答案] B

真题精解

点题： 本系列真题考查的是机械制造生产场所安全技术，主要涉及总平面布置、通道宽度设置、设备布置及安全防护措施、采光照明、物资堆放的内容。考查方式主要是对规范中数据的考查，比较直接，要求考生精准掌握。

2014 年真题考查大型机床的安全距离，同上述 2021 年、2020 年真题考查形式相同。

分析： 本考点中“机床布置的最小安全距离”是一个常考点，需要根据不同的机械类型、机械部位选择对应的最小安全距离。

1. 机械类型区分

根据《机械工业职业安全卫生设计规范》（JBJ 18—2000）的规定，机床按重量和尺寸，可分为小型机床（最大外形尺寸<6m）、中型机床（最大外形尺寸 6～12m）、大型机床（最大外形尺寸>12m或质量>10t）、特大型机床（质量在 30t 以上）。

在 2021 年、2020 年真题的考查中，题目直接给出机械类型，要求考生根据题干直接选出最小安全距离即可。同时考生也需要掌握机械类型的规格，出题人可以在直接考查的基础上加大难度，给出机械规格考查最小安全距离。

2. 最小安全距离总结

机床布置的最小安全距离见表 1-4。

表 1-4　机床布置的最小安全距离

安全距离	小型机床	中型机床	大型机床	特大型机床
机床操作面间距/m	1.1	1.3	1.5	1.8
机床后面、侧面离墙柱间距/m	0.8	1.0	1.0	1.0
机床操作面离墙柱间距/m	1.3	1.5	1.8	2.0

（1）操作面间（小→特大）：“1.135 8”m。

（2）后侧面+墙柱：小“0.8”m，中→特大“1.0”m。

（3）操作面+墙柱（小→特大）：“1.358 0”m（0 指的是 2.0m）。

拓展：除了上述的最小安全距离，还有几组重要数据需要注意。

（1）通道。厂房大门净宽度应比最大运输件宽度大 600mm，比净高度大 300mm。人流与货流通道的出入口数量不少于 2 个。

（2）防护栏杆重型机床高于 500mm 的操作平台周围应设高度不低于 1 050mm 的防护栏杆。

（3）照明。疏散照明，水平疏散通道不应低于 1lx，垂直疏散区域不应低于 5lx。

（4）物资堆放。白班存放为每班加工量的 1.5 倍，夜班存放为加工量的 2.5 倍。当直接存放在地面上时，堆垛高度不应超过 1.4m。

举一反三

［典型例题 1·单选］各设备之间、管线之间，以及设备、管线与厂房、建（构）筑物的墙壁之间的距离，应符合有关设计和建筑规范要求。下列关于机床间的最小距离及机床至墙壁和柱之间的最小距离的说法中，正确的是（　　）。

A. 最大外形尺寸为 4m 的机床，机床后面、侧面离墙柱间距不得小于 1.0m

B. 最大外形尺寸为 11m 的机床，机床操作面离墙柱间距不得小于 1.8m

C. 质量为 15t 的机床，机床操作面间距不得小于 1.5m

D. 质量为 35t 的机床，机床后面、侧面离墙柱间距不得小于 2.0m

［解析］选项 A 错误，机床最大外形尺寸为 4m，则该机床属于小型机床，则机床后面、侧面离墙柱间距不得小于 0.8m。选项 B 错误，机床最大外形尺寸为 11m，则该机床属于中型机床，则机床操作面离墙柱间距不得小于 1.5m。选项 C 正确，机床质量为 15t，则该机床属于大型机床，则机床操作面间距不得小于 1.5m。选项 D 错误，机床质量为 35t，则该机床属于特大型机床，则机床后面、侧面离墙柱间距不得小于 1.0m。

[答案] C

[典型例题 2・多选] 通道包括厂区主干道和车间安全通道。下列关于厂区通道安全技术要求中，不合理的是（　　）。

A. 厂区主要生产区、仓库区道路不得环形布置

B. 道路上部管架和栈桥等，在干道上的净高不得小于 5m

C. 车间横向主要通道根据需要设置，其宽度不应小于 2 500mm

D. 铸造车间叉车行驶的通道宽度不得小于 2m

E. 铁路进厂房入口宽度应为 5.5m

[解析] 主要生产区、仓库区、动力区的道路，应环形布置，选项 A 错误。车间横向主要通道根据需要设置，其宽度不应小于 2 000mm，选项 C 错误。铸造车间叉车行驶的通道宽度为 3.5m，选项 D 错误。

[答案] ACD

[典型例题 3・多选] 某生产厂房因采光不合理、物资堆放不合理造成伤害。下列关于针对解决采光和物资堆放不合理的做法符合相关要求的是（　　）。

A. 已知铸造车间照明照度值为 100lx，则车间内的备用照明照度设定值除另有规定外，不得低于 5lx

B. 已知锻造车间照明照度值为 100lx，则车间内的安全照明照度设定值除另有规定外，不得低于 1lx

C. 疏散照明的地面平均水平照度值除另有规定外，水平疏散通道不应低于 1lx

D. 原材料、辅助材料等应限量储存，夜班存放应为加工量的 1.5 倍

E. 当成垛堆放的生产物料直接存放在地面上时，堆垛高度不应超过 1.4m

[解析] 选项 A 错误，备用照明的照度值除另有规定外，不低于该场所一般照明照度值的 10%，中车间备用照明照度值应不得低于 10lx。安全照明的照度标准值除另有规定外，不低于该场所一般照明照度标准值的 10%，选项 B 错误，车间安全照明照度值应不得低于 10lx。选项 D 错误，原材料、辅助材料白班存放为每班加工量的 1.5 倍，夜班存放为加工量的 2.5 倍。

[答案] CE

环球君点拨

本考点相对简单、容易掌握，但数字内容较多。想要答对本考点题目，需要精准掌握内容表述和数字内容。关于常考点“最小安全距离”可以结合上述总结内容对比记忆。

第二节　金属切削机床及砂轮机安全技术

考点 1　金属切削机床存在的主要危险 [2023、2022、2021、2020]

真题链接

[2023・单选] 金属切削加工存在诸多危险因素，包括机械、电气、噪声与振动等。下列金属切削机床电气设备的安全要求中，正确的是（　　）。

A. 电气设备应设置放电装置　　　　B. 紧急停止装置应设在操作区外

C. 电气设备应设置防触电措施　　D. 数控机床应在无人控制下启动

［解析］电气设备应设置防触电措施，选项 A 错误，选项 C 正确。控制装置应设置在危险区以外（紧急停止装置、移动控制装置等除外），选项 B 错误。数控机床不应在无人控制下启动，选项 D 错误。

［答案］C

［2022 · 单选］挤压和剪切是金属切割机床可能存在的机械伤害，引起此类伤害的主要危险因素是往复直线运动或往复摆动的零部件。关于金属切削机床存在挤压和剪切伤害的说法，错误的是（　　）。

A. 刀具与刀座之间存在挤压伤害

B. 刀具与刀座之间存在剪切伤害

C. 主轴箱与立柱之间存在剪切伤害

D. 工作台与立柱之间存在挤压伤害

［解析］工作台、立柱等部件快速移动容易引起冲击危险，而非挤压危险。

［答案］D

［2021 · 多选］切削机床存在机械、电气、噪声等多种危险因素，其中在操作过程中发生的飞出物造成的打击伤害属于机械伤害。下列切削机床作业危险产生的原因或部位中，可导致飞出物打击伤害的有（　　）。

A. 失控的动能　　B. 弹性元件的位能

C. 液体的位能　　D. 气体的位能

E. 接触的滚动面

［解析］飞出物打击的危险主要包括失控的动能、弹性元件的位能和液体或气体的位能。接触面的滚动面属于引入或卷入、碾轧的危险。

［答案］ABCD

［2020 · 多选］金属切削机床作业存在的机械危险多表现为人员与可运动部件的接触伤害。当通过设计不能避免或不能充分限制机械危险时，应采取必要的安全防护措施。下列防止机械危险的安全措施中，正确的有（　　）。

A. 危险的运动部件和传动装置应予以封闭，设置防护装置

B. 有行程距离要求的运动部件，应设置可靠的限位装置

C. 有惯性冲击的机动往复运动部件，应设置缓冲装置

D. 两个运动部件不允许同时运动时，控制机构禁止联锁

E. 有可能松脱的零部件，必须采取有效紧固措施

［解析］当运动部件不允许同时运动时，即多个运动部件同时运动引起较大的危险性，因此此时控制机构应该设置联锁机构，防止在多个运动部件同时运动时运行产生机械性伤害，选项 D 错误。

［答案］ABCE

真题精解

点题：2023 年真题考查的是金属切削机床的安全要求。2022 年、2021 年真题考查的是金属切削机床存在的主要危险的分类。此考点主要考查考生对内容的熟悉程度，能够区分每种举例归类即

可。从本质上来说，2020年真题考查的是保护装置的内容，但此题以金属切削机床为例，结合保护装置的内容进行考查，这也是此考点内容考查的趋势，更加强调前后考点的关联性。

分析：在“金属切削机床的机械危险”中，挤压危险与剪切危险容易被混淆。因此总结如下。

1. 接近型挤压危险

强调二者距离越来越近，对人造成挤压危险，如工作台、滑板与墙、柱之间，刀具与刀座、夹紧机构之间，以及操作者未观察、未预料到生产时产生的挤压。

2. 通过型剪切危险

强调二者发生错动的动作，如工作台与滑鞍之间、滑鞍与床身之间，刀具与刀座之间的错动、擦肩等。

考生可将“非机械性危险”结合本章第一节中学到的考点内容“职业、电、人”进行细化掌握。

拓展：通过此考点往年的考查，考生需要注意学习过程中前后考点的关联性，通过已知的知识解决不懂的问题。金属切削机床的危险性，可以通过第一节中的通用知识点“机械性危险、非机械性危险”进行分析并做出相应判断。

举一反三

[典型例题1·单选] 2021年7月15日，实习生张某在某厂厂房实习，在操作金属切削机床时由于未正确绑扎头发、佩戴工作帽，长发被绞缠进高速旋转的主轴中，造成了严重的机械伤害。根据上述情形可知导致此次事故发生的主要机械危险是（　　）。

A. 机床部件碾轧的危险

B. 机床部件的挤压、冲击危险

C. 旋转运动的机械部件卷绕和绞缠

D. 滑倒、绊倒跌落危险

[解析] 通过题目可知，由于张某未按照规定绑扎头发、佩戴安全帽，其长发绞缠进回转部件造成机械性伤害。

[答案] C

[典型例题2·多选] 下列选项中属于金属切削机床易造成机械性伤害的危险部位或危险部件的有（　　）。

A. 旋转排屑装置

B. 轮子与轨道的滚动面

C. 工作台与滑板之间

D. 油液引起的烫伤

E. 照度不够引发的伤害

[解析] 油液引起的烫伤属于热危险，照度不够引发的伤害属于设计时忽视人机工程学产生的危险，二者均属于非机械性危险。

[答案] ABC

环球君点拨

此考点属于安全生产技术基础科目的基础考点，难度系数较小。此考点相对简单，考生相对容易掌握，但对细节内容容易忽视，建议考生多阅读几遍考点内容，认真分析题干进行作答。

考点2 砂轮机安全技术［2023、2022、2021、2020、2017、2015、2014、2013］

真题链接

［2023・多选］砂轮机属于危险性较大的生产设备，虽然结构简单，但使用频率高，一旦发生事故，后果严重，因此，砂轮机在使用过程中必须遵守安全操作要求。下列砂轮机使用的安全要求中，正确的有（　　）。

A. 禁止多人共用一台砂轮机同时作业

B. 应使用砂轮的圆周表面进行磨削作业

C. 操作者应站在砂轮机的正前方位

D. 操作者应站在砂轮机的侧方位

E. 砂轮机的除尘装置应定期检查和维修

［解析］操作者应站在砂轮机的斜前方进行操作。

［答案］ABE

［2022・单选］某公司对正在使用的一批砂轮机进行安全检查。下列检查结果中，符合安全要求的是（　　）。

A. 一台一般用途砂轮机，砂轮直径为150mm，砂轮卡盘直径为45mm

B. 一台切断用砂轮机，砂轮直径为400mm，砂轮卡盘直径为120mm

C. 一台一般用途砂轮机的卡盘结构均匀平衡，表面存在尖棱锐边

D. 一台切断用砂轮机的卡盘与砂轮侧面的非接触部分的间隙为1.2mm

［解析］根据《砂轮机安全防护技术条件》（JB 8799—1998）的规定，一般用途的砂轮卡盘直径不得小于砂轮直径的1/3。一台一般用途砂轮机，砂轮直径为150mm，砂轮卡盘直径不应小于50mm，选项A错误。切断用砂轮的卡盘直径不得小于砂轮直径的1/4。一台切断用砂轮机，砂轮直径为400mm，砂轮卡盘直径不小于100mm，选项B正确。卡盘结构应满足受力均匀平衡的要求，其表面平滑无锐棱不能造成二次伤害，其中与砂轮接触的环形压紧面应满足平整的要求并且不得出现翘曲的情况，选项C错误。卡盘与砂轮侧面的非接触部分应有不小于1.5mm的足够间隙，选项D错误。

［答案］B

［2020・单选］砂轮装置由砂轮、主轴、卡盘和防护罩组成，砂轮装置的安全与其组成部分的安全技术要求直接相关。下列关于砂轮装置各组成部分安全技术要求的说法中，正确的是（　　）。

A. 砂轮主轴端部螺纹旋向应与砂轮工作时的旋转方向一致

B. 一般用途的砂轮卡盘直径不得小于砂轮直径的1/5

C. 卡盘与砂轮侧面的非接触部分应有不小于1.5mm的间隙

D. 砂轮防护罩的总开口角度一般不应大于120°

［解析］根据《砂轮机安全防护技术条件》（JB 8799—1998）的规定，砂轮主轴设置时要满足紧固的要求，又要保证砂轮结构受力的平衡性，因此砂轮主轴端部螺纹旋转方向应与砂轮工作时旋转方向相反，选项A错误。一般用途的砂轮卡盘直径不得小于砂轮直径的1/3，选项B错误。砂轮防护罩的总开口角度应不大于90°，如果使用砂轮安装轴水平面以下砂轮部分加工时，防护罩开口角度可以增大到125°。而在砂轮安装轴水平面的上方，在任何情况下防护罩开口角度都应不大于65°，选项D错误。

［答案］C

[2021·单选] 砂轮机借助高速旋转砂轮的切削作用除去工件表面的多余层，其操作过程容易发生伤害事故。无论是正常磨削作业、空转试验、还是修整砂轮，操作者都应站在砂轮机的（　　）。

A. 正后方　　B. 正前方

C. 斜后方　　D. 斜前方

[解析] 无论是正常磨削作业、空转试验还是修整砂轮，操作者应站在砂轮的斜前方位置，不得站在砂轮正面。

[答案] D

真题精解

点题：本系列真题考查的是砂轮机的安全要求和砂轮机的安全使用，具体主要考查砂轮机主要构件设置的参数和砂轮机操作过程中的安全使用要求。此考点考查内容较为明确，砂轮机主要构件的设置中主要考查数据，砂轮机的使用安全中主要考查操作者的站位、砂轮磨削部位、操作人数的要求。

2017 年真题考查砂轮机防护罩的相关参数，2014 年、2013 年真题考查砂轮机的安全参数要求，类似上述 2020 年真题。2015 年真题考查内容为砂轮机的安全操作要求，同上述 2023 年、2020 年、2021 年真题，考查内容不变，形式相同。

分析：砂轮机的安全要求中，重点是理解主要结构件安装时的规范要求，掌握具体数据，常考点为“作业部位”“站位”“人数要求”。

1. 砂轮机主要结构件安装时的规范数据要求

(1) 砂轮主轴设置时要满足紧固的要求，又要保证砂轮结构受力的平衡性，因此砂轮主轴端部螺纹旋转方向应与砂轮工作时旋转方向相反，主轴螺纹须延伸到紧固螺母的压紧面内，但不得超过砂轮最小厚度内孔长度的 1/2。

(2) 砂轮卡盘在设置时需要根据砂轮用途的不同进行设置，一般用途（磨削用途）砂轮卡盘直径不得小于砂轮直径的 1/3，切断用砂轮的卡盘直径不得小于砂轮直径的 1/4，卡盘与砂轮侧面的非接触部应有不小于 1.5mm 的足够间隙。在考试时一定要先判断是哪种用途的砂轮再进行关键数据的判断、选择。

(3) 砂轮防护罩开口角度的限制，首先要满足在砂轮安装轴水平面上方砂轮防护罩的开口角度在任何情况下都应不超过 65°，其次砂轮防护罩的总开口角度应不大于 90°，最后确因使用要求在砂轮安装轴下方进行加工时防护罩的开口角度可增大到 125°。需要注意的是，此处的 125°的开口，需要满足在水平面上方的开口不超过 65°。

2. 砂轮机作业部位、站位、人数要求

(1) 作业部位：由于砂轮是非均质结构容易崩裂，因此在进行磨削作业时应使用砂轮的圆周表面而非侧面。

(2) 站位：不管是正常磨削作业、空转试验还是整修砂轮，操作者都要站在砂轮机的斜前方。此处容易出现的干扰内容是表述为“操作者站在砂轮正面”。

(3) 人数要求：砂轮机要求单人使用，严禁多人共用一台砂轮机同时操作。

拓展：此考点内容不难理解，但数字内容较多，要求考生精准掌握。对于数字的内容，建议考生除多看、多写外，还可以自己画辅助图帮助理解和记忆。第一章中常考的机械考点并不是很多，偶尔也会进行纵向对比考查。

举一反三

[典型例题 1·单选] 砂轮机是常用的磨削工具之一，下列关于砂轮机的安全要求中描述错误的是（　　）。

A. 端部螺纹应满足防松脱的紧固要求，旋转方向与砂轮工作方向相同，砂轮机应标明旋转方向

B. 切断用砂轮卡盘直径不得小于砂轮直径的1/4，卡盘与砂轮机接触的环形压紧面应平整、不得翘曲

C. 使用砂轮安装轴水平面以下砂轮部分加工时，防护罩开口角度可增加到125°

D. 卡盘与砂轮侧面的非接触部分应有不小于1.5mm的足够间隙

[解析] 砂轮主轴设置时要满足紧固的要求，又要保证砂轮结构受力的平衡性，因此砂轮主轴端部螺纹旋转方向应与砂轮工作时旋转方向相反。为了保证砂轮受力，端部螺纹需要满足长度的要求，切实使得整个螺母能够旋入压紧，但整体长度不得超过砂轮最小厚度内孔长度的1/2。

[答案] A

[典型例题 2·单选] 砂轮机是一种高速运转、适用面广的手持电动工具，在使用的过程中容易对操作人员造成伤害。下列关于砂轮机使用的说法中，正确的是（　　）。

A. 有裂纹或损伤等缺陷的砂轮采取相应的安全技术措施后方可安装使用

B. 台式、落地砂轮机在空运转条件下，噪声声压级不得超过85dB

C. 应使用砂轮的圆周表面进行磨削作业，不宜使用侧面进行磨削

D. 当砂轮磨损时，砂轮的圆周表面与防护罩可调护板之间的距离应不大于6mm

[解析] 砂轮在安装使用前需要进行严格的检查，有裂纹或损伤等缺陷的砂轮绝对不准安装使用，选项A错误。对于台式、落地砂轮机在空运转条件下，噪声声压级不得超过80dB，选项B错误。当砂轮磨损时，砂轮的圆周表面与防护罩可调护板之间的距离应不大于1.6mm，选项D错误。

[答案] C

[典型例题 3·单选] 下列关于砂轮机使用安全要求的说法中，错误的是（　　）。

A. 新砂轮、经第一次修整的砂轮以及发现运转不平衡的砂轮都应做空载试验

B. 严禁多人共用一台砂轮机同时操作

C. 在进行磨削作业时应使用砂轮的圆周表面，不能用砂轮侧面进行磨削

D. 砂轮没有标记或标记不清，无法核对、确认砂轮特性的砂轮，不管是否有缺陷，都不可使用

[解析] 新砂轮、经第一次修整的砂轮以及发现运转不平衡的砂轮都应做平衡试验而非空载试验，选项A错误。

[答案] A

环球君点拨

此考点为安全生产技术基础科目的重要考点，要求考生必须掌握。此考点可以与带锯机、木工加工机械进行综合考查，因此要求考生有清晰的知识脉络，精准掌握考点。

第三节　冲压剪切机械安全技术

考点 1　压力机［2022、2019］

真题链接

［2022 · 单选］压力机危险性较大，其作业区应安置安全保护装置、安全保护控制装置等，以保障暴露于危险区的人员安全。某单位对下图所示压力机进行升级改造，为加强作业区的安全保护和控制，该压力机应安装的安全保护控制装置是（　　）。

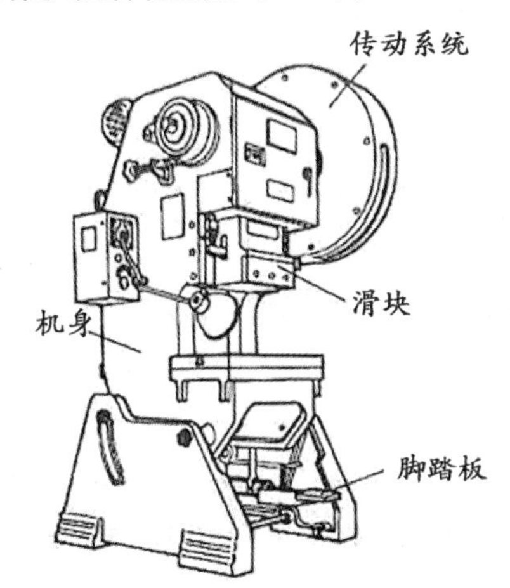

A. 推手式安全装置　　　　B. 光电式安全装置

C. 拉手式安全装置　　　　D. 栅栏式安全装置

［解析］根据《压力机用安全防护装置技术要求》（GB 5091—2011）的规定，压力机安全防护装置包含两类，一类是安全保护装置，另一类是安全保护控制装置。安全保护装置包括活动式、固定栅栏式、推手式、拉手式等。安全保护控制装置包括双手操作式、光电感应保护装置等。

［答案］B

［2019 · 单选］压力机危险性较大，其作业区应安装安全防护装置，以保护暴露于危险区的人员安全。下列安全防护装置中，属于压力机安全保护控制装置的是（　　）。

A. 推手式安全装置　　　　B. 拉手式安全装置

C. 光电式安全装置　　　　D. 栅栏式安全装置

［解析］压力机的安全保护控制装置包括双手操作式、光电感应保护装置等，选项 C 正确。选项 A、B、D 均为压力机的安全保护装置。

［答案］C

真题精解

点题：本系列真题考查的是压力机的安全防护装置。该知识点主要考查压力机安全防护装置中固定式封闭防护装置、双手操作式安全保护控制装置、光电保护装置的内容，考生应对比其他保护措施分别掌握。除此之外，考生还要了解减弱冲模危险区的措施。

分析：关于压力机的安全保护装置，重点介绍下列内容。

1. 压力机的安全防护装置类型

压力机的安全防护装置包括两类。

（1）安全保护装置，侧重于“物理屏障”的作用，可以理解成防护装置，如活动式、固定栅栏式、推手式、拉手式的保护装置。

（2）安全保护控制装置，侧重于“功能性”，即具有控制、保护的功能，是典型的保护装置，如双手操作装置、光电保护装置等。这两类内容较为相似，考试时易考查二者的辨析。

2. 双手操作装置、光电保护装置

易考查双手操作装置、光电保护装置二者的工作特点和工作原理，掌握二者的主要特点和工作原理即可。

（1）双手操作装置：只能保护使用该装置的操作者，不能保护其他人员。双手操作装置在启动紧急停止按钮后，复位时需要先松开全部的按钮，双手再次同时按压后才能再次启动。

（2）光电保护装置：探测光幕探测到人体或人体的部分，滑块停止运动。人员撤离光幕（危险区域），滑块不能自动恢复运行，启动复位按钮后滑块再次运行。

拓展：此考点涉及较多的专业词语，在学习时稍有困难，考生可以结合生活中的例子理解和掌握。此考点原理不难，建议考生多看几遍专业术语，以便做题时能快速理解出题人的意图，选出正确答案。

举一反三

[典型例题 1 · 单选] 下列关于压力机的安全操作的有关规定中，描述错误的是（　　）。

A. 离合器及其控制系统应保证在气动、液压和电气失灵的情况下，离合立即脱开，制动器立即制动

B. 在机械制动压力机上，为使滑块在危险情况下迅速停止，应使用带式制动器来停止滑块

C. 在离合器、制动控制系统中须有急停按钮，急停按钮停止动作优先于其他控制装置

D. 如果压力机在工作过程中要从多个侧面接触危险区域，应为各侧面安装提供相同等级的安全防护装置

[解析] 带式制动器安全性较低，制动带断裂将造成严重后果，因此禁止在机械压力机上使用带式制动器来停止滑块，选项 B 错误。

[答案] B

[典型例题 2 · 单选] 下列机械安全防护装置中，仅能对操作者提供保护的是（　　）。

A. 联锁安全装置　　B. 双手控制安全装置

C. 自动安全装置　　D. 隔离安全装置

[解析] 双手控制安全装置强迫操纵者用两只手来操纵控制器，防止手部进入危险区域产生危险。因此双手控制安全装置仅能对操作者提供保护。

[答案] B

[典型例题 3 · 单选] 光电保护装置是常用的安全保护控制装置之一，当人体或人体的某个部位进入危险区时，能够立即被检测出来，滑块停止运行。下列关于压力机中光电保护装置的说法中，不正确的是（　　）。

A. 光电保护装置的响应时间不得超过 20ms

B. 光电保护装置可对自身发生的故障进行检查和控制，在故障排除以前不能恢复运行

C. 光电保护装置应保证在滑块下行程及回程时均起作用

D. 人体撤出光幕探测区后，滑块才能恢复运行

[解析] 光电保护装置中人员撤离光幕（危险区域），滑块不能自动恢复运行，启动复位按钮后滑块再次运行。

[答案] D

环球君点拨

考生一般接触压力机相对较少，对有关的专业名词、专业术语比较陌生。建议考生以掌握安全防护装置的分类和工作原理为主，多看多记。

考点 2 剪板机 [2023、2022、2021、2020]

真题链接

[2023・单选] 剪板机的安全防护装置以防止人员接触运动的危险部位为目的，适用最为广泛的是光电保护装置。下列剪板机光电保护装置的安装要求中，正确的是（　　）。

A. 复位装置应安装在可以清楚观察危险区域的位置

B. 特殊情况下在一个检测区域应安装多个复位装置

C. 应根据操作者进入危险区域的面积计算保护距离

D. 应安装在操作者伤害发生后危险运动停止的位置

[解析] 剪板机光电保护装置的复位装置应放置在可以清楚观察危险区域的位置，选项 A 正确。每一个检测区域严禁安装多个复位装置，选项 B 错误。安全距离的计算应根据剪板机总停止响应时间和操作者接近危险区域的速度计算，选项 C 错误。剪板机光电保护装置应安装在操作者伤害发生前危险运动停止的位置，选项 D 错误。

[答案] A

[2022・多选] 某厂李某在 Q11－6X2500 型剪板机上剪切钢板，作业过程中，李某在送钢板时，右手伸进了剪板机的剪切面，并在此时误动了脚踏开关，剪板机瞬间动作，将李某右手食指、中指、无名指剪断。为避免此类事故再次发生，该厂针对剪板机设计上的缺陷，拟定了下列改进措施，正确的有（　　）。

A. 剪板机的操作危险区增加光电保护装置

B. 剪板机的侧面设置一个紧急停止按钮

C. 剪板机的操作危险区设置安全监控装置

D. 剪板机的操作危险区设置联锁防护装置

E. 将剪板机的后挡料装置调整到刀口下方

[解析] 剪板机的紧急停止按钮需在剪板机前后均设置，选项 B 错误。安全监控装置的作用是对机器的安全运行状况进行监控并非安全保护功能，选项 C 错误。挡料装置是落料危险区的防护装置，其后挡料装置的设计不允许将后挡料调整到刀口之间，选项 E 错误。

[答案] AD

[2021・单选] 剪板机借助于固定在刀架上的上刀片与固定在工作台上的下刀片作相对往复运动，从而使板材按所需的尺寸断裂分离。关于剪板机安全要求的说法，正确的是（　　）。

A. 剪板机不必具有单次循环模式

B. 压紧后的板料可以进行微小调整

C. 安装在刀架上的刀片可以靠摩擦安装固定

D. 剪板机后部落料区域一般应设置阻挡装置

[解析] 根据《剪板机　安全技术要求》(GB 28240—2012) 的规定，剪板机在运行时应有单次循环模式，即每次工作只有一个行程，选项A错误。压紧后的板料在剪切时应有足够的固定性，不能移动，避免出现剪切导致的危险，选项B错误。安装在刀架上的刀片应足够牢固，在固定时不能只是依靠摩擦安装固定，选项C错误。

[答案] D

[2020·单选] 剪板机因其具有较大危险性，必须设置紧急停止按钮，其安装位置应便于操作人员及时操作。紧急停止按钮一般应设置在（　　）。

A. 剪板机的前面和后面　　B. 剪板机的前面和右侧面

C. 剪板机的左侧面和后面　　D. 剪板机的左侧面和右侧面

[解析] 剪板机的紧急停止按钮需在剪板机前后均设置，选项A正确。

[答案] A

真题精解

点题：本系列真题考查的是剪板机的安全技术。该考点主要考查剪板机的一般安全要求和安全防护装置。需重点掌握一般安全要求中剪板机的运行要求、主要结构件的设置要求和安全防护装置的安装原则。在考试中，剪板机的一般安全要求考查频次较高一些。

分析：剪板机的一般安全要求中，常考内容较为固定。因此掌握常考内容的关键词，更容易得分。

(1) 循环模式：单次循环模式。

(2) 固定要求：板料在被压紧剪切时不得移动；刀片应保证其安全性，不能仅靠摩擦安装固定。

(3) 落料区：设置阻挡装置，防止砸伤脚部。

(4) 紧急停止按钮：前后位置均要设置。紧急停止按钮的设置不同于其他机械。

拓展：剪板机的特点与其他几种机械差异较大，较易区分，但是对于剪板机中的一些专有名词和操作要多加熟悉。

举一反三

[典型例题1·单选] 机械传动式剪板机一般用脚踏或按钮操纵进行单次或连续剪切金属，剪板机剪刀口非常锋利，容易造成严重的剪切事故。下列关于剪板机的安全技术要求中，不符合规定的是（　　）。

A. 剪板机应为单次行程操作，刀架和压料脚只能工作一个行程

B. 设置紧急停止按钮，在剪板机的前部或后部选择一个地方设置

C. 压料装置应能将剪切料压紧，刀片应固定可靠

D. 可采用联锁防护装置或联锁防护装置与固定防护装置组合的形式进行防护

[解析] 剪板机应设置紧急停止按钮，在剪板机前后均设置。选项B表述的是在前部或后部设置，不满足设置要求。

[答案] B

[典型例题2·单选] 下列关于剪板机操作与防护的要求中，正确的是（　　）。

A. 不同材质的板料不得叠料剪切，但不同厚度的板料可以叠料剪切

B. 剪板机的剪刀间隙固定，应根据剪刀间隙选择不同的钢材进行匹配剪切

C. 操作者单独操作剪板机时，应时刻注意控制尺寸精度

D. 剪板机后部落料危险区域应设置阻挡装置，防止人员发生危险

[解析] 材料、规格不同的板材不得叠料剪切，选项A错误。剪板机的剪刀间隙设置需根据剪切板材的厚度进行设置，选项B错误。剪板机进行操作时一般为2～3人协调作业，不应单人操作，选项C错误。

[答案] D

[典型例题3·单选] 剪板机完成工作时需要从多个侧面接触危险区域。下列安全防护装置中，不属于剪板机安全防护装置的是（　　）。

A. 推手式安全装置　　　　B. 固定式防护装置

C. 联锁式防护装置　　　　D. 光电保护装置

[解析] 推手式、拉手式安全装置是压力机的安全保护装置，固定式防护装置、联锁式防护装置、光电保护装置是剪板机的安全防护装置。

[答案] A

环球君点拨

此考点属于安全生产技术基础科目的基础考点，较易理解、掌握。对于剪板机的一般安全要求、操作要求必须熟练掌握，不丢分。注意剪板机的安全防护装置不要与学过的其他机械安全装置混淆。

第四节　木工机械安全技术

考点1　木材加工特点和危险因素 [2021、2020]

真题链接

[2021·单选] 木材机械加工过程存在多种危险有害因素，包括机械因素、生物因素、化学因素、粉尘因素等。下列木材机械加工对人体的伤害中，发生概率最高的是（　　）。

A. 皮炎　　　　B. 呼吸道疾病

C. 过敏　　　　D. 切割伤害

[解析] 在木材加工机械运转速度较快加之手工操作极易造成机械性伤害，其中以刀具切割伤害发生概率高，应加以预防。

[答案] D

[2020·单选] 木材加工过程中，因加工工艺、加工对象、作业场所环境等因素，不仅存在切割、冲击、粉尘、火灾、爆炸等危险，还存在对作业人员造成危害的生物效应危险。下列木材加工人员呈现的症状中，不属于生物效应危险造成的是（　　）。

A. 皮肤症状　　B. 听力损伤　　C. 视力失调　　D. 过敏病状

[解析] 木材的生物效应可分有毒性、过敏性、生物活性等，可引起许多不同发病症状和过程，例如皮肤症状、视力失调、对呼吸道黏膜的刺激和病变、过敏病状以及其他综合症状等。

[答案] B

真题精解

点题：本系列真题主要考查的是木材加工过程中的危险因素，建议考生结合木材加工的特点理解其产生的危险有害因素。此考点相对简单，容易理解和掌握，但在考试时题目可能会将类似危害因素综合考查，互为干扰项，因此要求考生精准掌握。

分析：本考点一般有两种考查方式，一种是考查危险有害因素的类型，另一种是考查不同的危险有害因素的举例。

（1）本考点中常考“发生概率高”的危险有害因素——刀具切割。

（2）易混淆的危险因素举例总结如下：

①生物效应危险：皮肤、视力、呼吸道、过敏。

②化学危害：中毒、皮炎、呼吸道。

③粉尘伤害：呼吸道、肺叶纤维化、鼻。

生物效应危险强调的是对呼吸道黏膜的刺激和病变，化学危害强调的是损害呼吸道黏膜。做题时一定注意题干、选项的表述。

拓展：此考点木工加工危险因素是通用知识点，也就是说所有的木工加工机械均有这些危险有害因素，但又根据其工作原理和特点的不同，或多或少有所区分。

举一反三

[典型例题 1 · 单选] 木材加工过程中存在诸多危险有害因素。下列不属于木材加工危险的是（　　）。

A. 木料反弹造成冲击伤害　　B. 对呼吸道黏膜的刺激和病变

C. 刀具高速转动发热产生的灼烫　　D. 噪声和振动危害

[解析] 木工机械在生产过程中高速旋转，会存在刀具发热的现象，但一般情况不会对人员造成灼烫，因此此类情况不属于木材加工危险类型。

[答案] C

[典型例题 2 · 单选] 木材加工过程中存在切割、冲击、粉尘、火灾、爆炸等危险，下列不属于生物效应危险造成的症状的是（　　）。

A. 皮肤症状　　B. 肺叶纤维化

C. 呼吸道黏膜病变　　D. 过敏病状

[解析] 肺叶纤维化是木工加工中木粉尘伤害引起的。

[答案] B

环球君点拨

此考点属于安全生产技术基础科目的基础考点，容易理解和掌握。考生要能够将其与典型的木工加工机械结合，做到灵活运用。

考点 2　木工平刨床安全技术 [2023、2019、2017、2013]

真题链接

[2023 · 单选] 为了避免或减小在木工平刨床作业中的伤害风险，操作危险区应安装安全防护

装置。下列针对木工平刨床安全防护装置的要求中，正确的是（　　）。

A. 刨刀轴应采用装配式方形结构　　　　B. 导向板和升降机构不得自锁

C. 刀轴外露区域应尽量增大　　　　　　D. 组装后的刀轴应经离心试验

[解析] 刀轴必须是装配式圆柱形结构，严禁使用方形刀轴，选项 A 错误。导向板和升降机构应能自锁或被锁紧，防止受力后其位置自行变化引起危险，选项 B 错误。开口量应尽量小，使刀轴外露区域小，从而降低危险，选项 C 错误。组装后的刀轴须经强度试验和离心试验，选项 D 正确。

[答案] D

[2019・多选] 木工平刨床操作危险区必须设置可以遮盖刀轴防止切手的安全防护装置，常指键式、护罩或护板等形式，控制方式有机械式、光电式、电磁式、电感应式。下列对平刨床遮盖式安全装置的安全要求中，正确的有（　　）。

A. 安全装置应涂耀眼颜色，以引起操作者的注意

B. 非工作状态下，护指键（或防护罩）必须在工作台面全宽度上盖住刀

C. 安全装置闭合时间不得小于规定的时间

D. 刨削时仅打开与工件等宽的相应刀轴部分，其余的刀轴部分仍被遮盖

E. 整体护罩或全部护指键应承受规定的径向压力

[解析] 安全防护装置外表面禁止涂耀眼的颜色，以免出现眩光、引起操作人员心理不适增加危险性，同样安全防护罩外表面不得反射光泽，选项 A 错误。安全装置闭合应足够灵敏，才能防护操作人员手部安全，因此要求安全装置的闭合时间不得大于 80ms，选项 C 错误。

[答案] BDE

真题精解

点题：本系列真题考查平刨床的安全技术。本考点主要考查平刨床的主要结构的设置和加工区域的安全防护装置的设置。本考点内容易与带锯机、圆锯机综合出题，注意三者的区分。2017 年真题考查木工平刨床的安全防护装置，2013 年真题考查木工平刨床的安全设计要求，类似上述 2023 年和 2019 年真题。

分析：本考点中刨刀轴和加工区域的安全防护装置设置是需重点掌握的内容。

1. 刨刀轴

（1）结构：刀轴应选用圆形结构，禁止使用方形结构。

（2）径向伸出量：不超过 1.1mm，减少对操作人员手部的危险。

（3）安全防护装置：护指键或防护罩。安全防护装置动作时间不得大于 80ms。

2. 加工区域的安全防护装置设置的要求

（1）护指键或防护罩在工作台非工作状态下应将刀轴全部盖住，防止误触。

（2）护指键、防护罩应能承受 1kN 的径向压力，即能够承受一个 100kg 左右成年人的冲击力。

（3）装置的设置不应引起操作人员视觉疲劳、不应造成紧张心理或造成眩光，因此需要考虑颜色的使用。安全装置不应涂耀眼颜色，也不应反射光泽。

拓展：在生活中，平刨床比其他机械设备容易见到，因此从直观认知上更好理解一些。考生需要重点了解和掌握它的重要结构和安全防护装置，结合生活常识更容易理解。

举一反三

[典型例题 1・单选] 平刨床中的作业平台是其工作时的操作平台，下列关于作业平台的说法

中，不正确的是（　　）。

A. 工作台的高度设置应符合安全人机工程学的要求，离地面 750～800mm 为宜

B. 导向板和升降机构应能自锁或被锁紧，防止受力后其位置自行变化引起危险

C. 在唇板上打孔或开梳状槽，可以降噪减振

D. 在零切削位置时的工作台唇板与切削圆之间的径向距离应保持为 3～5mm

[解析] 根据《木工机床安全　平刨床》(GB 30459—2013) 的规定，在零切削位置时的工作台唇板与切削圆之间的径向距离应保持为 (3±2) mm。

[答案] D

[典型例题 2 · 单选] 刀轴是平刨床的重要组成部分，下列关于刀轴的各组成部分及其装配应满足的安全要求的说法中，正确的是（　　）。

A. 刀轴必须使用方形刀轴，严禁使用装配式圆柱形结构，组装后的刀槽应为封闭型或半封闭型

B. 组装后的刨刀片径向伸出量不得大于 11mm

C. 刀轴的驱动装置所有外露旋转件都必须有牢固可靠的防护罩，并在罩上标出单向转动的明显标志

D. 组装后的刀轴须经拉伸试验和切断试验，试验后刀片不得有卷刃、崩刃或显著磨钝现象

[解析] 刀轴应选用圆形结构，禁止使用方形结构刀轴，选项 A 错误。刨刀片伸出径向距离不应大于 1.1mm，选项 B 错误。新装刀轴需要进行强度试验和离心试验，以保证刀轴的安全使用，选项 D 错误。

[答案] C

[典型例题 3 · 单选] 下列关于平刨床安全技术要求的说法中，错误的是（　　）。

A. 非工作状态下，护指键必须在工作台面全宽度上盖住刀轴

B. 防护装置在刨削时仅打开与工件等宽的相应刀轴部分，其余的刀轴部分仍被遮盖

C. 整体护罩或全部护指键应承受 1kN 径向压力，不得发生径向位移

D. 安全防护装置不应涂耀眼的红色，不应反射光泽

[解析] 护指键、防护罩应能承受 1kN 的径向压力，即能够承受一个 100kg 左右成年人的冲击力；发生径向位移时应留有一定的间隙，位移后与刀刃间隙应大于 0.5mm。

[答案] C

环球君点拨

此考点相对简单、容易掌握，考生对数字内容的学习一定要认真且细心，谨防掉入出题人的陷阱。

考点 3　带锯机安全技术 [2019]

真题链接

[2019 · 单选] 下列对带锯机操控机构的安全要求中，错误的是（　　）。

A. 启动按钮应设置在能够确认锯条位置状态、便于调节锯条的位置

B. 启动按钮应灵敏、可靠，不应因接触震动等原因而产生误动作

C. 上锯轮机动升降机构与带锯机启动操作机构不应进行联锁

D. 带锯机控制装置系统必须设置急停按钮

[解析] 带锯操控机构要求中规定，上锯轮机动升降机构应与锯机启动操作机构联锁，而下锯轮应装有能对运转进行有效制动的装置，选项C错误。

[答案] C

真题精解

点题：本真题考查带锯机安全技术。主要考查带锯机的安全要求，即锯轮防护、锯齿防护的要求。带锯条的质量要求中需要掌握的数字内容偏多；操控机构的内容在理解上有一定的难度；安全防护装置中要清楚防护对象、防护要求。同平刨床的考点一样，可将平刨床、带锯机、圆锯机横向对比，综合考查。

分析：此考点中有一些需要掌握的数据内容，在此做了整理和总结以帮助考生记忆、掌握。

1. 带锯条

（1）锯齿深度：不得超过锯宽的1/4。

（2）接头数量：不得超过3个。

（3）裂纹：超长则处理，即切断焊接。在带锯机中允许裂纹的存在，而在圆锯机中锯片有裂纹则不得使用。

2. 锯轮防护

（1）防护范围：防护罩罩住锯轮3/4以上。

（2）防护间隔：锯轮距防护罩内衬的间距不小于100mm。

锯轮防护罩的防护范围一定不要与锯齿深度的数据要求记混，可以这样区分：锯齿不宜太长，太长容易在切割、切断时崩断，因此数值小，为1/4。

拓展：带锯机可以结合生活中见到的手持锯来理解，此考点容易和圆锯机混淆的是裂纹的问题。在做含有数字内容的题目时，一定要注意数字前的限定词“不大于”“不超过”“不小于”以及单位，此处也是考试中容易设置“陷阱”的地方。

举一反三

[典型例题1·单选] 各种类型带锯机在使用过程中可能会发生锯条脱落、锯条断裂的情况，对人员造成切割危害。为避免带锯机产生的危险，下列安全技术措施中符合要求的是（　　）。

A. 带锯条的锯齿应锋利，齿深不得超过锯宽的1/5，锯条厚度应与匹配的带锯轮相适应

B. 锯条焊接应牢固平整，接头不得超过3个，且两接头之间长度不得超过总长的1/5

C. 锯轮防护罩的结构应保证上锯轮处于任何位置，防护罩均应能罩住锯轮3/4以上表面

D. 上锯轮处于最高位置时，其上端与防护罩内衬表面应有不小于1 000mm的足够间隔

[解析] 齿深要求不超过锯宽的1/4，选项A错误。锯条接头要求不超过3个，两接头的长度应满足为总长的1/5以上，选项B错误。锯轮距防护罩内衬的间距不小于100mm，选项D错误。

[答案] C

[典型例题2·单选] 下列关于带锯机安全技术要求的说法中，不正确的是（　　）。

A. 带锯条的锯齿应锋利，齿深不得超过锯宽的1/4，锯条厚度应与匹配的带锯轮相适应

B. 锯条焊接应牢固平整，接头不得超过3个，两接头之间长度应为总长的1/5以上，接头厚度应与锯条厚度基本一致

C. 锯轮安全防护装置应保证上锯轮处于任何位置，防护罩均应能罩住锯轮3/4以上表面，并

在靠锯齿边的适当处设置锯条承受器

D. 应采取降噪、减振措施，在空运转条件下，机床噪声最大声压级不得超过 80dB

[解析] 带锯机在运行过程中容易出现振动，因此应采取一定的降噪、减振措施，在带锯机进行空运转时，其噪声最大声压级不得超过 90dB，选项 D 错误。

[答案] D

环球君点拨

此考点相对简单、容易掌握，考生对数字内容一定要多看并多做练习题，掌握考试中的关键数据，能够在考试时识破出题人的"陷阱"。

考点 4 圆锯机安全技术 [2023、2022、2021、2020、2014]

真题链接

[2023·多选] 圆锯机是以圆锯片对木材进行锯切加工的机械设备，可分为手动进料圆锯机和自动进料圆锯机，作业过程中主要危险有锯片的切割伤害、木材的反弹抛射打击伤害等。为了保证使用安全，圆锯机须设置安全装置。下列安全装置中，自动进料圆锯机应设置（　　）。

A. 止逆器

B. 压料装置

C. 可调式防护罩

D. 侧向防护挡板

E. 固定式防护罩

[解析] 自动进料圆锯机须装有止逆器、压料装置和侧向防护挡板，送料棍应设防护罩。

[答案] ABD

[2021·单选] 圆锯机是以圆锯片对木材进行锯切加工的机械设备。锯片的切割伤害、木材的反弹打击伤害是主要危险。手动进料圆锯机必须安装分料刀，分料刀应设置出料端，以减少木材对锯片的挤压，防止木材的反弹。关于分料刀安全要求的说法，正确的是（　　）。

A. 分料刀顶部应不高于锯片圆周上的最高点

B. 分料刀与锯片最靠近点与锯片的距离不超过 10mm

C. 分料刀的宽度应介于锯身厚度与锯料宽度之间

D. 分料刀刀刃为弧形，其圆弧半径不应大于圆锯片半径

[解析] 根据《木工机床安全 带上切式横截手动进给圆锯机》（GB 31145—2014）的规定，分料刀的安全要求如下：①应采用优质碳素钢 45 或同等机械性能的其他钢材制造。②应有足够的宽度以保证其强度和刚度，受力后不会被压弯或偏离正常的工作位置。其宽度应介于锯身厚度与锯料宽度之间，在全长上厚度要一致。③分料刀的引导边应是楔形的，以便于导入。其圆弧半径不应小于圆锯片半径。④应能在锯片平面上做上下和前后方向的调整，分料刀顶部应不低于锯片圆周上的最高点；与锯片最靠近点与锯片的距离不超过 3mm，其他各点与锯片的距离不得超过 8mm。

[答案] C

[2022·单选] 使用木工机械进行木材加工过程中，危险因素多、伤害程度严重，因此应通过安全设计减少危险源，并采取有效的安全技术措施。下列对木工机械采取的安全技术措施中，错误的是（　　）。

A. 木工压刨床上安装止逆器

B. 木工圆锯上安装防反弹安全装置

C. 木工带锯机上安装分料刀　　　　　　　　D. 木工平刨上安装遮盖式安全装置

[解析] 分料刀是圆锯机中的重要安全防护装置，选项C错误。带锯机中的安全防护装置主要包括锯轮防护和锯齿防护罩。

[答案] C

[2020·单选] 手动进料圆盘锯作业过程中可能存在因木材反弹抛射而导致的打击伤害。为预防此类打击伤害，下列安全防护装置中，手动进料圆盘锯必须装设的是（　　）。

A. 止逆器　　　　B. 分料刀　　　　C. 压料装置　　　　D. 侧向挡板

[解析] 锯片的切割伤害、木材的反弹抛射打击伤害是主要危险，手动进料圆锯机必须装有分料刀。

[答案] B

真题精解

点题： 本系列真题主要考查的是圆锯机安全防护装置设置的要求，圆锯机中的分料刀是一个重要的安全防护装置。考生必须掌握分料刀设置的要求。2014年真题考查了防止木料反弹抛射危险的安全装置，同2020年真题。

分析： 下面重点介绍锯片与锯轴的设置和分料刀的内容。

1. 锯片与锯轴的设置

（1）转速：不得超过最大允许转速，即“禁止超速”。

（2）平衡：锯片、锯轴应保持受力均匀、平衡，避免锯片转动时出现摆动的现象。

（3）锯片：连续断裂2齿不得使用；有裂纹不得使用；不允许修复使用。

2. 分料刀

分料刀是圆锯机中防止物料反弹抛射风险的重要安全装置。

（1）形状要求：楔形——便于木料的导入，防止出现木料“抱刀”“夹刀”。

（2）高度要求：分料刀的圆弧半径应大于圆锯片的圆弧半径。记忆技巧：“大哥罩着小弟”，如果分料刀的圆弧半径小于圆锯片则有可能被圆锯片切割，没有起到分开被切割的木料的作用。

（3）距离要求：分料刀的顶部不应低于圆锯片的最高点，二者的距离不超过3mm，分料刀其他各点与锯片的距离不超过8mm。记忆技巧：分料刀圆锯片，画好了“38线”。

拓展： 木工加工机械“三兄弟”各有不同，在学习的程中一定注意区分，精准掌握，具体内容见表1-5。

表1-5　木工加工机械“三兄弟”

机械类型	平刨床	带锯机	圆锯机
安全防护装置	护指键	防护罩	分料刀
结构要求	刀轴为圆柱形	—	分料刀高于圆锯片
数据要求	（1）径向伸出量不大于1.1mm （2）须经强度试验、离心试验 （3）1kN径向压力 （4）闭合时间不得大于80ms	（1）齿深不得超过锯宽的1/4 （2）接头数量不超过3、接头之间长度为总长的1/5以上 （3）防护罩能罩住锯轮3/4以上 （4）间隙不小于100mm	（1）连续断裂2齿不得使用 （2）“38线”

举一反三

[典型例题 1 · 单选] 下列关于圆锯机安全技术措施的说法中，正确的是（　　）。

A. 分料刀与锯片最靠近点与锯片的距离不得超过 3mm

B. 圆锯片有裂纹时，必须经过修复后方可使用

C. 分料刀的宽度不得超过锯身厚度且在全长上厚度要一致

D. 无特殊情况下，锯轴的额定转速不得超过圆锯片的最大允许转速

[解析] 锯片禁止使用的情况：连续断裂 2 齿不得使用；有裂纹不得使用；不允许修复使用。满足上述情况之一圆锯片均不得使用，选项 B 错误。分料刀的宽度应介于锯身厚度与锯料宽度之间，选项 C 错误。锯轴的转速不得“超速”，即不得超过最大允许转速，选项 D 错误。

[答案] A

[典型例题 2 · 单选] 木工机械加工过程中容易出现抛射击中操作人员的事故，因此对存在工件抛射风险的生产活动，应设置相应的安全防护装置。下列对防范工件抛射风险的安全措施中，不合理的是（　　）。

A. 圆锯机安装止逆器

B. 在木工平刨床的唇板上打孔或开梳状槽

C. 圆锯机安装楔形分离刀

D. 圆锯机和带锯机上安装防反弹安全屏护

[解析] 在平刨床的唇板上打孔或者开梳状槽目的是减少噪声，而非降低抛射打击的风险，选项 B 错误。

[答案] B

环球君点拨

近 3 年考查圆锯机的频次较高，主要考查的是分料刀的内容，但也要对圆锯机的其他相关知识点加以重视。通过对近 3 年真题的研究，可以发现题目考查越来越综合，因此在学习类似知识点时要有“对比”“区分”的思路，精准把握核心考点。

第五节　铸造、锻造作业安全技术

考点 1　铸造作业危险有害因素及安全技术措施 [2022、2021、2020、2019、2015、2014]

真题链接

[2021 · 单选] 铸造作业过程中存在诸多危险有害因素，下列危险有害因素中，在铸造作业过程最可能存在的是（　　）。

A. 机械伤害、放射、火灾

B. 灼烫、噪声、电离辐射

C. 爆炸、机械伤害、微波

D. 火灾、灼烫、机械伤害

[解析] 铸造作业危险有害因素主要包括火灾及爆炸、灼烫、机械伤害、高处坠落、尘毒危害、噪声振动、高温和热辐射，不包括放射、电离辐射、微波伤害。

[答案] D

[2020 · 单选] 冲天炉、电炉是铸造作业中的常用金属冶炼设备，在冶炼过程会产生大量危险有害气体。下列危险有害气体中，（　　）是电炉运行过程中产生的。

A. 氢气

B. 一氧化碳

C. 甲烷　　　　　　　　　　　　　　　　　　D. 二氧化硫

[解析] 冲天炉、电炉产生的烟气中含有因不完全燃烧产生的一氧化碳。

[答案] B

[2022·单选] 为了有效减少和预防铸造车间作业引起的工伤事故，应根据生产工艺水平、设备特点、厂区场地和气象条件，并结合防尘防毒技术，综合考虑铸造车间工艺设备和生产工段布局。关于造型、制芯工段布局的说法，正确的是（　　）。

A. 在非集中采暖地区，造型、制芯工段应布置在非采暖季节最小频率风向的上风侧

B. 在集中采暖地区，造型、制芯工段应布置在全年最小频率风向的下风侧

C. 在集中采暖地区，造型、制芯工段应布置在非采暖季节最小频率风向的下风侧

D. 在非集中采暖地区，造型、制芯工段应布置在全年最小频率风向的上风侧

[解析] 根据工艺布置的要求，造型、制芯工段产生风尘较多，因此在集中采暖地区应布置在非采暖季节最小频率风向的下风侧，在非集中采暖地区应位于全年最小频率风向的下风侧，选项 C 正确。

[答案] C

[2021·多选] 铸造作业过程危害较多，需从源头落实工艺安全措施来提高安全水平。关于铸造安全措施的说法，正确的有（　　）。

A. 大型铸造车间的砂处理工段可布置在单独的厂房内

B. 造型、落砂、清砂等工艺要采取防尘措施

C. 冲天炉熔炼应加入萤石等助熔剂

D. 混砂作业宜采用带称量装置的密闭混砂机

E. 造型、制芯工段应布置在最小频率风向的上风侧

[解析] 冲天炉熔炼不宜加萤石，以免炉衬产生严重腐蚀，选项 C 错误。造型、制芯工段会产生大量尘毒，应布置在厂区最小频率风向的下风侧，减小对其他厂房、人员的影响，选项 E 错误。

[答案] ABD

[2020·单选] 铸造作业过程存在诸多危险有害因素，发生事故的概率较大。为预防事故，通常会从工艺布置、工艺设备、工艺操作、建筑要求等方面采取相应的安全技术措施。下列铸造作业的安全技术措施中，错误的是（　　）。

A. 大型铸造车间的砂处理、清理工段布置在单独厂房内

B. 铸造车间熔化、浇注区和落砂、清理区设避风天窗

C. 浇包盛装铁水的体积不超过浇包容积的 85%

D. 浇注时，所有与金属溶液接触的工具均需预热

[解析] 浇包盛铁水不能太满，以免洒出熔融铁水造成伤人事故，因此浇包盛装铁水时不得超过容积的 80%。

[答案] C

[2019·单选] 铸造作业过程中存在诸多的不安全因素，可能导致多种危害，因此在工艺、建筑、除尘等方面采取安全技术措施，工艺安全技术措施包括工艺布置、工艺设备、工艺方法、工艺操作。下列安全技术措施中，属于工艺方法的是（　　）。

A. 浇包盛铁水不得超过容积的 80%

B. 冲天炉熔炼不宜加萤石

C. 球磨机的旋转滚筒应设在全封闭罩内

D. 大型铸造车间的砂处理工段应布置在单独的厂房内

[解析] 选项A属于工艺操作的内容。选项C属于除尘的内容。选项D属于工艺布置的内容。

[答案] B

真题精解

点题：本系列真题一方面考查铸造作业的危险有害因素，要求考生既能准确识别出铸造作业存在的危险有害因素，又能掌握产生相应危害的举例。此外，还有可能考查尘毒危害的细节知识点。

另一方面考查铸造作业安全技术措施，此知识点近几年考查频率较高，且内容较多，是考生必须掌握的内容。铸造作业安全技术措施包括3个方面的内容，即工艺要求、建筑要求、除尘要求，其中建筑要求和除尘要求内容相对简单，重点掌握这两个内容的关键词。而工艺要求又细分了6点内容。在考试时经常出现的"陷阱"是选项表述仅从内容层面判断是正确的，但是不符合题干的要求，如"冲天炉熔炼不宜加萤石"此知识点本身是没有问题的，如果题目要求选"关于铸造作业安全技术措施中工艺操作说法正确的是"，则不可以选此项，因为"不加萤石"是工艺方法的内容。因此，不仅仅要求考生掌握铸造作业安全技术措施中工艺要求的具体内容，还要求考生掌握具体内容与之对应的项目内容，避免出现张冠李戴而不自知的情况，掉入出题人的"陷阱"。

2015年、2014年真题考查铸造作业中存在的危险有害因素，类似上述2021年真题；2014年真题考查铸造作业的安全技术措施，同上述2020年真题，考查形式相同。

分析：本考点具体内容如下。

1. 铸造作业的危险有害因素

工艺、设备的不同产生的有毒有害气体有所不同，考生在学习过程中容易忽略此点，但在考试时会进行相应的考查。

(1) 冲天炉、电炉——一氧化碳。

(2) 烘烤砂型或砂芯——二氧化碳。

(3) 融化金属、铸型、浇包、砂芯干燥、浇筑——二氧化硫。

2. 铸造作业安全技术措施

(1) 工艺布置：最小风频的下风向。不管是采暖区还是非采暖区，关键词为"最小风频下风向"。

(2) 工艺方法：不宜加萤石（防止腐蚀炉体）；回用热砂降温去灰。

(3) 工艺操作：

①允许的情况下湿法作业。

②浇包—铁水—不超过80%。

③工具（扒渣棒、火钳）需预热。

(4) 建筑要求：宜南北向。

(5) 颚式破碎机：落差小于1m——只密闭不排风；落差大于或等于1m——排风密闭罩。

拓展：针对铸造作业的危险有害因素有两种考查方式：

(1) 以辨析的方式进行考查，判别选项中属于铸造作业危险有害因素。不可忽视的是每种危害

因素的举例，要求考生能够根据举例与危害因素对应。

（2）考查尘毒危害中的细节内容。

铸造是将熔融铁水成型的过程，原理容易理解，但一些专业工具、具体工艺不常见，理解起来有些困难，考生可以将此部分不太熟悉的内容多看两遍并结合后续锻造作业内容一起理解、整合和区分。

举一反三

[典型例题 1 • 单选] 下列危险有害因素中，不属于铸造作业危险有害因素的是（　　）。

A. 尘毒危害　　B. 高处坠落

C. 噪声与振动　　D. 电离辐射

[解析] 铸造作业危险有害因素主要包括火灾及爆炸、灼烫、机械伤害、高处坠落、尘毒危害、噪声振动、高温和热辐射，不包括电离辐射。

[答案] D

[典型例题 2 • 单选] 铸造作业过程中存在诸多的不安全因素。下列关于铸造作业危险有害因素的说法中，正确的是（　　）。

A. 砂芯干燥和浇铸过程中都会产生大量二氧化碳气体，如处理不当，将引起呼吸道疾病

B. 在铸造车间使用的振实造型机最容易产生的是尘毒危害

C. 红热的铸件、飞溅的铁水等一旦遇到易燃易爆物品，极易引发火灾和爆炸事故

D. 由于工作环境恶劣、照明不良，在设备的维护、检修和使用时，易发生触电事故

[解析] 砂芯干燥和浇铸的过程中产生的有毒有害气体是二氧化硫，选项 A 错误。铸造车间使用振实造型机作业时，容易产生噪声振动危害，选项 B 错误。红热的铸件、飞溅的铁水极易成为易燃易爆物品的点火源或者高温条件，进而容易引起火灾和爆炸事故，选项 C 正确。进行铸造作业车间存在交叉作业的情形，加之工作环境不良、照明不够，容易发生高处坠落事故而非触电事故，选项 D 错误。

[答案] C

[典型例题 3 • 单选] 铸造作业存在火灾、爆炸、灼烫、机械伤害、高处坠落、尘毒危害、噪声振动、高温和热辐射等多种危险有害因素。为了保障铸造作业的安全，应从工艺、操作等方面全面考虑。下列铸造作业的安全要求中，正确的是（　　）。

A. 冲天炉熔炼应加萤石提高熔炼效率

B. 铸造厂房宜东西向布局

C. 造型、制芯工段应布置在最小频率风向的下风侧

D. 造型、落砂、清砂、打磨、切割、焊补等工序不宜固定作业工位

[解析] 在进行熔炼的过程中，不宜加萤石，以免腐蚀炉体，选项 A 错误。厂房应考虑通风情况，宜南北向设置，选项 B 错误。造型、落砂、清砂、打磨、切割、焊补这些工序易产生粉尘污染，因此宜集中、固定作业位置，选项 D 错误。

[答案] C

[典型例题 4 • 多选] 下列关于铸造作业安全技术措施的说法中，正确的有（　　）。

A. 浇包盛铁水不得太满，不得超过容积的 85%

B. 大型铸造车间的砂处理可以布置在单独的厂房内

C. 在条件允许的情况下应采用湿法作业

D. 与高温金属溶液接触的火钳接触溶液前应预热

E. 铸件浇铸完成后，不能等其温度降低，应尽快取出

[解析] 浇包盛铁水不得超过容积的 80%，选项 A 错误。铸件浇铸完成后应冷却到一定的温度，再取出，以免出现烫伤事故，选项 E 错误。

[答案] BCD

环球君点拨

铸造作业和锻造作业均为热加工工艺，因此有许多相似之处，在学习的过程中要注意区分。铸造作业危险有害因素和锻造作业安全技术措施是常考点，但考生对铸造设备与工艺的对应也应有所了解，考试可能出现小冷门。

考点 2 锻造作业危险有害因素及安全技术措施 [2023、2022、2021、2020、2019、2017、2015、2014、2013]

真题链接

[2021 · 单选] 锻造是一种利用锻压机械对金属材料施加压力，使其产生塑性变形以获取具有一定机械性能、形状和尺寸构件的加工方法。下列伤害类型中，锻造过程中最常见的是（　　）。

A. 起重伤害　　B. 机械伤害

C. 高处坠落　　D. 电击伤害

[解析] 在锻造生产中易发生的主要伤害事故包括机械伤害、火灾爆炸和灼烫。其中机械伤害是最常见的伤害事故类型。

[答案] B

[2020 · 多选] 锻造是金属压力加工的方法之一，是机械制造的一个重要环节，可分为热锻、温锻和冷锻。锻造机械在加工过程中危险有害因素较多。下列危险有害因素中，属于热锻加工过程中存在的危险有害因素有（　　）。

A. 火灾　　B. 机械伤害

C. 爆炸　　D. 灼烫

E. 刀具切割

[解析] 锻造加工过程中存在的危险有害因素有机械伤害、火灾爆炸、灼烫。刀具切割伤害不属于热加工过程中的典型伤害类型。

[答案] ABCD

[2023 · 单选] 蓄力器是锻压机械的重要部件，其设置应能保证自身运行、拆卸和检修等各项工作的安全，因此蓄力器应设置（　　）。

A. 截止阀　　B. 安全阀　　C. 减压阀　　D. 止逆阀

[解析] 任何类型的蓄力器都应有安全阀。安全阀必须由技术检查员加铅封，并定期进行检查。

[答案] B

[2022 · 多选] 锻造是金属压力加工的方法之一，可分为热锻、温锻和冷锻，锻造作业过程中易发生伤害事故。关于锻造安全技术措施的说法，正确的有（　　）。

A. 锻压机械的启动装置应能保证对设备进行迅速开关，并保证设备运行和停机状态的连续

可靠

B. 电动启动装置的按钮上应标有“启动”“停车”字样，停车按钮位置比启动按钮低

C. 蓄力器通往水压机的主管上应装有当水耗量突然增高时能自动关闭水管的装置

D. 高压蒸汽管道上应装有安全阀和凝结罐，以消除水击现象、降低突然升高的压力

E. 任何类型的蓄力器都应有安全阀，安全阀校验后应加铅封，并定期进行检查

[解析] 停车按钮属于紧急停止按钮，其优先级较高，因此一般在设置时停车按钮高于启动按钮 10～12mm，以便发生紧急情况能够及时启动停车按钮，选项 B 错误。

[答案] ACDE

[2019 · 单选] 锻造加工过程中，当红热的坯料、机械设备、工具等出现不正常情况时，易造成人身伤害。因此，在作业过程中必须对设备采取安全措施加以控制。关于锻造作业安全措施的说法，错误的是（　　）。

A. 外露传动装置必须有防护罩　　B. 机械的突出部分不得有毛刺

C. 锻造过程必须采用湿法作业　　D. 各类型蓄力器必须配安全阀

[解析] 铸造过程中，在条件允许的情况下采取湿法作业，而非铸造作业采用湿法作业，选项 C 错误。

[答案] C

[2019 · 多选] 锻造机械的结构不但应保证设备运行中的安全，而且应能确保安装、拆卸和检修等环节的人身安全。因此，在锻造机械上采取了很多安全措施，以保证操作人员的安全。关于锻造机械安全技术措施的说法，正确的有（　　）。

A. 启动装置的结构应能防止锻造机械意外动作

B. 大修后的锻造设备可以直接使用

C. 高压蒸汽管道上必须装有安全阀和凝结罐

D. 模锻锤的脚踏板应置于挡板之上

E. 安全阀的重锤必须封在带锁的锤盒内

[解析] 新安装的锻压设备和大修理的锻压设备应根据要求进行验收和试验后方可使用，而不是直接使用，选项 B 错误。模锻锤的脚踏板应置于挡板之下，保护操作者脚部，选项 D 错误。

[答案] ACE

真题精解

点题：本系列真题考查锻造作业产生的危险有害因素及安全技术措施。对锻造作业的危险有害因素的考查多以辨析题的形式出现，要求考生根据题目选出相应的危险有害因素。锻造安全技术措施则侧重考查锻造机械在运行中各个部件、安全装置的设置要求。近 5 年均考查了该知识点，但是通过题目的考查年份可以看出，锻造作业危险有害因素在 2021 年、2020 年考查，锻造作业安全技术措施在 2023 年、2022 年、2019 年考查，这两个方面的内容考查规律趋近于交替考查。2013 年真题考查锻造作业存在的危险有害因素，同上述 2020 年、2021 年真题。2017 年、2015 年、2014 年真题考查锻造作业的安全要求，类似上述 2020 年真题。

分析：此处重点介绍锻造作业危险有害因素和锻造作业安全技术措施。

1. 锻造作业危险有害因素

在锻造作业危险有害因素中，需要掌握的细节知识点：

机械伤害：锻造工具＋锻件导致的机械性伤害；运输过程中原料、锻件导致的砸伤。

考生要能分析出举例中的项目哪些属于锻造过程中造成的伤害。

2. 锻造作业安全技术措施

（1）“停车”按钮高于“启动”按钮，紧急停止按钮优先程度最高。

（2）设置安全阀和凝结罐消除水击的影响。

（3）安全阀必须由专业的技术人员加以铅封和检测、管理。

拓展：注意区分铸造作业和锻造作业中的危险有害因素。

举一反三

［典型例题1·单选］锻造生产中存在多种危险有害因素。下列关于锻造生产危险有害因素的说法中，错误的是（　　）。

A. 噪声、振动、热辐射带来职业危害，但存在中毒危险

B. 红热的锻件遇可燃物可能导致严重的火灾和爆炸

C. 红热的锻件及飞溅的氧化皮可造成人员烫伤

D. 锻锤撞击、锻件或工具被打飞、模具或冲头打崩可导致人员受伤

［解析］锻造作业中的危险有害因素主要包括机械伤害、火灾爆炸、灼烫。因此选项B、C、D均为正确表述。中毒危险，主要体现在铸造作业中，选项A错误。

［答案］A

［典型例题2·单选］下列关于锻造机安全要求的说法中，错误的是（　　）。

A. 安全阀的重锤必须封在带锤的锤盒内，由专人进行定期检查

B. 锻压机的机架和突出部分不得有棱角和毛刺

C. 启动装置的结构应能防止锻压机械意外地开动或自动开动

D. 高压蒸汽管道上装设安全阀和凝结罐，消除多余负荷

［解析］设置安全阀和凝结罐消除水击的影响，选项D错误。

［答案］D

［典型例题3·单选］下列关于锻压机械安全技术要求的说法中，错误的是（　　）。

A. 较大型的空气锤或蒸汽—空气自由锤一般是自动操纵的，为保证安全应该设置简易的操作室或者屏蔽装置

B. 模锻锤的脚踏板应置于某种挡板之下，操作者需将脚伸入挡板内进行操纵

C. 高压蒸汽管道上必须装有安全阀和凝结罐，以消除水击现象，降低突然升高的压力

D. 任何类型的蓄力器都应有安全阀，且安全阀的重锤必须封在带锁的锤盒内

［解析］较大型的空气锤或蒸汽—空气自由锤一般是用手柄操纵的，为了避免出现意外伤害，在操纵手柄时应设置简易的操作室或者屏蔽装置，选项A错误。

［答案］A

环球君点拨

此考点属于安全生产技术基础科目的基础考点，锻造作业的危险有害因素比较容易理解和掌握，考生需要多熟悉锻造的安全技术措施。

第六节　安全人机工程

考点 1　人的特性［2022、2021、2020、2019、2018、2017、2015］

真题链接

［2019·单选］安全人机工程是运用人机工程学的理论和方法研究“人—机—环境”系统，并使三者在安全的基础上达到最佳匹配，人的心理特性是决定人的安全性的一个重要因素。下列人的特性中，不属于心理特性的是（　　）。

A. 能力　　B. 动机

C. 情感　　D. 心率

［解析］能力、动机、情感、性格、需要、意志等属于人的心理参数；而心率、心跳、形态参数是人的生理参数。

［答案］D

［2021·单选］疲劳分为肌肉疲劳和精神疲劳，肌肉疲劳是指过度紧张的肌肉局部出现酸痛现象，而精神疲劳则与中枢神经活动有关。疲劳产生的原因主要来自工作条件因素和作业者自身因素。下列引起疲劳的因素中，属于作业者自身因素的是（　　）。

A. 工作强度　　B. 熟练程度

C. 环境照明　　D. 工作体位

［解析］作业者本身的因素主要从作业者自身的角度进行分析，包括作业者工作时的熟练程度、拥有的操作技巧、自身身体素质以及对工作的适应能力等。工作强度、环境照明、工作体位、工作强度等均属于工作条件因素。

［答案］B

［2021·单选］劳动强度是以作业过程中人体的能耗、氧耗、心率、直肠温度、排汗率或相对代谢率等指标进行分级，体力劳动强度分为 4 个等级。下列劳动作业中，属于Ⅱ级劳动强度的是（　　）。

A. 大强度的挖掘或搬运　　B. 臂和躯干负荷工作

C. 手和臂持续动作　　D. 手工作业或腿的轻度活动

［解析］大强度的挖掘或搬运属于极重劳动，即Ⅳ级劳动。臂和躯干负荷工作属于重劳动，即Ⅲ级劳动。手和臂持续动作属于中等劳动，即Ⅱ级劳动。手工作业或腿的轻度活动属于轻劳动，即Ⅰ级劳动。

［答案］C

［2021·单选］体力劳动强度指数是区分体力劳动强度等级的指标。关于体力劳动强度级别的说法，正确的是（　　）。

A. 体力劳动强度指数为 16 时，则体力劳动强度级别为“Ⅰ级”

B. 体力劳动强度指数为 18 时，则体力劳动强度级别为“Ⅱ级”

C. 体力劳动强度指数为 20 时，则体力劳动强度级别为“Ⅲ级”

D. 体力劳动强度指数为 22 时，则体力劳动强度级别为“Ⅳ级”

[解析] Ⅰ级的体力劳动指数为 $I\leqslant 15$，Ⅱ级体力劳动指数为 $15<I\leqslant 20$，Ⅲ级体力劳动指数为 $20<I\leqslant 25$，Ⅳ级体力劳动指数为 $I>25$。

[答案] B

[2020·多选] 劳动强度是以作业过程中人体的能耗量、氧耗、心率、排汗率等指标为根据，将其从轻到重分为Ⅰ、Ⅱ、Ⅲ、Ⅳ级。根据我国对常见职业体力劳动强度的分级，下列操作中，属于Ⅱ级劳动强度的有（　　）。

A. 摘水果　　B. 搬重物

C. 驾驶卡车　　D. 操作仪器

E. 操作风动工具

[解析] 属于Ⅱ级劳动强度的有手和臂持续动作（如锯木头等）；臂和腿的工作（如卡车、拖拉机或建筑设备等运输操作）；臂和躯干的工作（如锻造、风动工具操作、粉刷、间断搬运中等重物、除草、锄田、摘水果和蔬菜等），选项A、C、E符合题意。选项B，搬重物属于Ⅲ级劳动强度。选项D，操作仪器属于Ⅰ级劳动强度。

[答案] ACE

[2020·单选] 劳动者在劳动过程中，因工作因素产生的精神压力和身体负担，不断积累可能导致精神疲劳和肌肉疲劳。下列关于疲劳的说法中，错误的是（　　）。

A. 肌肉疲劳是指过度紧张的肌肉局部出现酸疼现象

B. 肌肉疲劳和精神疲劳可能同时发生

C. 劳动效果不佳是诱发精神疲劳的因素之一

D. 精神疲劳仅与大脑皮层局部区域活动有关

[解析] 精神疲劳与中枢神经活动有关，肌肉疲劳会涉及大脑皮层的局部区域，选项D错误。

[答案] D

[2022·单选] 疲劳分为肌肉疲劳和精神疲劳两种。肌肉疲劳是指过度紧张的局部肌肉出现酸痛现象；精神疲劳则与中枢神经活动有关，是一种弥散的不愿再作任何活动的懒惰感觉，意味着肌体迫切需要得到休息。下列消除精神疲劳的措施中，错误的是（　　）。

A. 不断提示工作的危险性　　B. 适当播放轻音乐

C. 改善操作者的工作环境　　D. 合理安排作息时间

[解析] 消除疲劳的途径主要是从人的生理因素和心理因素考虑出发，如改善照明、环境色彩、提供合理的温度和湿度环境、改善单调的作业内容，设备、器械设计时遵循人机工程学原理，充分考虑到使用者的生理影响和心理影响。选项A，不断提示工作的危险性不能使人在精神上放松。

[答案] A

[2022·单选] 事故统计表明，由人的心理因素引起的事故约占事故总量的70%～75%。人的心理因素包括能力、性格、动机、情绪和意志。关于人的心理因素的说法，正确的是（　　）。

A. 意志是人顺利完成某种任务的心理特征

B. 能力是由肌体生理需要是否得到满足而产生的体验

C. 性格是人对现实的稳定的态度和习惯化的行为方式

D. 情绪是人自觉确定目标并调节行动实现目标的心理过程

[解析] 能力是人们顺利完成某种任务的心理特征，选项A错误。情绪是由肌体生理需要是否

得到满足而产生的体验，选项 B 错误。性格是人们在对待客观事物的态度和社会行为方式中区别于他人所表现出来的那些比较稳定的心理特征的总和，选项 C 正确。意志是人自觉地确定目标并调节自己的行动，以克服困难、实现预定目标的心理过程，它是意识的能动作用与表现，选项 D 错误。

［答案］C

真题精解

点题：本系列真题考查人的生理特性和心理特性、劳动强度及分级、疲劳的相关内容。考生要注意区分人的生理特性和心理特性内容，能够根据题目选项进行归类。考生学习劳动强度及分级内容时，一方面要掌握劳动强度指数的规定，即劳动强度划分标准；另一方面要掌握常见的职业体力劳动强度分级的描述，能够根据具体工作描述与劳动强度等级、劳动强度指数对应。疲劳的定义、产生原因以及消除疲劳的途径在近几年考试中考查频次较高，建议考生在理解的基础上掌握。2017 年真题考查疲劳产生的原因，类似上述 2021 年真题。2015 年真题考查劳动强度级别的数字内容，同上述 2021 年真题。2018 年真题同样考查劳动强度级别的内容，同 2020 年、2021 年真题。2015 年真题考查消除精神疲劳的措施，同上述 2022 年真题。

分析：此处重点介绍体力劳动强度指数和常见的职业体力劳动强度分级中的易错内容。

1. 体力劳动强度指数

体力劳动强度指数是划分体力劳动强度级别的量化依据，因此要准确记忆体力劳动强度指数。体力劳动强度一共分为四级，每级之间的界限值分别是 15、20、25，此处需要注意的是当劳动强度指数正好为界限值时，如何判定劳动强度级别。劳动强度指数“就下不就上”，即劳动强度指数为 15 时劳动强度级别为Ⅰ级，劳动强度指数为 20 时劳动强度级别为Ⅱ级，劳动强度指数为 25 时劳动强度级别为Ⅲ级，如图 1-1 所示。

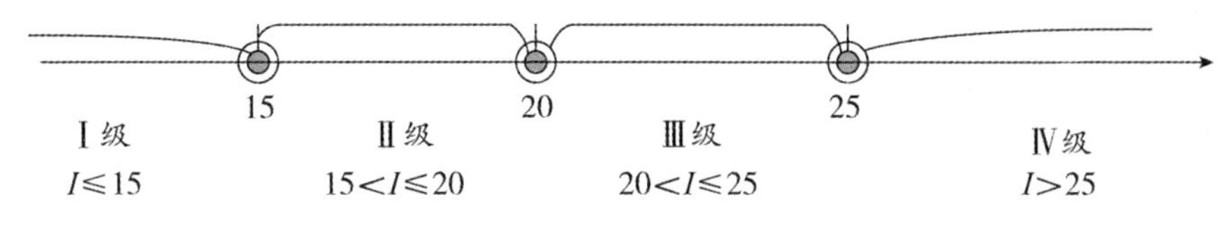

图 1-1　体力劳动强度指数划分

2. 常见的职业体例劳动强度分级

需要注意区分“除草”属于中等劳动，“割草”属于重劳动。

拓展：本考点中需要注意体力劳动强度分级与常见的职业体力劳动强度分级描述的对应关系，即给出职业描述能够与体力劳动强度指数建立正确的对应关系。

举一反三

［**典型例题 1 · 单选**］体力劳动强度分级可以明确工人体力劳动强度的重点工种或工序，以便有重点、有计划地减轻工人的体力劳动强度，提高劳动生产率。下列关于体力劳动强度分级的说法，正确的是（　　）。

A. 体力劳动强度指数为 20 属于轻劳动

B. 体力劳动强度指数为 20 属于重劳动

C. 体力劳动强度指数为 25 属于中等劳动

D. 体力劳动强度指数为 30 属于极重劳动

［**解析**］当劳动强度指数＞25 时，属于极重劳动，选项 D 正确。

[答案] D

[典型例题 2 · 单选] 体力劳动强度分级作业时间和单项动作能量消耗统一协调考虑，比较准确地反映了真实的劳动强度。该标准根据体力劳动强度指数，将体力劳动强度分为四级。当体力劳动强度指数为 15 时，应该划分为（　　）体力劳动。

A. Ⅰ级　　　　B. Ⅱ级

C. Ⅲ级　　　　D. Ⅳ级

[解析] 本题考查劳动强度指数临界值的判定。当劳动强度指数为 15 时体力劳动强度级别为Ⅰ级，即轻劳动。

[答案] A

[典型例题 3 · 单选] 下列关于职业描述中体力劳动强度分级的划分正确的是（　　）。

A. 手工作业或腿的轻度活动，如打字员，属于Ⅰ级（轻劳动）

B. 臂和腿的工作，如卡车司机，属于Ⅱ级（重劳动）

C. 立姿，如仪器操作人员，属于Ⅲ级（中等劳动）

D. 臂或者躯干负荷工作，如风动工具操作员，属于Ⅳ级（极重劳动）

[解析] 臂和腿的工作，如卡车司机，属于Ⅱ级，中等劳动，选项 B 错误。立姿，如仪器操作人员，属于Ⅰ级，轻劳动，选项 C 错误。臂或者躯干负荷工作，如风动工具操作员，属于Ⅱ级，中等劳动，选项 D 错误。

[答案] A

[典型例题 4 · 单选] 有四名员工，王某主要工作为打字记录麦苗生长情况；李某主要工作为割草；张某主要工作为除草；陈某主要工作为摘水果。根据我国对常见职业体力劳动强度的分级，下列关于上述四人劳动强度分级的说法中，正确的是（　　）。

A. 王某的体力劳动强度为Ⅰ级

B. 李某的体力劳动强度为Ⅱ级

C. 张某的体力劳动强度为Ⅲ级

D. 陈某的体力劳动强度为Ⅳ级

[解析] 王某打字属于Ⅰ级劳动，李某割草属于Ⅲ级劳动，张某除草属于Ⅱ级劳动，陈某摘水果属于Ⅱ级劳动。

[答案] A

[典型例题 5 · 多选] 劳动强度可以反映工作劳动强度的大小。下列属于Ⅲ级劳动的是（　　）。

A. 割草　　　　B. 脚踏开关

C. 除草　　　　D. 搬重物

E. 锤锻

[解析] 割草、搬重物、锤锻属于Ⅲ级劳动，脚踏开关属于Ⅰ级劳动，除草属于Ⅱ级劳动。

[答案] ADE

环球君点拨

劳动强度及分级在本考点中考查较多，为重点内容，其他考点作为次重点备考即可。

考点2　人与机器特性的比较［2023、2021、2020、2019、2017、2014］

真题链接

［2023・单选］安全人机工程是应用人机工程学的理论和方法研究“人一机一环境”系统，并使二者在安全的基础上达到最优匹配。下列人与机器的功能中，机器优于人的是（　　）。

A. 高度的灵活性　　B. 高度的可塑性

C. 同时完成多种操作　　D. 突发事件应对能力

［解析］机器优于人的功能：①机器能平稳而准确地输出巨大的动力，输出值域宽广；②机器的动作速度极快，信息传递、加工和反应的速度也极快；③机器运行的精度高；④机器的稳定性好；⑤机器对特定信息的感受和反应能力一般比人高；⑥机器能同时完成多种操作，且可保持较高的效率和准确度；⑦机器能在恶劣的环境条件下工作。

［答案］C

［2021・单选］传统人机工程中的“机”一般是指不具有人工智能的机器。人机功能分配是指根据人和机器各自的优势和局限性，把“人—机—环”系统中的任务进行分解，然后合理地分配给人和机器使其承担相应的任务，进而使系统安全、经济、高效地完成工作。基于人与机器的特点，关于人机功能分配的说法，错误的是（　　）。

A. 机器可适应单调、重复性的工作而不会发生疲劳，故可将此类工作任务赋予机器完成

B. 机器的环境适应性远高于人类，故可将危险、有毒、恶劣环境的工作赋予机器完成

C. 机器具有高度可塑性，灵活处理程序和策略，故可将一些意外事件交由机器处理

D. 人具有综合利用记忆的信息进行分析的能力，故可将信息分析和判断交由人处理

［解析］机器更适用于设定好的程序下，工作精准，但一旦出错无法进行修正，因此对于创造性、决策性、突发性的工作内容不适合由机器来做，选项C错误。

［答案］C

［2020・单选］在人机系统中，人始终处于核心地位并起主导作用，机器起着安全可靠的保障作用，在信息反应能力、操作稳定性、事件处理能力、环境适应能力等特性方面，人与机器各有优势。下列特性中，属于人优于机器的是（　　）。

A. 特定信息反应能力　　B. 操作稳定性

C. 环境适应能力　　D. 偶然事件处理能力

［解析］人与机器最大的不同在于人的主观能动性，机器在特定信息的反应能力、操作的稳定性、适应环境的能力方面均优于人，而人在应对突发事件中需要对复杂的环境、情况进行分析做出决策，因此人对偶然事件的处理能力优于机器。

［答案］D

［2019・单选］在人机系统中，人始终处于核心并起主导作用，机器起着安全可靠的保障作用，分析研究人和机器的特性有助于建构和优化人机系统。关于机器特性的说法，正确的是（　　）。

A. 处理柔软物体比人强　　B. 单调重复作业能力强

C. 修正计算错误能力强　　D. 图形识别能力比人强

［解析］选项A错误，机器处理柔软物体的能力不如人。选项B正确，机器可进行单调的重复性作业而不会疲劳和厌烦，属于机器的可靠性和适应性方面的特性。选项C错误，机器能够正确地

进行计算，但难以修正错误。选项 D 错误，机器图形识别能力弱。

［答案］B

［2019·多选］人机功能分配指根据人和机器各自的长处和局限性，把人机系统中任务分解，合理分配给人和机器去承担，使人与机器能够取长补短，相互匹配和协调，使系统安全、经济、高效地完成人和机器往往不能单独完成的工作任务。根据人机特性和人机功能分配的原则，下列人机系统的工作中，适合人来承担的有（　　）。

A. 系统运行的监督控制　　B. 机器设备的维修与保养

C. 长期连续不停的工作　　D. 操作复杂的重复工作

E. 意外事件的应急处理

［解析］选项 C 错误，长期不停地工作适合机器完成，机器能够稳定地输出功率并且长时间连续工作。选项 D 错误，复杂操作的重复工作适合机器完成。

［答案］ABE

真题精解

点题： 本系列真题主要考查人机功能性的比较，通过工作场景的举例，判别哪种工作更适合人，哪种工作更适合机械。本考点内容可以结合机械特性一起考查，在整个考点中需要把握一个原则，即人的优势主要在于其有主观能动性。2017 年、2014 年真题考查人机系统比较的内容，类似上述 2023 年、2021 年、2020 年、2019 年真题。

分析： 重点区分人的优势和机械的优势，具体内容如下。

1. 人的优势

感受能力，灵活和可塑性，分析和判断，利用经验、进行创新，归纳、推理，有感情、意识和个性等。强调“主观能动性”。

2. 机械的优势

准确、速度快、精度高、稳定性好、效率高，适用于恶劣环境。

拓展： 在进行判断分析时但凡需要发挥主观能动性，需要主动思考、分析，则人优于机。应根据二者特点的不同进行工作的安排。

举一反三

［典型例题 1·单选］根据人机特性和人机功能合理分配的原则，适合机器来做的是（　　）工作。

A. 快速、高可靠性、高精度的　　B. 单调、复杂、决策性的

C. 持久、笨重、维修性的　　D. 环境条件差、规律性、创造性的

［解析］适合于机械的工作内容只要包含发挥主观能动性的则排除，决策性、维修性、创造性工作均不适合机械来做。

［答案］A

［典型例题 2·单选］根据人机特性的比较，为了充分发挥各自的优点，需要进行人机功能的合理分配。下列关于人机功能合理分配的说法中，正确的是（　　）。

A. 指令和程序的编排适合机器来做　　B. 故障处理适合机器来做

C. 研究、决策适合人来承担　　D. 操作复杂的工作适合人来承担

［解析］人机功能合理分配的原则应该是笨重的、快速的、持久的、可靠性高的、精度高的、

规律性的、单调的、高价运算的、操作复杂的、环境条件差的工作，机械优于人；研究、创造、决策、指令和程序的编排、检查、维修、故障处理及应对突发状况等工作，人优于机械。

[答案] C

环球君点拨

本考点主要针对传统机械应具备的特性，即非现代化智能类机械设备。本考点相对简单，建议考生结合常识理解和掌握，考试时尽量不丢分。

考点 3　人机系统和人机作业环境 [2023、2022、2021、2020、2019]

真题链接

[2021・单选] 人机系统是由相互作用、相互依存的人和机器两个子系统构成，能完成特定目标的一个整体系统。在自动化系统中，人机功能分配的原则是（　　）。

A. 以人为主　　B. 以机为主

C. 人机同等　　D. 人机共体

[解析] 在自动化系统中，以机为主体，机器的正常运转完全依赖于闭环系统的机器自身控制，人只是一个监视者和管理者，监视自动化机器的工作。

[答案] B

[2019・单选] 人机系统按自动化程度可分为人工操作系统、半自动化系统和自动化系统。在自动化系统中，以机为主体，机器的正常运转完全依赖于闭环系统的机器自身的控制，人只是一个监视者和管理者，监视自动化机器的工作。只有在自动控制系统出现差错时，人才进行干预，采取相应的措施。自动化系统的安全性主要取决于（　　）。

A. 人机功能的分配的合理性，机器的本质安全性及人为失误

B. 机器的本质安全性、机器的冗余系统是否失灵及人处于低负荷时应急反应变差

C. 机器的本质安全性、机器的冗余系统是否失灵及人为失误

D. 人机功能分配的合理性、机器的本质安全性及人处于低负荷时应急反应变差

[解析] 在自动化系统中，则以机为主体，机器的正常运转完全依赖于闭环系统的机器自身的控制，人只是一个监视者和管理者，监视自动化机器的工作。只有在自动控制系统出现差错时，人才进行干预，采取相应的措施。该系统的安全性主要取决于机器的本质安全性、机器的冗余系统是否失灵以及人处于低负荷时的应急反应变差等情形。

[答案] B

[2022・单选] 某人机串联系统由甲、乙两人监控，甲的操作可靠度为 0.90，乙的操作可靠度为 0.95，机器设备的可靠度为 0.90。当甲、乙并联工作时，该人机系统的可靠度为（　　）。

A. 0.895 5　　B. 0.855 0　　C. 0.810 0　　D. 0.769 5

[解析] 当甲、乙并联工作时，人机可靠度＝[1－（1－0.9）（1－0.95）]×0.9＝0.895 5。

[答案] A

[2021・单选] 对工作环境进行照明设计时，应考虑视觉作业的照明与作业安全、视觉功效之间的关系。下列针对作业场所照明的要求中，错误的是（　　）。

A. 避免强烈眩光的使用　　B. 注意表面特性的显示

C. 运用各种照明方式　　D. 采用强烈的颜色对比

[解析] 作业场所的照明方案应既能满足工作照明，又避免不良的眩光；注意颜色的利用、表面特性的显示、各种照明方式的运用、灯光与昼光的合理结合，以及无强烈对比和眩光等。面对作业人员的墙壁，避免采用强烈的颜色对比；避免有光泽的或反射性的涂料等。

[答案] D

[2020 · 单选] 事故统计表明，不良的照明条件是发生事故的重要影响因素之一，事故发生的频率与工作环境照明条件存在着密切的关系。下列关于工作环境照明条件影响效应的说法中，正确的是（　　）。

A. 合适的照明能提高近视力，但不能提高远视力

B. 环境照明强度越大，人观察物体越清楚

C. 视觉疲劳可通过闪光融合频率和反应时间来测定

D. 遇眩光时，眼睛瞳孔放大，视网膜上的照度增加

[解析] 照明条件与作业疲劳有一定的联系。适当的照明条件能提高近视力和远视力。环境照明强度越大，若超过一定限度（如直视汽车的远光灯），会造成眩光，该种情况下观察的物体不清楚。视觉疲劳可通过闪光融合频率和反应时间等方法进行测定。眩光条件下，人们会因瞳孔缩小而影响视网膜的视物，导致视物模糊。

[答案] C

[2023 · 单选] 人机作业环境包括照明环境、声环境、色彩环境、气候环境等，环境中色彩的副作用主要表现为视觉疲劳。下列作业环境存在的色彩中，最容易引起视觉疲劳的是（　　）。

A. 红色、橙色　　B. 蓝色、紫色

C. 黄色、绿色　　D. 绿色、蓝色

[解析] 色彩的生理作用主要表现在对视觉疲劳的影响。由于人眼对明度和彩度的分辨力较差，在选择色彩对比时，常以色调对比为主。对引起眼睛疲劳而言，蓝、紫色最甚，红、橙色次之，黄绿、绿、绿蓝等色调不易引起视觉疲劳且认读速度快、准确度高。

[答案] B

[2022 · 单选] 影响人机作业环境的因素有很多，如照明、声音、色彩、温度、湿度等。色彩对人的影响主要表现在情绪反应、生理反应和心理反应。色彩的生理作用导致人的视觉疲劳。下列颜色排序中，导致视觉疲劳程度由高到低的是（　　）。

A. 绿、红、蓝　　B. 红、绿、蓝

C. 蓝、红、绿　　D. 红、蓝、绿

[解析] 色彩的生理作用主要表现在对视觉疲劳的影响。由于人眼对明度和彩度的分辨力较差，在选择色彩对比时，常以色调对比为主。对引起眼睛疲劳而言，蓝、紫色最甚，红、橙色次之，黄绿、绿、绿蓝等色调不易引起视觉疲劳且会使人认读速度快、准确度高。

[答案] C

真题精解

点题：本系列真题主要从三个维度进行考查，即人机系统、人机系统可靠度的计算、人机作业环境。人机系统中主要考查人机系统的原则和不同类型的人机系统的特点，内容相对简单、容易理解和掌握。人机系统可靠度的计算是安全生产技术基础科目中为数不多的计算题之一，是要求考生

必须掌握的内容。人机作业环境经常考查照明环境和色彩环境的内容，其中色彩环境考查得更多一些。

分析：此处重点介绍人机系统类型的特点和色彩对人的影响。

1. 人机系统类型特点

(1) 人工操作系统、半自动化系统：人机共体，以机器为主，人充当操作者、控制者。

(2) 自动化系统：以机器为主，人充当监视者、管理者。

2. 色彩对人的影响

(1) 对疲劳程度的影响，即引起眼睛疲劳：蓝色、紫色＞红色、橙色＞黄绿、绿、绿蓝。

(2) 对人的影响：红色——兴奋、不稳定；蓝色、绿色——抑制兴奋。

(3) 操作台、控制台避免高饱和色、高对比度。

拓展：本考点中人机系统可靠度的计算稍微难理解一些，在学习该知识点时，如果不能理解可以例题为主，掌握例题的解题“套路”，也是可以应对考试的。人机系统可靠度的计算公式如下：

$$人机系统可靠度（两人并联时）=[1-(1-R_1)(1-R_2)]R_M$$

式中，R_1、R_2——人的操作可靠度；

R_M——机械设备可靠度。

举一反三

[典型例题1·单选] 人机系统按系统的自动化程度可分为人工操作系统、半自动化系统和自动化系统三种。下列关于三个系统安全性的说法中，正确的是（　　）。

A. 在人工操作系统，人为失误状况是该系统安全性的重要决定因素之一

B. 在自动化系统中，人机功能分配的合理性是该系统安全性的重要决定因素之一

C. 在自动化系统中，人为失误状况是该系统安全性的重要决定因素之一

D. 在半自动化系统中，机器的冗余系统是否失灵是该系统安全性的重要决定因素之一

[解析] 在人工操作系统、半自动化系统中，其系统的安全性主要取决于人机功能分配的合理性、机器的本质安全性及人为失误状况。在自动化系统中，其系统的安全性主要取决于机器的本质安全性、机器的冗余系统是否失灵以及人处于低负荷时的应急反应变差等情形。

[答案] A

[典型例题2·单选] 某机器系统由甲、乙两人进行监控，机器的可靠度为0.98，甲的操作可靠度为0.95，乙的操作可靠度为0.93。当出现异常状况时，该人机系统的可靠度为（　　）。

A. 0.865 83　　B. 0.931 00　　C. 0.976 57　　D. 0.996 50

[解析] 两人并联时，人机系统的可靠度$=[1-(1-0.95)\times(1-0.93)]\times0.98=0.976\ 57$，选项C正确。

[答案] C

[典型例题3·单选] 色彩可以引起人的情绪反应，也会在一定程度上影响人的行为。下列关于色彩对人体影响的说法中，正确的是（　　）。

A. 红色色调会抑制各种器官的兴奋，可起到一定的降低血压及减缓脉搏的作用

B. 色彩的生理作用主要表现在对视觉疲劳的影响

C. 绿色等色调会使人的各种器官机能兴奋，有促使血压升高及脉搏加快的作用

D. 对引起眼睛疲劳而言，红、橙色最甚，蓝、紫色次之

[解析] 红色色调让人的器官机能兴奋和不稳定，而蓝色和绿色色调可以抑制兴奋，选项A、C错误。在对引起眼睛疲劳的影响中，蓝、紫色最甚，红、橙色次之，选项D错误。

[答案] B

环球君点拨

本考点为高频考点，近5年的考试中均有考查，因此考生必须掌握本考点内容。在学习的过程中，建议考生通读、多熟悉相关内容。

第二章　电气安全技术

第一节　电气事故及危害

考点 1　触电事故种类 [2023、2022、2021、2020、2019、2017、2015、2014]

真题链接

[2023 · 单选] 按照人体触及带电体的方式，电击可分为单线电击、两线电击、跨步电压电击。关于下图所示电击类型的说法，正确的是（　　）。

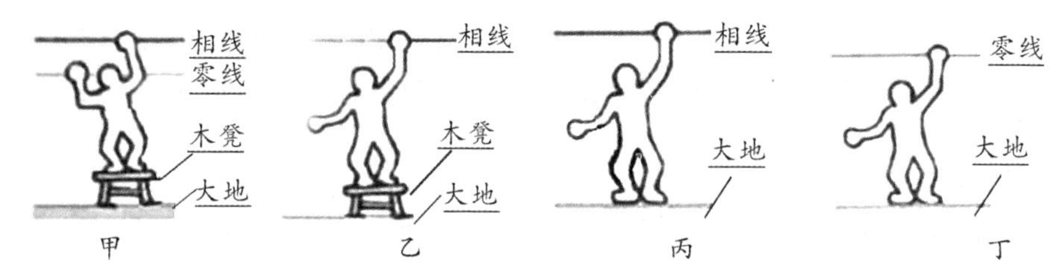

A. 甲可能发生单线电击　　B. 乙可能发生单线电击

C. 丙可能发生单线电击　　D. 丁可能发生单线电击

[解析] 单线电击是人体站在导电性地面或接地导体上，人体某一部位触及带电导体，由接触电压造成的电击，选项 C 正确。

[答案] C

[2020 · 单选] 直接接触电击是触及正常状态下带电的带电体时发生的电击。间接接触电击是触及正常状态下不带电而在故障状态下意外带电的带电体时发生的电击。下列触电事故中，属于间接接触电击的是（　　）。

A. 作业人员在使用手电钻时，手电钻漏电发生触电

B. 作业人员在清扫配电箱时，手指触碰电闸发生触电

C. 作业人员在清扫控制柜时，手臂触到接线端子发生触电

D. 作业人员在带电抢修时，绝缘鞋突然被钉子扎破发生触电

[解析] 电击根据发生电击时电气设备的状态不同，分为直接接触电击和间接接触电击。直接接触电击和间接接触电击从设备状态区分，直接接触电击发生时设备处于正常的工作状态，间接接触触电发生时电气设备处于故障状态。电钻在正常的工作状态下是不应该漏电的，因此选项 A 属于电气设备的故障状态下漏电，此时发生的电击事故是间接接触电击。清扫配电箱、控制柜时设备处于正常的工作状态，此时触电属于直接接触电击，选项 B、C 为直接接触触电。选项 D 不符合题意，作业人员带电抢修，虽然设备有故障但是设备是正常带电运行，因此带电抢修导致的触电属于直接接触电击。

[答案] A

［2019・单选］间接接触电击是触及正常状态下不带电而在故障状态下意外带电的带电体时发生的电击。下列触电事故中，属于间接接触电击的是（　　）。

A. 小张在带电更换空气开关时，使用改锥不规范造成触电事故

B. 小王使用手持电动工具时，使用时间过长绝缘破坏造成触电事故

C. 小李清扫配电柜的电闸时，使用绝缘柄毛刷清扫精力不集中造成触电事故

D. 小赵在带电作业时，无意中触碰带电导线的裸露部分发生触电事故

［解析］间接接触电击的特点在于触电时电气设备是故障状态带电。选项 A，小张在带电更换空气开关时，用电线路在正常输电，因此小张使用改锥触碰到正常输电线路导致触电属于直接接触电击。选项 B，小王使用手持电动工具时，使用时间过长绝缘破坏造成触电事故中手持电动工具应具备绝缘的性能，但绝缘破坏而漏电导致的触电事故属于间接接触电击。选项 C，配电柜是正常输电状态，小李触碰到正常输电的配电柜是直接接触电击。选项 D，带电导线属于正常输电状态，小赵触电属于直接接触电击。

［答案］B

［2019・多选］按照电流转换成作用于人体的能量的不同形式，电伤分为电弧烧伤、电流灼伤、皮肤金属化、电烙印、电气机械性伤害、电光眼等类别。关于电伤情景及电伤类别的说法，正确的有（　　）。

A. 赵某在维修时发生相间短路，产生的弧光烧伤了手臂，属电弧烧伤

B. 孙某在维修时发生相间短路，产生的弧光造成皮肤内有许多钢颗粒，属皮肤金属化

C. 李某在维修时发生手部触电，手接触的部位被烫出印记，属电烙印

D. 钱某在维修时发生相间短路，短路电流达到 2 000A 使导线熔化烫伤手臂，属电流灼伤

E. 张某在维修时发生手部触电，手臂被弹开碰伤，属电气机械性伤害

［解析］电气机械性伤害强调的是电流作用于人体时直接对人体造成骨折或机体组织断裂的情况，选项 E 表述的是手臂被弹开以后碰伤的，相当于被电击后又造成的二次伤害，因此不属于电气机械性伤害。

［答案］ABCD

［2021・单选］触电事故是由电流形态的能量造成的事故，分为电击和电伤。下列触电事故伤害中，属于电击的是（　　）。

A. 电弧烧伤　　　　B. 电烙印

C. 跨步电压触电　　　　D. 皮肤金属化

［解析］触电事故种类主要包括电击和电伤两种。其中，电伤主要包括电弧烧伤、电流灼伤、皮肤金属化、电烙印、电气机械性伤害和电光眼。跨步电压触电属于电击事故。

［答案］C

［2022・单选］按照电流转换成作用于人体的能量形式不同，电伤可分为电弧烧伤、电流灼伤、皮肤金属化、电烙印、电光眼等。关于电伤对人体危害的说法，正确的是（　　）。

A. 电弧烧伤的严重程度与电力系统电压密切相关

B. 电流作用于人体时，不会造成肢体组织断裂

C. 电流通过人体后，人体接触带电体的部位会穿孔

D. 通过人体的电流越大，电流灼伤越严重

［解析］高压电弧和低压电弧都能造成严重烧伤。高压电弧的烧伤更为严重一些，选项A正确。电流作用于人体时，可以造成肢体组织断裂，即电气机械性伤害，是电伤的一种，选项B错误。电流通过人体后，人体接触带电体的部位后可能发生电击事故或者电伤事故，一般不会穿孔，选项C错误。通过人体的电流越大、通电时间越长、电流途径上的电阻越大，电流灼伤越严重，选项D错误。

［答案］A

真题精解

点题：本系列真题考查的是触电事故种类。本考点一方面可以考查电击事故和电伤事故的区分，另一方面可以考查电击事故、电伤事故中每个子类的具体区分。例如，直接接触触电与间接接触触电的区分，单线电击、两线电击的区分；皮肤金属化、电烙印的不同，哪种伤害类型能够判定为电气机械性伤害等。2017年、2014年真题考查了直接接触触电和间接接触触电的区分，考查形式类似上述2020年真题，但2017年、2014年真题更为简单。2015年真题考查了电光性眼炎，与上述2021年真题相似，考生掌握相关知识点即可。

分析：触电事故根据电流是否直接通过人体可以分为电击和电伤。电击事故最大的特点在于电流直接流经人体形成回路，对人体造成伤害；电伤事故最大的特点是电流转换成不同的能量作用于人体，对人体造成伤害，如电能转换成热能对人体或人体的部位造成灼伤、电流转换成机械能造成人体的组织断裂、骨折等伤害。

1. 电击

电击中考查最多的是直接接触触电和间接接触触电的区分，考试时经常举出触电事故类型要求考生判断属于直接接触触电还是间接接触触电。考生在进行判断时只要把握好一个原则，即“设备为啥带电”，就可以快速选出正确答案，具体内容见表2-1。

表2-1　直接接触触电和间接接触触电

触电事故类型	设备带电状态	理解
直接接触触电	正常带电	直接接触触电可以理解为“主观犯罪”，即带电设备正常工作被触及，不管是因为“手套漏洞”“防护鞋被钉子扎破”还是“注意力不集中”这些都不重要，重要的是设备正常带电
间接接触触电	故障带电	间接接触触电可以理解为“本来不该带电结果带了电”导致人员触电，可以理解成触电人员“被动挨打”，重点在于“故障带电”

单线电击、两线电击、跨步电压电击单独成题考查频次较低，故不再展示这三个内容概念。

2. 电伤

电伤的具体表现形式一共包含6种，掌握这6种电伤形式的关键在于把握其关键词，具体内容见表2-2。

表2-2　电伤的具体表现形式

电伤形式	重要关键词
电弧烧伤	弧光放电；高、低压电弧均能造成严重烧伤
电流灼伤	电流流经人体；影响因素包括电流大小、通电时间、电阻

续表

电伤形式	重要关键词	
皮肤金属化	金属微粒渗入皮肤	这两种形式容易弄混，一定要结合电伤形式的名称和特点加以区分
电烙印	永久性斑痕	
电气机械性伤害	电流；直接反射	此点易错，“人触电后出现应激反应，手臂弹开打到墙上造成骨折”这种情况不属于电气机械性伤害，可理解成“二次伤害”
电光眼	弧光放电；红外线、紫外线、可见光	

拓展：本考点涉及两个层级的分类：

（1）第一层级是电击与电伤的区分，一定要能够知道跨步电压是电击的一种形式。

（2）第二层级是电击与电伤的具体分类。电击分类既要掌握分类的内容也要掌握分类的根据，能够将分类的内容与分类的根据对应；电伤分类中掌握每种形式的关键词，即可将这 6 种形式区分开。

举一反三

[典型例题 1 • 单选] 触电事故发生时，通常分为电击和电伤两种。下列关于电击和电伤的说法中，错误的是（　　）。

A. 电击是电流直接通过人体对人体的器官造成伤害的现象

B. 电伤相比电击，其伤害程度较更轻，不会导致死亡

C. 绝大多数的触电事故造成的伤害中，既有电击又有电伤

D. 电击事故中主要是因为电流的作用，对人体造成伤害

[解析] 据统计，在触电事故当中，足以造成死亡的事故中电伤的影响程度能达 70%，因此电伤同样是非常严重的电伤害，可以导致人的死亡，选项 B 错误。

[答案] B

[典型例题 2 • 单选] 电击按照电气设备触电时的状态分为直接接触电击和间接接触电击。下列触电事故中属于直接接触电击的是（　　）。

A. 皮带轮的防护网带电，工作人员触碰到防护网而遭到电击

B. 电动机线路短路漏电，工作人员触碰电动机时触电

C. 泳池漏电保护器损坏，游客在游泳过程中遭到电击

D. 工作人员在起重臂上操作，起重机吊臂碰到架空线，挂钩工人遭到电击

[解析] 直接接触电击的特点是触碰“正常带电的设备”。选项 A、B、C 中均为故障状态下带电，属于间接接触触电。选项 D 中架空线路正常输电，起重机吊臂触碰到架空线进而导致工人触电，属于直接接触触电。

[答案] D

[典型例题 3 • 单选] 某市郊区高压输电线路由于损坏被大风刮断，线路一端掉落在地面上。路过的务工人员张某，出于好奇上前观察，在距离高压线仍有 4m 距离的地方，突然触电并倒地死亡。此次事故属于（　　）。

A. 间接接触触电　　B. 两线电击触电

C. 跨步电压触电　　　　　　　　　　　　D. 单线电击触电

[解析] 跨步电压电击主要是由于人的两脚处于不同的电位圈，两脚之间的跨度造成电位差的产生，并且人体与大地形成回路，导致人员的触电。在遇到高压线路落地时一定远离，若来不及躲避，单脚跳跃远离电线与地面的交界面。

[答案] C

[典型例题 4・单选] 按照电流转换成作用于人体的能量的不同形式，电伤分为电弧烧伤、电流灼伤、皮肤金属化、电烙印、电气机械性伤害、电光眼等伤害。下列关于电伤的说法中，正确的是（　　）。

A. 一般情况下，高压电弧会造成严重烧伤，低压电弧只会造成轻微烧伤

B. 电流灼伤是电流通过人体由电能转换成热能造成的伤害，是最危险的电伤

C. 电流越大、通电时间越长、电流途径上的电阻越小，电流灼伤越严重

D. 电光眼是发生弧光放电时，由红外线、可见光、紫外线对眼睛的伤害

[解析] 高压电弧和低压电弧都能造成严重烧伤，高压电弧的烧伤更为严重一些，选项 A 错在"只"字上，低压电弧也能造成严重烧伤，选项 A 错误。电弧烧伤是由弧光放电造成的烧伤，是最危险的电伤，选项 B 错误。电流灼伤中电阻越大，导致的电流灼伤情况越严重，选项 C 错误。

[答案] D

环球君点拨

此考点属于安全生产技术基础科目的常规考点，是必须掌握的内容。此考点较简单，相对容易掌握。虽然此考点中分类内容较多，但把握住区分的原则，做题时就会相对容易。"纸上得来终觉浅，绝知此事要躬行"，做题的原则易理解但一定也要多加练习。

考点 2　电流对人体作用的影响 [2023、2022、2021、2020、2019]

真题链接

[2023・单选] 电流通过人体可能引起一系列症状，对人体的伤害往往发生在短时间内。关于电流对人体作用的说法，正确的是（　　）。

A. 人体感受到刺激的小电流不会使人体组织发生变异

B. 数百毫安的电流通过人体使人致命的原因是引起呼吸麻痹

C. 电流对机体除直接起作用外，还可能通过中枢神经起作用

D. 电流对人体的作用与人的精神状态和人的心理因素无关

[解析] 小电流对人体的作用主要表现为生物学效应，给人以不同程度的刺激，使人体组织发生变异，选项 A 错误。数十至数百毫安的小电流通过人体短时间使人致命的最危险的原因是引起心室纤维性颤动，选项 B 错误。身体健康、肌肉发达者摆脱电流较大。患有心脏病、中枢神经系统疾病、肺病的人电击后的危险性较大。精神状态和心理因素对电击后果也有影响，选项 D 错误。

[答案] C

[2022・单选] 人体对电流作用没有预感，往往在短时间内人就会受到电流的伤害。电流通过人体，会引起一系列症状。关于电流对人体作用的说法，正确的是（　　）。

A. 小电流给人以不同程度的刺激，但人体组织不会发生变异

B. 数百毫安的电流通过人体使人致命的原因是引起呼吸麻痹

C. 电流除对人的机体直接起作用外，还可通过中枢神经系统起作用

D. 电流导致心室纤维性颤动时，心脏颤动的幅值大且无规律

[解析] 小电流也会引起人体的生物效应，刺激程度各异，在小电流的作用下也会引起人体组织的变异，选项A错误。触电事故中，致使人员死亡的原因是电流通过人体时导致的心室纤维性颤动，选项B错误。电流不仅可以对人体有直接影响，也可以通过中枢神经系统起作用，选项C正确。当人体发生心室纤维性颤动时，心脏颤动频次每分钟为1 000次以上，但幅值是很小的，并且没有规律，选项D错误。

[答案] C

[2019·单选] 关于电流对人体伤害的说法，正确的是（　　）。

A. 小电流给人以不同程度的刺激，但人体组织不会发生变异

B. 电流除对机体直接起作用外，还可能对中枢神经系统起作用

C. 数百毫安的电流通过人体时，使人致命的原因是引起呼吸麻痹

D. 发生心室纤维性颤动时，心脏每分钟颤动上万次

[解析] 小电流也会引起人体的生物效应，刺激程度各异，在小电流的作用下也会引起人体组织的变异，选项A错误。触电事故中，致使人员死亡的原因是电流通过人体时导致的心室纤维性颤动，选项C错误。当人体发生心室纤维性颤动时，心脏颤动频次每分钟为1 000次以上，而非上万次，选项D错误。

[答案] B

[2021·单选] 电流对人体伤害的程度与电流通过人体的路径有关，电流流入人体，一定是从人体某一个部位流入，从另一个部位流出的，这两个部位之间的路径，就决定了人体受到的伤害程度。下列电流通过人体的路径中，最危险的路径是（　　）。

A. 左手至脚部　　B. 左手至背部

C. 左手至胸部　　D. 左手至右手

[解析] 流经心脏的电流线路越短、电流越大，造成的电击的危险性越大。通过实验监测可知，从左手至胸部流经途径对人的危险性最大。

[答案] C

[2021·单选] 在电流途径从左手到右手、大接触面积（50～100cm²）且干燥的条件下，当接触电压在100～220V时，人体电阻大致在（　　）。

A. 500～1 000Ω　　B. 2 000～3 000Ω

C. 4 000～5 000Ω　　D. 6 000～7 000Ω

[解析] 在电流途径从左手到右手、大接触面积（50～100cm²）且干燥的条件下，当人接触电压在100～220V内时，人体阻抗约在2 000～3 000Ω。

[答案] B

[2020·单选] 人体阻抗与接触电压、皮肤状态、接触面积等因素有关。下列关于人体阻抗影响因素的说法中，正确的是（　　）。

A. 人体阻抗与电流持续的时间无关　　B. 人体阻抗随接触面积增大而增大

C. 人体阻抗与触电者个体特征有关　　D. 人体阻抗随温度升高而增大

[解析] 电压升高、触电时间增长、接触面积增大、接触压力增大、温度升高，将会导致人体的阻抗下降。电流持续时间延长，人体阻抗由于出汗等原因而下降。个体特征的不同也会影响人体阻抗的大小，年轻、健壮的人员阻抗更大一些。

[答案] C

[2022·单选] 夏季触电事故多发，与天气炎热、多雨、潮湿等因素有关，易构成电流回路。下列导致触电事故的原因中，不属于夏季触电事故主要原因的是（　　）。

A. 雷电多发　　B. 地面导电性增强

C. 电气设备的绝缘电阻降低　　D. 电气设备未作保护接地

[解析] 6～9 月触电事故多，与这几个月的气候特点有关，这段时间天气炎热、多雨、潮湿，因此设备原有的一些绝缘性能会下降、地面的导电性能提升。在这个时间段，人体多汗、湿润、人体阻抗降低也是造成易触电的原因之一。

[答案] D

真题精解

点题：本系列真题考查电流对人体的作用和影响。本考点主要涉及电流对人体的作用、影响因素的特点、人体阻抗的影响因素及触电事故分析。此考点内容相对细碎，但比较容易理解，建议考生多看几遍，主要理解影响因素如何影响电流对人体的作用，单独记忆个别数字。

分析：此处重点介绍电流对人体的影响、人体阻抗和触电事故分析的主要内容。

1. 电流对人体的影响

（1）触电事故导致人员死亡的原因：引起心室纤维性颤动。

（2）感知电流：通过人体使人有感觉的最小的电流——0.5mA。

摆脱电流（摆脱概率为 99.5%）：触电后能自行摆脱的最小电流——男为 9mA；女为 6mA。

室颤电流：引起心室纤维性颤动的最小电流。

（3）途径：危害最大的途径为左手至胸部，危险系数 1.5。

2. 人体阻抗

（1）一般情况：人体阻抗为 2 000～3 000Ω。

（2）影响因素：接触面积↑/接触压力↑/温度↑/阻抗↓。

3. 触电事故分析

（1）中、青年工人容易发生触电事故原因：经验不足、缺乏安全用电知识。

（2）低压设备容易发生触电事故原因：轻视、疏于防范。

（3）农村容易发生触电事故原因：私拉电线、临时用电、条件差、缺乏专业的安全用电知识。

拓展：本考点中的感知电流和摆脱电流根据感知概率、摆脱概率的不同电流的数值是不同的，但是考试时一般考查的是感知概率最大时和摆脱概率最大时的数值。

举一反三

[典型例题 1·单选] 摆脱电流是确定电流通过人体的一个重要界限，女工张某在操作机器时出现了触电的情况，但她及时自行脱身，此时粗略判断触电时电流值最大约是（　　）。

A. 5mA　　B. 6mA

C. 9mA　　D. 10mA

[解析] 摆脱电流是指人在触电后能自行摆脱的最小电流——男为 9mA；女为 6mA。

[答案] B

[典型例题 2 · 单选] 人体阻抗跟人体特性有关，人体的皮肤、血液、肌肉、细胞组织特性的不同导致人体阻抗不同。下列关于人体阻抗影响因素的说法中，错误的是（　　）。

A. 随着接触电压升高，角质层和表皮被击穿，会使人体阻抗下降

B. 接触面积增大、接触压力增大、温度升高时，人体阻抗也会降低

C. 如皮肤长时间湿润，皮肤阻抗几乎消失

D. 金属粉、煤粉等导电性物质渗入皮肤乃至汗腺，会造成人体阻抗提高

[解析] 金属粉、煤粉等导电性物质污染皮肤，甚至渗入汗腺会大大降低人体阻抗。

[答案] D

[典型例题 3 · 单选] 每年由触电造成的事故屡见不鲜，通过对触电事故的分析，可发现触电事故具有一定的规律。下列关于触电事故规律的说法中，正确的是（　　）。

A. 触电事故中，年纪大的工作人员比青年员工发生的次数多

B. 相较于低压设备，高压设备触电事故多

C. 固定式电气设备电压高，发生的触电事故更多

D. 触电事故发生在移动式设备、临时性设备上居多

[解析] 触电事故中，年轻人发生事故的概率高于年纪大的工人，选项 A 错误。低压设备出现触电事故的概率高于高压设备，选项 B 错误。移动式设备、临时用电设备发生触电事故的概率高于固定式设备，选项 C 错误。

[答案] D

环球君点拨

此考点属于安全生产技术基础科目的高频考点，是需要掌握的内容。此考点相对简单，整体内容相对细碎，并且有需要掌握的数字内容，针对此类考点不要求完全背过，但一定要多看、多熟悉，通过理解内容能够答对题目。对于有关数字内容是要求必须记忆的。

第二节　触电防护技术

考点 1　绝缘、屏护和间距 [2023、2022、2021、2020、2019、2018]

真题链接

[2019 · 单选] 良好的绝缘是保证电气设备和线路正常运行的必要条件，也是防止触及带电体的安全保障。关于绝缘材料性能的说法，正确的是（　　）。

A. 绝缘材料的耐热性能用最高工作温度表征

B. 绝缘材料的介电常数越大极化过程越慢

C. 有机绝缘材料的耐弧性能优于无机材料

D. 绝缘材料的绝缘电阻相当于交流电阻

[解析] 绝缘材料的耐热性能是通过“允许工作温度”来衡量的，而非“最高工作温度”，选项 A 错误。介电常数表征的是电介质的束缚电荷的能力，也可表征材料的绝缘性能，介电常数越大，束缚电荷的能力越强，材料的绝缘性能越好，导电性能越好，极化过程越慢，选项 B 正确。耐弧性

能表征的是绝缘材料在接触电弧时其表面的抗炭化的能力，在这个指标中无机绝缘材料的耐弧性能优于有机绝缘材料，选项 C 错误。绝缘电阻是绝缘物在规定条件下的直流电阻，即加直流电压于电介质，经过一定时间极化过程结束后，流过电介质的泄漏电流对应的电阻称为绝缘电阻，因此绝缘电阻是直流电阻，选项 D 错误。

[答案] B

[2023 • 单选] 良好的绝缘是保证电气设备和线路正常运行的必要条件之一，材料的绝缘性能受电气、高温、潮湿、机械、化学、生物等因素的影响，严重时会导致绝缘击穿。关于绝缘击穿的说法，正确的是（　　）。

A. 气体的击穿场强与电场的均匀程度无关

B. 固体绝缘的电击穿是碰撞电离导致的击穿

C. 液体比气体密度大、击穿强度比气体低

D. 固体绝缘击穿后，绝缘性能可以得到恢复

[解析] 气体的平均击穿场强随着电场不均匀程度的增加而下降，选项 A 错误。液体的密度大，电子自由行程短，积聚能量的难度大，其击穿强度比气体高，选项 C 错误。固体绝缘击穿后将失去其原有性能，选项 D 错误。

[答案] B

[2022 • 单选] 当施加于绝缘材料上的电场强度高于临界值时，绝缘材料发生破裂或分解，电流急剧增加，完全失去绝缘性能，这种现象就是绝缘击穿。关于绝缘击穿的说法，正确的是（　　）。

A. 液体绝缘的击穿特性与其纯度无关　　B. 液体绝缘击穿后绝缘性能不能恢复

C. 气体绝缘击穿后绝缘性能会很快恢复　　D. 固体绝缘击穿后绝缘性能可能会恢复

[解析] 绝缘材料类型不同，其遭受绝缘击穿后的恢复能力不同。气体形态的绝缘材料，被击穿后可以很快恢复；液体形态的绝缘材料，被击穿后在一定程度上可以恢复，但不能完全恢复，并且液体形态的绝缘材料其恢复能力与其纯度有关系，即纯度高的较纯度低的绝缘材料被击穿后的恢复能力更好一些。固体形态的绝缘材料，被击穿后会遭受较大的损坏，其原有的性能都不存在，绝缘性能也无法恢复。

[答案] C

[2019 • 多选] 关于气体、液体、固体击穿，下列说法正确的有（　　）。

A. 气体击穿是由碰撞电离产生的　　B. 液体击穿和纯净度有关

C. 固体电击穿，击穿电压高、时间短　　D. 固体热击穿，击穿电压高、时间长

E. 固体电击穿，击穿电压低、击穿时间长

[解析] 热击穿主要是由于电场中的介质损耗而产生热量，即电势能转换为热量，当外加电压足够高时，就可能从散热与发热的热平衡状态转入不平衡状态，若散去的热量比产生的少，介质温度将愈来愈高，直至出现永久性损坏，在热击穿中电压作用时间较长、电压较低，选项 D 错误。电击穿主要是电压的作用导致的，其特点是电压作用与绝缘材料时间短，击穿电压较高，与电场均匀度相关，与环境的温度和电压作用时间无关，选项 E 错误。

[答案] ABC

[2021 • 单选] 当施加于绝缘材料上的电场强度高于临界值时，绝缘材料发生破裂或分解，完

全失去绝缘能力，这种现象就是绝缘击穿。固体绝缘的击穿有电击穿、热击穿、电化学击穿、放电击穿等形式。其中，电击穿的特点是（　　）。

A. 作用时间短、击穿电压低　　B. 作用时间短、击穿电压高

C. 作用时间长、击穿电压低　　D. 作用时间长、击穿电压高

［解析］电击穿主要是电压的作用导致的，其特点是电压作用与绝缘材料时间短，击穿电压较高，与电场均匀度相关，与环境的温度和电压作用时间无关。

［答案］B

［2019·单选］触电防护技术包括屏护、间距、绝缘、接地等，屏护是采用护罩、护盖、栅栏、箱体、遮拦等将带电体与外界隔绝。下列针对用于触电防护的户外栅栏的高度要求中，正确的是（　　）。

A. 户外栅栏的高度不应小于1.2m

B. 户外栅栏的高度不应小于1.8m

C. 户外栅栏的高度不应小于2.0m

D. 户外栅栏的高度不应小于1.5m

［解析］，为防止意外接触带电体或距离带电体太近，可以设置防护装置，其中户内栅栏高度不应小于1.2m，户外栅栏高度不应小于1.5m。

［答案］D

［2022·单选］间距的作用是保证带电体置于可能触及的范围之外，防止发生触电。下列对架空线路导线与地面安全距离的要求中，正确的是（　　）。

A. 35kV架空线路与居民区地面的最小距离为7.0m

B. 10kV架空线路与居民区地面的最小距离为6.0m

C. 10kV架空线路与非居民区地面的最小距离为4.0m

D. 35kV架空线路与非居民区地面的最小距离为5.0m

［解析］35kV架空线路与居民区地面的最小距离为7.0m，选项A正确。10kV架空线路与居民区地面的最小距离为6.5m，选项B错误。10kV架空线路与非居民区地面的最小距离为5.5m，选项C错误。35kV架空线路与非居民区地面的最小距离为6.0m，选项D错误。

［答案］A

［2020·单选］间距是架空线路安全防护技术措施之一，架空线路之间及其与地面之间、与树木之间、与其他设施和设备之间均需保持一定的间距。下列关于架空线路间距的说法中，错误的是（　　）。

A. 架空线路的间距须考虑气象因素和环境条件

B. 架空线路应与有爆炸危险的厂房保持必需的防火间距

C. 架空线路与绿化区或公园树木的距离不应小于3m

D. 架空线路跨越可燃材料屋顶的建筑物时，间距不应小于5m

［解析］架空线路在搭设时不应跨越可燃材料搭设的屋顶，防止掉落的电火花或者线路成为点火源引起火灾，必须跨越时需要取得相关管理部门的同意，选项D错误。

［答案］D

真题精解

点题：本系列真题考查触电防护技术中的绝缘、屏护和间距。本考点主要考查绝缘材料的性能参数和不同绝缘材料绝缘击穿的特点，屏护的设置数据要求，导线与其他物体之间的安全间距。对于绝缘材料中的个别参数理解稍有难度，绝缘材料击穿的内容相对简单，也是考试中的高频考点。屏护中主要考查遮栏和栅栏设置的区分，对于数字内容要掌握准确。间距的导线设置中需要注意，在设置时有的是“有条件的允许设置”，有的是“绝对禁止设置”，对于“绝对禁止设置”的内容常常表述为“有条件的允许”，作为错误选项来迷惑考生。

2018年真题同样考查不同绝缘材料的绝缘击穿恢复性能，同上述2022年真题。

分析：此处重点介绍绝缘、间距和“1kV、10kV”相关安全距离要求。

1. 绝缘

（1）参数。绝缘材料的性能参数较多，其中易考易错的内容包括：

电性能——电阻率、介电常数；

热性能——耐弧性能、阻燃性能（用氧指数表示，见表2-3）。

表2-3　绝缘的氧指数

氧指数	21%以下	21%～27%	27%以上
材料类型	可燃性材料	自熄性材料	阻燃性材料

（2）绝缘击穿。不同材料类型的绝缘击穿特点见表2-4。

表2-4　不同材料类型的绝缘击穿特点

材料类型	气体	液体	固体
击穿特点	很快恢复	一定程度恢复； 与其纯度有关	电击穿；热击穿 失去原有性能

2. 间距

遮栏高度不应小于1.7m，下部边缘离地面高度不应大于0.1m。户内栅栏高度不应小于1.2m；户外栅栏高度不应小于1.5m。

对于低压设备，遮栏与裸导体的距离不应小于0.8m，栏条间距离不应大于0.2m；网眼遮栏与裸导体之间的距离不宜小于0.15m。

架空线路不可跨越可燃材料屋顶的建筑物（绝对禁止），需要跨越建筑物时也需取得相关管理部门的同意（有条件的允许）。

架空线路导线与绿化区或公园的树木的安全距离应不小于3m。

架空线路要与有爆炸、火灾危险性的厂房保持必要的防火间距。

低压作业中，人体及其携带工具与带电体的安全间距不小于0.1m。

线路电压在10kV作业的情况下，无屏护（无遮栏）——不小于0.7m；有屏护（遮栏）——不小于0.35m。

架空线路与地面和水面的最小距离、线路导线距起重机具的最小安全距离也是考试中容易考查的内容。

3. “1kV、10kV”相关安全距离要求

“1kV、10kV”相关安全距离要求见表2-5。

表 2-5 "1kV、10kV"相关安全距离要求

线路电压	导线与建筑物	导线与树木	起重机具与线路
≤1kV	垂直方向：2.5m	垂直方向：1.0m	1.5m
	水平方向：1.0m	水平方向：1.0m	
10kV	垂直方向：3.0m	垂直方向：1.5m	2.0m
	水平方向：1.5m	水平方向：2.0m	

拓展：本考点中的数字内容较多，尤其是不同的电压级别、不同的区域，以及垂直、水平距离均不一样。在众多数字中需着重掌握"1kV、10kV"相关安全距离的数据要求。

举一反三

[典型例题 1 · 单选] 屏护和间距是最为常用的电气安全措施之一，按照防止触电的形式分类，屏护和间距应属于（　　）。

A. 防直接接触触电的安全措施

B. 防间接接触触电的安全措施

C. 其他安全措施

D. 兼防直接接触触电和间接接触触电的安全措施

[解析] 设置屏护和安全间距都是为了防止人员接近或者触碰到正常工作的带电体，因此屏护和间距属于防止直接接触触电的安全措施。

[答案] A

[典型例题 2 · 单选] 下列关于绝缘击穿的说法中，正确的是（　　）。

A. 气体击穿是碰撞电离导致的电击穿，击穿后绝缘性能不可恢复

B. 液体绝缘的击穿特性与其纯净度有关，纯净液体击穿也是电击穿，密度越大越难击穿

C. 液体绝缘击穿后，绝缘性能能够很快完全恢复

D. 固体绝缘击穿后只能在一定程度上恢复其绝缘性能

[解析] 绝缘材料类型不同，其遭受绝缘击穿后的恢复能力不同。气体形态的绝缘材料，被击穿后可以很快恢复；液体形态的绝缘材料，被击穿后在一定程度上可以恢复，但不能完全恢复，并且液体形态的绝缘材料其恢复能力与其纯度有关系，即纯度高的较纯度低的绝缘材料被击穿后的恢复能力更好一些。固体形态的绝缘材料，被击穿后会遭受较大的损坏，其原有的性能都不存在，绝缘性能也无法恢复。

[答案] B

[典型例题 3 · 单选] 下列有关屏护装置的说法中，错误的是（　　）。

A. 遮栏高度不应小于 1.7m，下部边缘离地面高度不应大于 0.1m

B. 户内栅栏高度不应小于 1.2m，户外栅栏高度不应小于 1.5m

C. 对于低压设备，遮栏与裸导体的距离不应小于 0.8m

D. 对于低压设备，遮栏栏条间距离不应小于 0.2m

[解析] 对于低压设备，遮栏与裸导体的距离不应小于 0.8m，栏条间距离不应大于 0.2m。

[答案] D

[典型例题 4 · 多选] 间距是将可能触及的带电体置于可能触及的范围之外。下列关于架空线

路安全距离的说法中，正确的有（　　）。

A. 架空线路必须跨越可燃材料屋顶的建筑物时，应与有关部门协商并取得该部门的同意

B. 架空线路导线与绿化区或公园树木的距离不应小于 2m

C. 架空线路应与有爆炸危险的厂房和有火灾危险的厂房保持必需的防火间距

D. 在低压作业中，人体及其所携带工具与带电体的距离不应小于 0.1m

E. 在 10kV 作业中，有遮栏时，遮栏与带电体之间的距离不应小于 3.0m

[解析] 架空线路跨越可燃材料屋顶的建筑物是禁止行为，选项 A 错误。架空线路导线与绿化区或公园树木的安全距离不应小于 3m，选项 B 错误。线路电压在 10kV 作业的情况下，无屏护（无遮栏）——不小于 0.7m；有屏护（遮栏）——不小于 0.35m，选项 E 错误。

[答案] CD

环球君点拨

此考点属于安全生产技术基础科目的重要考点，是需要掌握的内容。此考点数字内容较多，一定要注意不同场景下的安全距离的设置要求。

考点 2 保护接地和保护接零 [2023、2022、2021、2020、2019、2018、2015、2013]

真题链接

[2022 · 单选] 保护接地是用导线将电气设备的金属外壳与大地连接，是防止间接接触电击的基本技术措施之一。下列电气保护系统示意图中，属于 TT 保护接地系统的是（　　）。

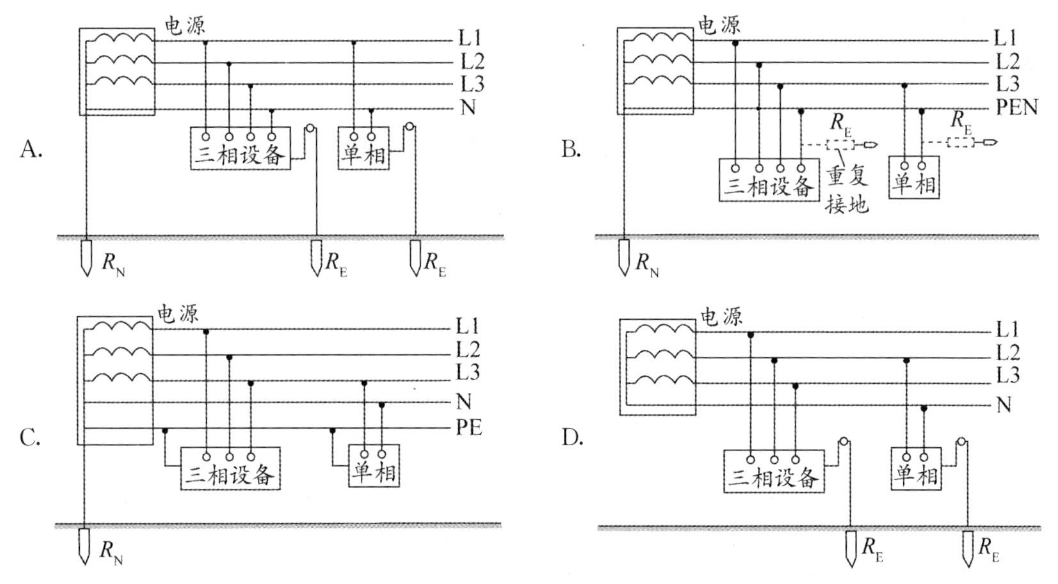

[解析] TT 系统中，第一个字母 T 表示中性点接地；第二个字母 T 表示设备外壳接地，选项 A 正确。

[答案] A

[2021·单选] 在中性点接地配电网中，对于有火灾、爆炸危险性较大的场所或有独立附设变电站的车间，应选用的接地（零）系统是（　　）。

A. TT 系统　　B. TN-C-S 系统

C. TN-C 系统　　D. TN-S 系统

[解析] TN-S 系统中的保护零线和中性线是分开设置的，安全系数相对较高，因此可以适用于环境较差的场所，如有爆炸危险或火灾危险性的场所、对安全要求较高的场所。同时它还适用于有独立附设变电站的车间。

[答案] D

[2021·单选] 接地保护是防止间接接触电击的基本技术措施。关于接地保护系统的说法，错误的是（　　）。

A. IT 系统适用于各种不接地配电网

B. TT 系统适用于星形连接的低压中性点直接接地的配电网

C. TT 系统适用于三角形连接的低压中性点直接接地的配电网

D. TT 系统中装设能自动切断漏电故障线路的漏电保护装置

[解析] TT 系统为三相星形连接的低压中性点直接接地的三相四线配电网，选项 C 错误。

[答案] C

[2019·单选] 保护接地是将低压用电设备金属外壳直接接地，适用于 IT 和 TT 系统三相低压配电网。关于 IT 和 TT 系统保护接地的说法，正确的是（　　）。

A. IT 系统低压配电网中，由于单相接地电流很大，只有通过保护接地才能把漏电设备对地电压限制在安全范围内

B. IT 系统低压配电网中，电气设备金属外壳直接接地，当电气设备发生漏电时，造成该系统零点漂移，使中性线带电

C. TT 系统中应设自动切断漏电故障的漏电保护装置，所以装有漏电保护装置的电气设备的金属外壳可以不接保护接地线

D. TT 系统低压配电网中，电气设备金属外壳直接接地，当电气设备发生漏电时，造成控制电气设备空气开关跳闸

[解析] IT 系统适用于低压配电网中，因为它的单相接地电流较小，在 IT 系统中才能把漏电设备的对地电压限制在安全范围内，选项 A 错误。TT 系统即使安装了漏电保护器，也必须接地或接零，选项 C 错误。TT 系统不能够切断电路，能够切断电路的是 IT 系统，选项 D 错误。

[答案] B

[2021·单选] 保护导体分为人工保护导体和自然保护导体。关于保护导体的说法，错误的是（　　）。

A. 交流电气设备应优先利用起重机的轨道作为人工保护导体

B. 多芯电缆的芯线、与相线同一护套内的绝缘线可作为人工保护导体

C. 交流电气设备应优先利用建筑物的金属结构作为自然保护导体

D. 低压系统中允许利用不流经可燃液体或气体的金属管道作为自然保护导体

[解析] 交流电气设备应优先利用自然保护导体，如建筑物的金属结构、生产用的起重机的轨道、配线的钢管等。

[答案] A

[2020 · 单选] 保护导体旨在防止间接接触电击，包括保护接地线、保护接零线和等电位联结线。下列关于保护导体应用的说法中，正确的是（　　）。

A. 保护导体干线必须与电源中性点和接地体相连

B. 低压电气系统中可利用输送可燃液体的金属管道作保护导体

C. 保护导体干线应通过一条连接线与接地体连接

D. 电缆线路不得利用其专用保护芯线和金属包皮作保护接零线

[解析] 在低压系统，不允许利用输送可燃液体的金属管道作保护导体，容易引起燃爆事故，选项 B 错误。保护导体干线与接地体连接时，应考虑可靠性，设置两条连接线，选项 C 错误。电缆线路的保护零线应利用其专用保护芯线和金属包皮作为相应零线线路，选项 D 错误。

[答案] A

[2021 · 单选] 接地装置是接地体和接地线的总称。运行中电气设备的接地装置应当始终保持良好状态。关于接地装置要求的说法，正确的是（　　）。

A. 埋设在地下的各种金属管道均可用作自然接地体

B. 自然接地体至少应有两根导体在不同地点与接地网相连

C. 管道保温层的金属外皮、金属网以及电缆的金属护层可用作接地线

D. 接地体顶端应埋入地表面下，深度不应小于 0.4m

[解析] 埋设在地下的金属管道，除有易燃易爆介质、可燃介质的管道均可用作自然接地体，即并非所有金属管道均可做自然接地体，需要注意管道中的介质特性，选项 A 错误。蛇皮管、管道保温层的金属外皮或金属网以及电缆的金属保护层不应作接地线，选项 C 错误。接地体顶端离地面深度不应小于 0.6m，若在农田地带不应小于 1m，并应在冰冻层以下，选项 D 错误。

[答案] B

[2020 · 单选] 电气设备在运行中，接地装置应始终保持良好状态，接地装置包括接地体和接地线。下列关于接地装置连接的说法中，正确的是（　　）。

A. 有伸缩缝的建筑物的钢结构可直接作接地线

B. 接地装置地下部分的连接应采用搭焊

C. 接地线与管道的连接可采用镀铜件螺纹连接

D. 接地线的连接处有振动隐患时应采用螺纹连接

[解析] 接地线与建筑物薄弱环节交叉时，如接地线与伸缩缝、沉降缝交叉，应弯成弧状或另加补偿连接件保证其连接的可靠性，选项 A 错误。接地线与管道的连接为了防止锈蚀，应采用镀锌件，而非镀铜件，选项 C 错误。接地线连接处有振动隐患，为了保证连接的可靠度应进行加固或防止松动接触不良的措施，而仅仅采用螺纹连接是不够的，选项 D 错误。

[答案] B

[2020 · 单选] 重复接地指 PE 线或 PEN 线上除工作接地外的其他点再次接地，下列关于重复接地作用的说法中，正确的是（　　）。

A. 减小零线断开的故障率

B. 提高漏电设备的对地电压

C. 不影响架空线路的防雷性能

D. 加速线路保护装置的动作

[解析] 设置重复接地可以降低零线不起作用时的危害度，但是不能降低零线断开的故障率；设置重复接地还可以使漏电设备的对地电压降低，改善架空线路的防雷性能。

[答案] D

真题精解

点题：本系列真题考查的内容较多、较难。本考点主要考查接地保护、接零保护（即 IT 系统、TT 系统、TN 系统三大系统）的工作原理及特点，等电位联结的要求，人工保护导体和自然保护导体的设置和应用，接地装置的设置要求。本考点相对较难，有些专业术语不常见，但其考查的内容并不深入，考生在学习的过程中首先要克服心理障碍。

2013 年真题考查了 TN-S 系统的应用，在火灾爆炸危险的生产场所选用哪种系统，同上述 2021 年真题。2018 年真题考查了保护接零的原理、2015 年真题考查了保护接地的内容，类似上述 2019 年真题。2023 年真题考查了 TT 系统原理内容。

分析：此处重点介绍“三大系统”、保护导体、接地线和接地装置的重要内容。

1. “三大系统”

（1）IT 系统：电源端中性点不接地，设备外壳接地。此时人与电源不能形成“完全回路”，因此在 IT 系统中，可以将故障电压限制在一定的安全范围之内，其前提是单相接地电流较小。在 IT 系统中，漏电的故障状态是一直存在的。

（2）TT 系统：电源端中性点接地，设备外壳接地。在 TT 系统中既有中性点的接地又有设备外壳的接地，故障电流就可以形成回路，其单相电击的危险性高于 IT 系统。在 TT 系统中故障电流相对较小，短路装置不能起到切断电源、进行保护作用，因此故障状态也是持续存在的，为了能监测到漏电状态和及时切断漏电故障的状态，可以设置漏电保护装置。

（3）TN 系统：电源端中性点接地，设备外壳接 PE 线，TN 系统中一旦产生故障电流，设备外壳把漏电电流导入 PE 线形成回路，此时形成一个较大的短路电流，触发短路保护装置动作进而形成保护切断电源，漏电的故障状态消除。

2. 保护导体

保护导体分为自然保护导体和人工保护导体。在设置自然保护导体时要注意，一定避免带有“易燃易爆、可燃气体或液体”介质的管道，防止发生火灾和爆炸；在设置人工保护导体时一定注意其连通的有效性。

当保护线与相线材料相同时，保护零线截面积应满足表 2-6 中的要求。

表 2-6　保护零线截面积

相线截面积 S_L/mm^2	保护零线最小截面积 S_{PE}/mm^2
$S_L \leqslant 16$	S_L
$16 < S_L \leqslant 35$	16
$S_L > 35$	$S_L/2$

3. 接地线

接地装置中的接地线，在设置时不得作为与其他电气回路使用设置。

4. 接地装置

接地体埋设深度不小于 0.6m、农田区域不小于 1m，且在冰冻层以下。

引出导体应超过地面0.3m。

接地体与独立避雷针接地体的地下水平距离不小于3m；离建筑物墙基地下水平距离不小于1.5m。

拓展：考生要理解本考点中三大系统的原理，并且能够识别三大系统的图示，2022年真题考查了IT系统的识图，此题本质是简单的，但是需要对IT系统的概念理解清楚。同样，2022年真题的多选题中涉及了等电位联结的识图，这也在提醒考生需要掌握重要知识点的识图，同样也考查了考生的专业素养。

举一反三

[典型例题1·单选]下列电力系统中能够把故障电压限制在安全范围以内的是（　　）。

A. IT系统　　B. TT系统

C. TN-C系统　　D. TN-S系统

[解析]在“三大系统”中，只有IT系统可以将故障电压限制在安全范围之内，前提是单相接地电流较小。

[答案]A

[典型例题2·单选]下列关于保护接地的说法中，正确的是（　　）。

A. 保护接地能够将故障电压限制在安全范围内

B. 保护接地能够消除电气设备的漏电状态

C. IT系统中的I表示设备外壳接地，T表示配电网不接地

D. 煤矿井下低压配电网不适用保护接地

[解析]保护接地系统即IT系统，字母I表示配电网不接地或经高阻抗接地，字母T表示电气设备外壳直接接地。此时人与电源不能形成“完全回路”，因此在IT系统中，可以将故障电压限制在一定的安全范围之内，其前提是单相接地电流较小。在IT系统中，漏电的故障状态是一直存在的。煤矿井下低压配电网适用于IT系统。

[答案]A

[典型例题3·单选]下列关于保护接零的说法中，正确的是（　　）。

A. 保护接零能将漏电设备上的故障电压降低到安全范围以内，但不能迅速切断电源

B. 保护接零既能将漏电设备上的故障电压降低到安全范围以内，又能迅速切断电源

C. 保护接零既不能将漏电设备上的故障电压降低到安全范围以内，也不能迅速切断电源

D. 保护接零一般不能将漏电设备上的故障电压降低到安全范围以内，但可以迅速切断电源

[解析]保护接零系统即TN系统，电源端中性点接地，设备外壳接PE线，TN系统中一旦产生故障电流，设备外壳把漏电电流导入PE线形成回路，此时形成一个较大的短路电流，触发短路保护装置动作进而形成保护切断电源，漏电的故障状态消除。一般情况下，要将漏电设备对地电压限制在某一安全范围内是困难的。

[答案]D

[典型例题4·单选]在保护导体的设置中，保护零线与相线的截面积有严格的要求。经过检测保护零线和相线的材料相同，测得相线截面积为$35mm^2$，则选用的保护零线最小截面积为（　　）。

A. $35mm^2$　　B. $18mm^2$

C. 16mm²　　　　D. 12mm²

［解析］当保护零线与相线材料相同时，相线截面积等于 35mm²，则保护零线最小截面积为 16mm²。

［答案］C

［典型例题 5·多选］保护导体包括人工保护导体和自然保护导体，保护导体结构包括保护接地线、保护接零线和等电位联结线。下列关于保护导体的说法中，正确的有（　　）。

A. 交流电气设备应优先利用建筑物的金属结构、流经可燃液体的金属管道作保护导体

B. 保护导体干线必须与电源中性点和接地体相连，与接地体相连时应经两条连接线

C. 为了保持保护导体导电的连续性，所有保护导体，包括有保护作用的 PEN 线上应当安装单极开关和熔断器

D. 封装的保护导体的接头应便于检查和测试

E. 不得利用设备的外露导电部分作为保护导体的一部分

［解析］流经可燃液体的金属管道不应作保护导体，存在火灾爆炸事故隐患，选项 A 错误。PEN 线不得安装单极开关和熔断器，一旦安装其连通性无法保证，选项 C 错误。保护导体的接头应便于检查和测试，但注有绝缘膏的或封装的接头除外，选项 D 错误。

［答案］BE

环球君点拨

此考点属于安全生产技术基础科目的重要考点，是需要掌握的内容。此考点有一些相对陌生的电力专业术语，因此建议考生多看、多记忆。

考点 3 双重绝缘、安全电压和漏电保护［2023、2022、2020、2019、2017、2013］

真题链接

［2022·单选］双重绝缘是强化的绝缘结构，是指工作绝缘和保护绝缘。双重绝缘属于防止间接触电击的安全技术措施，需要严格按照测试条件（直流 500V）测试绝缘电阻。下列对各类绝缘电阻值的要求中，正确的是（　　）。

A. 工作绝缘的绝缘电阻值不得低于 2MΩ　　　　B. 保护绝缘的绝缘电阻值不得低于 3MΩ

C. 双重绝缘的绝缘电阻值不得低于 4MΩ　　　　D. 加强绝缘的绝缘电阻值不得低于 5MΩ

［解析］工作绝缘的绝缘电阻值不得低于 2MΩ，保护绝缘的绝缘电阻值不得低于 5MΩ，加强绝缘的绝缘电阻值不得低于 7MΩ。

［答案］A

［2020·单选］安全电压既能防止间接接触电击，也能防止直接接触电击。安全电压通过采用安全电源和回路配置来实现。下列实现安全电压的技术措施中，正确的是（　　）。

A. 安全电压回路应与保护接地或保护接零线连接

B. 采用安全隔离变压器作为特低电压的电源

C. 安全电压设备的插座应具有接地保护的功能

D. 安全隔离变压器二次边不需装设短路保护元件

［解析］安全电压回路应与高压回路保持电气隔离，以免出现电位差，并且与大地、保护接零

线不做回路连接，选项A错误。安全电压设备的插座应相对独立，不接零、不接地，选项C错误。在安全隔离变压器中，其一次边和二次边均应设置安全保护装置，即短路保护装置，选项D错误。

［答案］B

［2023・单选］在任何情况下，任何两导体之间都不得超过的电压值称为安全电压限制。关于电动儿童玩具在不同环境（接触时间超过1s）的安全电压限值的说法，正确的是（　　）。

A. 干燥环境中，工频安全电压有效值的限值为42V

B. 干燥环境中，直流安全电压的限值为90V

C. 潮湿环境中，工频安全电压有效值的限值为24V

D. 潮湿环境中，直流安全电压的限值为35V

［解析］干燥环境中工频安全电压有效值的限值取33V，直流安全电压的限值取70V；潮湿环境中工频安全电压有效值的限值取16V，直流安全电压的限值取35V。本题考查了限值和额定值的区分，做题时一定注意考查对象是限值还是额定值。

［答案］D

［2019・单选］安全电压是在一定条件下、一定时间内不危及生命安全的安全电压额定值。关于安全电压限值和安全电压额定值的说法，正确的是（　　）。

A. 潮湿环境中工频安全电压有效值的限值为16V

B. 隧道内工频安全电压有效值的限值为36V

C. 金属容器内的狭窄环境应采用24V安全电压

D. 存在电击危险的环境照明灯应采用42V安全电压

［解析］工频安全电压有效值的限制为50V，选项B错误。金属容器内的狭窄环境应采用12V安全电压，选项C错误。存在电击危险的环境照明灯应采用36V或24V安全电压，选项D错误。

［答案］A

［2022・单选］通过隔离变压器二次侧构成一个不接地的电网，将工作回路与二次回路隔离，可以避免二次侧工作人员的单相电击危险。关于电气隔离回路要求的说法，错误的是（　　）。

A. 单相隔离变压器的额定容量不应超过25kV・A

B. 隔离变压器的输入绕组与输出绕组具有基本绝缘的结构

C. 隔离电路的带电部分严禁与其他回路及大地有任何连接

D. 隔离回路中两台设备的金属外壳间采取等电位联结措施

［解析］隔离变压器的输入绕组与输出绕组没有电气连接，应设有双重绝缘的结构，选项B错误。

［答案］B

［2019・单选］电气隔离是指工作回路与其他回路实现电气上的隔离。其安全原理是在隔离变压器的二次侧构成了一个不接地的电网，防止在二次侧工作的人员被电击。关于电气隔离技术的说法，正确的是（　　）。

A. 隔离变压器一次侧应保持独立，隔离回路应与大地有连接

B. 隔离变压器二次侧线路电压高低不影响电气隔离的可靠性

C. 为防止隔离回路中各设备相线漏电，各设备金属外壳采用等电位接地

D. 隔离变压器的输入绕组与输出绕组没有电气连接，并具有双重绝缘的结构

[解析] 隔离变压器二次侧保持独立，隔离回路不做接地或与其他回路的连接，选项A错误。隔离变压器二次侧电压过高或二次侧线路过程将会降低电气隔离的可靠性，选项B错误。为防止漏电设备因故障产生电压差的危险，各个设备的金属外壳之间应设置电位连接，选项C错误。

[答案] D

[2022・单选] 漏电保护装置可用来防止间接接触触电、直接接触触电、漏电火灾，也可用于检测和切断各种相对地故障。某单位选用图示漏电装置（$I_{\Delta}n=30\text{mA}$，$T_{\Delta}n\leqslant 0.1\text{s}$）防止触电事故。根据该装置性能参数判断，其属于（　　）。

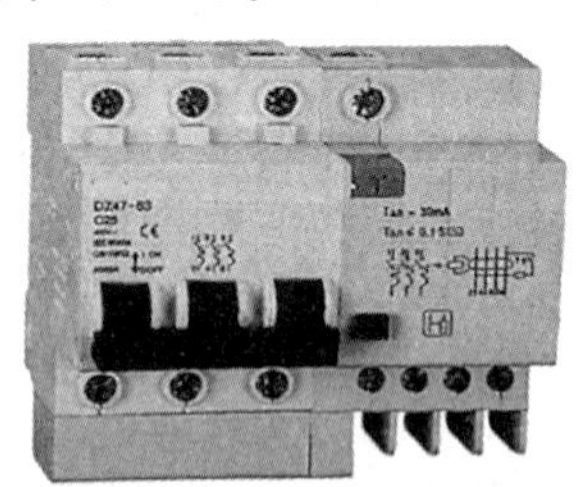

A. 中灵敏度、快速型漏电保护装置　　B. 高灵敏度、延时型漏电保护装置

C. 高灵敏度、快速型漏电保护装置　　D. 中灵敏度、延时型漏电保护装置

[解析] 防止触电的漏电保护装置宜采用高灵敏度、快速型漏电保护装置。

[答案] C

[2020・多选] 漏电保护装置主要用于防止间接接触电击和直接接触电击，也可用于防止漏电火灾及监视单相接地故障。下列关于漏电保护装置使用场合的说法中，正确的有（　　）。

A. 定时限型漏电保护装置，可用于应急照明电源

B. 中灵敏度漏电保护装置，可用于防止漏电火灾

C. 高灵敏度漏电保护装置，可用于防止触电事故

D. 低灵敏度漏电保护装置，可用于监视单相接地故障

E. 报警式漏电保护装置，可用于消防水泵的电源

[解析] 应急照明电源中应选用装设不切断电源的报警式漏电保护装置，既能提供相关的警报信息，又能保证电源的供给，选项A错误。

[答案] BCDE

[2019・单选] 漏电保护装置主要用于防止间接接触电击和直接接触电击防护。下列关于漏电保护装置要求的说法，正确的是（　　）。

A. 使用安全特低电压供电的电气设备，应安装漏电保护装置

B. 医院中可能直接接触人体的电气医用设备，应装漏电保护装置

C. 一般环境条件下使用的Ⅲ类移动式电气设备，应装漏电保护装置

D. 隔离变压器且二次侧为不接地系统供电的电气设备，应装漏电保护装置

[解析] 医院中可能直接接触人体的电气医疗设备应装漏电保护装置，选项B正确。使用安全特低电压、Ⅲ类移动式电气设备、二次侧为不接地的系统均无需设置漏电保护装置，其本身是一个相对安全和闭合的系统，不应破坏其原有的安全性，选项A、C、D错误。

[答案] B

[2017・单选] 兼防直接接触电击和间接接触电击的措施包括双重绝缘、安全电压、剩余电流

动作保护。其中，剩余电流动作保护的工作原理是（　　）。

A. 通过电气设备上的保护接零线把剩余电流引入大地

B. 保护接地经剩余电流构成接地短路从而导致熔断器熔断以后切断电源

C. 由零序电流互感器获取漏电信号，经转换后使线路开关跳闸

D. 剩余电流直接促使电气线路上的保护元件迅速动作断开电源

[解析] 当电路发生漏电或有人触电时，漏电电流的存在使通过零序电流互感器一次各相负荷电流的相量和不再等于零，即产生了剩余电流。此时，零序电流互感器铁心中磁通的相量和也不再为零，即在铁心中出现了交变磁通。由此，使零序电流互感器二次边线圈产生感应电动势，即得到漏电信号。经中间环节对此漏电信号进行处理和比较，当达到预定值时，漏电脱扣器动作，驱动主开关，主开关自动跳闸，从而迅速切断被保护电路的供电电源，实现保护。

[答案] C

真题精解

点题：本系列真题考查双重绝缘、安全电压和漏电保护的内容。本考点中内容较多，不易理解，要求考生多加学习。本考点中，双重绝缘的内容相对简单，主要需掌握双重绝缘的结构特点、电阻值的要求；安全电压部分主要考查安全电压的限值和额定值，要求掌握不同场景符合不同的数值要求；电气隔离和不导电的环境可以理解成一个“封闭、相对安全的系统”，整个系统的设置中要求不打破原有的安全性，相对封闭和独立；漏电保护部分重点掌握漏电保护器的类型和适用场景，漏电保护装置安全的场景等。

2013 年真题考查了手持照明灯具的安全电压数值，类似上述 2019 年真题，考查对数字的掌握。

分析：此处主要介绍双重绝缘、安全电压、电气隔离、不导电环境和漏电保护器的重点内容。

1. 双重绝缘

(1) 结构：工作绝缘和保护绝缘；加强绝缘。

(2) 对应Ⅱ类设备：“回”字形标志。

(3) 电阻值：工作绝缘——不低于 2MΩ，保护绝缘——不低于 5MΩ，加强绝缘——不低于 7MΩ。

2. 安全电压

工频电压额定值包括 42V、36V、24V、12V 和 6V。

金属容器、隧道、水井、大面积接地导体（狭窄空间、导电性好）：12V 安全电压。

特殊场所：6V。

3. 电气隔离

隔离变压器——双重绝缘结构；二次边独立——不得有其他连接、不宜过长；等电位联结。

4. 不导电环境

不导电环境的内容要点。

(1) 一个原则：不导电环境本身是一个相对安全的系统，因此不得额外进行接地或接零。

(2) 不导电环境的特点中包括“永久性”的特点，不能因为受潮、有水或增加设备改变其原有的安全环境系统。

(3) 不导电环境中要防止出现电位差。

5. 漏电保护器

高灵敏度——防触电；中灵敏度——防触电和漏电火灾；低灵敏度——防漏电火灾、监测一相接地故障。

拓展：本考点涉及的相对独立的系统包括双重绝缘、安全电压、电气隔离、不导电环境，在这些系统中最重要的一个原则是不要破坏其原有的安全性，在此基础上再去理解每类系统的设置要求会更容易理解一些。不同的场景下安全电压、漏电保护装置的设置均不同，要求能够一一对应。

举一反三

[典型例题 1 · 单选] 双重绝缘是兼防直接接触电击和间接接触电击的措施。Ⅱ类设备是双重绝缘的典型设备。下列关于Ⅱ类设备双重绝缘的说法中，错误的是（　　）。

A. 具有双重绝缘的设备，工作绝缘电阻不低于 2MΩ，保护绝缘电阻不低于 5MΩ

B. Ⅱ类设备在采用双重绝缘的基础上可以再次接地以保证安全

C. Ⅱ类设备在明显位置处必须有“回”形标志

D. 潮湿场所及金属构架上工作时，应尽量选择Ⅱ类设备

[解析] 具有双重绝缘或加强绝缘不得破坏其原有的安全系统，Ⅱ类设备无须再次采用接地、接零等安全措施。

[答案] B

[典型例题 2 · 多选] 下列关于安全电压规定的说法中，正确的有（　　）。

A. 当电气设备采用 24V 以上安全电压时，必须采取间接接触电击的防护措施

B. 6V 安全电压用于特殊场所

C. 金属容器内、隧道内、水井内以及周围有大面积接地导体等工作地点狭窄、行动不便的环境应采用 12V 安全电压

D. 凡有电击危险环境使用的手持照明灯和局部照明灯应采用 36V 或 24V 安全电压

E. 凡特别危险环境使用的手持电动工具应采用 42V 安全电压的Ⅲ类工具

[解析] 工频电压额定值包括 42V、36V、24V、12V 和 6V。这些额定值均属于安全电压的范围。因此电气设备采用 24V 以上安全电压时不用必须采取间接接触电击的防护措施，选项 A 错误。选项 B、C、D、E 均是不同情形下安全电压的选用情况。

[答案] BCDE

[典型例题 3 · 单选] 下列关于电气隔离技术的说法中，正确的是（　　）。

A. 电气隔离安全原理是在隔离变压器的二次边构成了一个接地的电网，阻断在二次边工作的人员单相电击电流的通路

B. 为保证安全，被隔离回路应与其他回路及大地应有不少于两处的可靠连接，对于二次边回路线路较长者，应装设绝缘监视装置

C. 电气隔离回路二次边线路电压过低或者二次边线路过短，都会降低这种措施的可靠性

D. 为了防止隔离回路中两台设备的不同相线漏电时的故障电压带来的危险，各台设备的金属外壳之间应采取等电位联结措施

[解析] 电气隔离安全原理是在隔离变压器的二次边形成一个不接地的电网，进而对二次边的工人形成保护，选项 A 错误。电气隔离本身是一个相对安全的系统，不应额外再进行接地或接零，

选项 B 错误。二次边线路电压过高或者二次边线路过长才会降低电气隔离的安全性，选项 C 错误。

［答案］D

［典型例题 4 · 单选］不导电环境是指地板和墙都用不导电材料制成，即大大提高了绝缘水平的环境。下列关于不导电环境安全要求的说法中，不正确的是（　　）。

A. 对于不导电环境，电压 500V 以上者不应低于 100kΩ

B. 不导电环境不会因引进其他设备而降低安全水平，只有受潮时才会失去不导电性能

C. 为了保持环境不导电特征，场所内应不得设置保护零线和保护地线

D. 不导电环境应有防止场所内高电位引出场所范围外和场所外低电位引入场所范围内的措施

［解析］不导电环境具有永久性特征，即不导电环境不因受潮、引入设备而失去原有的不导电性能，进而降低其安全水平，选项 B 错误。

［答案］B

［典型例题 5 · 多选］下列选项中必须安装剩余电流动作保护装置的设备和场所是（　　）。

A. 游泳池使用的电气设备

B. Ⅱ类电气设备

C. 医院用于接触人体的电气设备

D. Ⅲ类移动式电气设备

E. 临时用电的电气设备

［解析］Ⅱ类电气设备具有双重绝缘结构使用相对安全，无须设置剩余电流保护装置，选项 B 错误。Ⅲ类移动式电气设备工作时使用的是安全电压，因此也无须设置剩余电流保护装置，选项 D 错误。

［答案］ACE

环球君点拨

此考点属于安全生产技术基础科目的重要考点，是需要掌握的内容。此考点数字内容较多，并且有一些相对陌生的电力专业术语，因此建议考生多看、多记忆。

第三节　电气防火防爆技术

考点 1　电气引燃源［2023、2022、2021、2020、2019、2017］

真题链接

［2021 · 单选］电气装置运行中产生的危险温度会形成事故的引燃源，造成危险温度的原因有短路、接触不良、过载、铁芯过热、漏电、散热不良、机械故障、电压过高或过低等。下列造成危险温度的故障中，属于机械故障造成的是（　　）。

A. 电气设备的散热油管堵塞

B. 运行中的电气设备的通风道堵塞

C. 电动机、变压器等电气设备的铁芯通电后过热

D. 交流异步电动机转子被卡死或者轴承损坏、缺油

［解析］机械故障强调机械部件、生产运行中的非常规状态，如卡死状态、轴承损坏、轴承缺油或者机械负载转矩过大的状态。选项 A、B 属于散热不良引起的危险温度，选项 C 属于铁芯过热引起的危险温度。

［答案］D

[2019・单选] 电气设备运行过程中如果散热不良或发生故障，可能导致发热量增加、温度升高、达到危险温度。关于电动机产生危险温度的说法，正确的是（　　）。

A. 电动机卡死导致电动机不转，造成无转矩输出，不会产生危险温度

B. 电动机长时间运转导致铁芯涡流损耗和磁滞损耗增加，产生危险温度

C. 电动机长时间运转，风扇损坏、通风道堵塞会导致电动机产生危险温度

D. 电动机运转时连轴节脱离，会造成负载转矩过大，电动机产生危险温度

[解析] 选项A错误，电动机卡死将会导致电动机无法正常运转，产生过载的转矩，进而引起危险温度。这种情况属于机械故障导致的危险温度。选项B错误，电动机长时间运转容易导致的是过载，由过载引起危险温度。选项D错误，电动机联轴节脱离则不存在转矩，即造成“空转”的状态，故负载转矩过大是错误的。

[答案] C

[2021・单选] 电气线路短路、过载、电压异常等会引起电气设备异常运行，发热量增加，温度升高，乃至产生危险温度，构成电气引燃源。关于电压异常造成危险温度的说法，正确的是（　　）。

A. 对于恒定电阻负载，电压过高，工作电流增大，发热增加，可能导致危险温度

B. 对于恒定功率负载，电压过低，工作电流变小，发热增加，可能导致危险温度

C. 对于恒定功率负载，电压过高，工作电流变大，发热增加，可能导致危险温度

D. 对于恒定电阻负载，电压过低，工作电流变小，发热增加，可能导致危险温度

[解析] 电压过高和过低都有可能导致危险温度，对于恒定电阻的负载，电压过高，电流增大，增加发热。对于恒定功率的负载，电压过低，电流增大，增加发热。

[答案] A

[2022・单选] 电气火灾的主要引燃源是电火花和电弧。关于电火花的类别和危害的说法，正确的是（　　）。

A. 控制开关、断路器、接触器正常工作时产生的电火花不会引燃可燃物

B. 电火花不仅能引起可燃物燃烧，还能使金属熔化构成二次引燃源

C. 变压器、断路器等电气设备由于绝缘质量降低发生的闪络属于工作火花

D. 绕线式异步电动机的电刷与滑环的滑动接触处产生的火花属于事故火花

[解析] 控制开关、断路器、接触器正常工作时产生的电火花也可以引燃可燃物成为点火源，这种情况下产生的电火花就是工作火花，选项A错误。闪络是指在高电压作用下，在气体内沿着固体绝缘的表面发生的两电极间的击穿。通过闪络电压对固体绝缘的表面状态、形状等因素造成影响，降低、损坏固体绝缘的质量。闪络是事故火花的一种，选项C错误。电刷与滑环的滑动是电机正常运转时的必要状态，因此其产生的火花属于工作火花，选项D错误。

[答案] B

[2021・单选] 电火花是电极之间的击穿放电呈现出的现象，其电弧温度高达8 000℃，能使金属熔化、飞溅，构成二次引燃源。电火花可分为工作火花和事故火花。下列电火花中，属于事故火花的是（　　）。

A. 开关开合时产生的火花

B. 熔丝熔断时产生的火花

C. 电源插头拔出时产生的火花

D. 手持电钻碳刷产生的火花

[解析] 事故火花是线路或设备发生故障时出现的火花，例如，短路、熔断丝熔断时产生的火花，连接点松动产生的火花，变压器等高压电气设备由于绝缘质量降低的闪络等。选项 A、C、D 均属于工作火花。

[答案] B

[2020·单选] 电气电极之间的击穿放电可产生电火花，大量电火花汇集起来即构成电弧。下列关于电火花和电弧的说法中，正确的是（　　）。

A. 电火花和电弧只能引起可燃物燃烧，不能使金属熔化

B. 电气设备正常操作过程中不会产生电火花，更不会产生电弧

C. 静电火花和电磁感应火花属于外部原因产生的事故火花

D. 绕线式异步电动机的电刷与滑环的滑动接触处产生的火花属于事故火花

[解析] 电火花和电弧的温度非常高，不仅可以引燃可燃物，还能可以将金属熔化，熔化、飞溅的金属易构成二次引燃源，选项 A 错误。正常工作中可以产生电火花，如插拔插销、充电器、设备时，会有工作火花的产生，选项 B 错误。绕线式异步电动机正常工作时，电刷与滑环的滑动可能产生火花，此类火花属于工作火花，选项 D 错误。

[答案] C

真题精解

点题：本系列真题考查的是电气引燃源。本考点主要考查辨析，因此在学习本考点时需要把握每个细节内容的核心与关键。从内容上讲，一方面要区分引起危险温度的内容，另一方面要区分工作火花和事故火花。本考点在近 4 年考试中均有考查，属于必须掌握的内容。本考点对于举例的考查较多，要求考生能将常见的电气引燃源举例进行一一对应。

2023 年真题考查了电气引燃源中危险温度的判别。2017 年真题考查了由电气故障造成的危险温度，类似上述 2021 年真题。

分析：此处主要介绍危险温度和电火花的重点内容。

1. 危险温度

在电气设备或线路中容易引起的危险温度主要包括线路短路、电路接触不良、设备或线路过载、电气设备的铁芯过热、散热不良、线路漏电、电气设备产生机械故障、使用过程中电压过高或过低、电热器具及照明灯具工作时的高温。

上述内容中易错点的总结和区分：

（1）过载：超过额定负载过大，或长时间的超负荷工作。

（2）铁芯过热：由铁芯处于非正常的工作状态引起的涡流损耗和磁滞损耗增加，使得铁芯过热产生相应的危险温度。

（3）散热不良：电气设备散热部位不能正常疏散热量或有额外的热量源靠近，造成电气设备和线路产生相应的危险温度。

（4）机械故障：电气设备的部件发生故障，导致其不能正常运转，产生较大的负载转矩进而导致危险温度的产生。

（5）高电压、低电压：不同的电压条件导致电阻不同、功率不同、电流不同，进而导致危险温度。在恒定电阻模式中高电压会导致电流增加，导致危险温度；在恒定功率负载模式中低电压会导致电流增加，导致危险温度。虽然这两种模式不同，但均导致的是电流的增加。

2. 电火花

电火花可以分为工作火花和事故火花。二者核心的区分点在于“电气设备产生火花时的状态”，正常工作状态、正常运行状态下产生的火花则为工作火花，故障状态下产生的火花则是事故火花。事故火花还包括雷电火花、静电火花、电磁感应火花。

拓展：由于本考点易考查辨析题，因此考生要记忆清楚相关细节的内容。

（1）机械故障中轴承卡死，导致的是空转还是负载转矩过大？（负载转矩过大）

（2）铁芯过热是过载导致的吗？（不是，是铁芯的非正常工作状态；过载是导致电气设备或线路产生危险温度的另一原因）

上述是两个经典的举例，其他内容相对容易区分，目的是提醒考生对于看似简单的内容一定要注意细节的表述。

举一反三

[典型例题1·单选] 危险温度是造成电气火灾的重要因素之一。下列情形中一般不会形成危险温度的是（　　）。

A. 设备发生漏电，漏电电流沿线路均匀分布

B. 铁芯短路，致使涡流损耗和磁滞损耗增加

C. 运行中的电气设备发生长时间过载

D. 电动机被卡死或轴承损坏、缺油，造成堵转或负载转矩过大

[解析] 一般情况下漏电电流不大，不足以使熔丝发生动作，当漏电的电流分布相对均匀时，不易产生集中散热点，因此一般不会产生相应的危险温度。

[答案] A

[典型例题2·单选] 下列情形中是由铁芯过热引起危险温度的是（　　）。

A. 电气线路长时间过载　　B. 局部线路出现漏电

C. 线圈电压过高　　D. 电动机负载转矩过大

[解析] 铁芯短路或者不能吸合容易导致铁芯过热；线圈电压过高也容易导致铁芯过热。

[答案] C

[典型例题3·单选] 电火花是电极间的击穿放电，电弧是由大量电火花汇集而成。电火花分为工作火花和事故火花。下列属于事故火花的是（　　）。

A. 插销拔出或插入时产生的火花

B. 电动机的转动部件与其他部件相碰产生的机械碰撞火花

C. 控制开关、断路器、接触器接通和断开线路时产生的火花

D. 直流电动机的电刷与换向器的滑动接触处、绕线式异步电动机的电刷与滑环的滑动接触处产生的火花

[解析] 电动机电刷与滑环之间的摩擦属于正常的工作火花，与其他部件相碰产生的机械火花属于事故火花。

[答案] B

[典型例题4·单选] 下列选项中不属于事故火花的是（　　）。

A. 雷电产生的火花　　B. 断路器断开产生的火花

C. 静电产生的火花　　D. 闪络产生的火花

[解析] 断路器断开时产生的火花属于工作火花。选项 A、C、D 均为事故火花。

[答案] B

环球君点拨

此考点属于安全生产技术基础科目中的必考考点。攻克此考点的技巧是多理解原理、多分析举例，能够根据题目给出的举例进行判断分析，选出题目的正确答案。

扫码听课

考点 2 爆炸危险区域 [2021、2020、2018、2015、2014]

真题链接

[2021·多选] 爆炸危险区域的等级应根据释放源的级别和位置、易燃物质的性质、通风条件、障碍物及生产条件、运行经验综合确定。关于爆炸危险区域等级及范围的划分，正确的有（　　）。

A. 存在连续级释放源的区域可划分为 0 区

B. 在障碍物、凹坑和死角处，应局部提高爆炸危险区域等级

C. 区域通风良好，可降低爆炸危险区域等级

D. 区域采用局部机械通风，可降低整个爆炸危险区域等级

E. 利用墙限制比空气重的爆炸性气体混合物扩散，可缩小爆炸危险区域范围

[解析] 区域采用局部机械通风的，通过局部机械通风可以降低局部区域的爆炸性气体混合物的浓度，因此可以降低局部区域的危险等级，而非整个区域，选项 D 错误。

[答案] ABCE

[2020·多选] 释放源是划分爆炸危险区域的基础，通风情况是划分爆炸危险区域的重要因素，因此，划分爆炸危险区域时应综合考虑释放源和通风条件。下列关于爆炸危险区域划分原则的说法中，正确的有（　　）。

A. 在凹坑处，应局部提高爆炸危险区域等级

B. 如通风良好，可降低爆炸危险区域等级

C. 局部机械通风不能降低爆炸危险区域等级

D. 存在连续级释放源的区域可划分为 1 区

E. 存在第一级释放源的区域可划分为 2 区

[解析] 区域采用局部机械通风的，可以降低局部区域的危险等级，选项 C 错误。连续级释放源区域的特点是时间长、频次高，对于连续级释放源区域危险程度类似于 0 区，因此在划分危险场所时连续级释放源区域划分为 0 区。一级释放源的区域危险程度类似于 1 区，因此在划分危险场所时划分为 1 区。

[答案] AB

[2021·单选] 爆炸性粉尘环境的危险区域划分，应根据爆炸性粉尘量、释放率、浓度和其他特性，以及同类企业相似厂房的实践经验等确定。下列对面粉生产车间爆炸性粉尘环境的分区中，错误的是（　　）。

A. 筛面机容器内为 20 区

B. 面粉灌袋出口为 22 区

C. 取样点周围区为 22 区

D. 旋转吸尘器内为 20 区

[解析] 面粉灌袋出口属于粉尘容器频繁打开的出口附近，因此易偶尔出现爆炸性粉尘环境，属于 21 区而非 22 区，选项 B 错误。

[答案] B

真题精解

点题：本系列真题考查的是爆炸危险区域的划分。针对不同的释放源分为不同的危险区域，通风条件的不同，危险区域等级的划分不同。从内容上讲，考生要掌握不同释放源的特点与爆炸危险环境的对应，还要掌握通风条件对爆炸危险环境的影响。

2018 年、2014 年真题考查了爆炸危险区域的划分、通风对爆炸危险区域划分的影响，2015 年真题考查了爆炸性粉尘环境危险区的划分，类似上述 2020 年、2021 年真题。

分析：此处主要介绍释放源、通风对危险区域划分的影响的重点内容。

1. 释放源

不同释放源类型的特点和对应的危险区域见表 2-7。

表 2-7 不同释放源类型的特点和对应的危险区域

释放源类型	释放特点	对应的危险区域
连续释放源	频次高、时间长	0 区/20 区
一级释放源	周期性、偶然	1 区/21 区
二级释放源	不经常、短时间	2 区/22 区

0 区、1 区、2 区针对的是气体、蒸汽；20 区、21 区、22 区针对的是粉尘、纤维。

2. 通风对危险区域划分的影响

（1）通风良好→降低危险等级；反之，提高。

（2）针对密度高于空气的爆炸性混合气体，可以通过设置障碍物缩小爆炸危险区域的范围。

拓展：考生做题时一定先区分容易发生爆炸的物质是“气体、蒸汽”还是“粉尘、纤维”，不同的物质进行危险区域划分时，对应危险区的表述不同。

本考点也可能会以图片识图的方式进行考查，通过图片观察，要求考生根据设备位置的不同或者厂房不同的区域特点选择对应的危险区域。本质上还是对于释放源和通风对危险区域划分的影响的应用。

举一反三

[典型例题 1 · 单选] 若在正常运行中，可燃性粉尘连续出现或经常出现其数量足以形成可燃性粉尘与空气混合物或形成无法控制和极厚的粉尘层的场所及容器内部，此类爆炸性环境应确定为（　　）。

A. 1 区　　B. 2 区

C. 20 区　　D. 21 区

[解析] 题干中的物质是“可燃性粉尘”，可燃性粉尘出现的频次特点是连续出现、经常出现，即为出现频次较高，危险程度较大，对应的危险区域为 20 区。

[答案] C

[典型例题 2 · 单选] 下列关于爆炸危险区域的划分和释放源的说法中，正确的是（　　）。

A. 一级释放源是连续、长时间释放或短时间频繁释放的释放源

B. 包含连续级释放源的区域可划分为 0 区

C. 二级释放源是正常运行时周期性释放的释放源

D. 包含一级释放源的区域可划分为 0 区

[解析] 释放源是连续、长时间释放或短时间频繁释放的属于连续级释放源，选项A错误。二级释放源释放频次较低，一般不释放，即使释放时间持续时间较短，选项C错误。一级释放源对应的危险区域为1区，选项D错误。

[答案] B

[典型例题3·单选] 下列关于释放源和通风条件对区域危险等级划分的说法中，错误的是（　　）。

A. 有效通风可以使高一级的危险环境降为低一级的危险环境

B. 自然通风和一般机械通风比局部机械通风更有效

C. 利用堤或墙等障碍物，可限制比空气重的爆炸性气体混合物扩散，可缩小爆炸危险区域的范围

D. 在障碍物、凹坑和死角处，应局部提高爆炸危险区域等级

[解析] 一般情况下局部机械通风属于有针对性的通风，其通风效果比自然通风、一般机械通风更能有效降低爆炸危险的级别。

[答案] B

环球君点拨

此考点属于安全生产技术基础科目中的基础考点，此考点相对简单，但考生一定要注意对此考点知识的应用，可以结合识图判定危险区域等级。

考点3 防爆电气设备和防爆电气线路 [2023、2021、2019]

真题链接

[2023·单选] 爆炸危险环境中使用的电气线路，应确保在运行时不会形成或引燃电弧及危险温度，因此，该环境中的电气线路必须采取的防火、防爆电气线路的安全要求中，正确的是（　　）。

A. 电缆沟铺设时，如设置排水措施，沟内部不得充砂

B. 钢管配线不应采用无护套的绝缘多芯导线

C. 爆炸性环境2区内的电缆线路不应有中间接头

D. 架空线路与爆炸性环境的水平距离应小于杆塔高度

[解析] 电缆沟敷设时，沟内应充砂，选项A错误。钢管配线可采用无护套的绝缘单芯或多芯导线，选项B错误。爆炸性环境1区内电缆线路严禁有中间接头，在2区、20区、21区内不应有中间接头，选项C正确。架空电力线路严禁跨越爆炸性气体环境，架空线路与爆炸性气体环境的水平距离，不应小于杆塔高度的1.5倍，选项D错误。

[答案] C

[2021·单选] 在爆炸危险环境中使用的电气设备和电气线路不应产生能够造成引燃源的火花、电弧或危险温度。下列针对爆炸危险环境中电气设备和电气线路的要求中，错误的是（　　）。

A. 正常运行时不产生火花、电弧或高温的环境，应选用增安型设备

B. 存在燃爆危险性混合物的环境，操作用小开关应选用本质安全型

C. 电气线路穿过不同区域之间隔墙的孔洞，应采用非燃性材料严密封堵

D. 在1区内电缆线路严禁有中间接头，在2区、20区、21区内可有中间接头

[解析] 对于危险性较高的爆炸环境中需要对线路接头设置控制，1区危险性较高，因此绝对不允许存在中间接头，2区、20区、21区则是不应该存在中间接头。

[答案] D

[2019·多选] 爆炸危险环境的电气设备和电气线路不应产生能构成引燃源的火花、电弧或危险温度。下列对防爆电气线路的安全要求中，正确的有（　　）。

A. 当可燃物质比空气重时，电气线路宜在较高处敷设或在电缆沟内敷设

B. 在爆炸性气体环境内PVC管配线的电气线路必须做好隔离封堵

C. 在1区内电缆线路严禁中间有接头

D. 钢管配线可采用无护套的绝缘单芯导线

E. 电气线路宜在有爆炸危险的建、构筑物的墙外敷设

[解析] 当可燃物比空气重时，电气线路应避免暴露于存在可燃物的环境当中，因此在较高处架空敷设或者直接理地敷设。电缆沟设置不等同于埋地敷设，在电缆沟敷设时比空气重的可燃物质容易在电缆沟中沉积，存在隐患，选项A错误。在爆炸性气体环境内钢管配线的电气线路必须做好隔离封堵，而非PVC管配线，PVC管配线容易累积静电，故严禁在爆炸性环境中明敷，选项B错误。

[答案] CDE

真题精解

点题：本系列真题考查的是防爆电气设备和防爆电气线路。针对不同的爆炸危险环境选用不同的电气设备，在不同的爆炸危险环境中设置线路时要遵循相应的安全要求。近5年的考试中对本考点间隔考查，需要对本考点加以重视。

分析：此处主要介绍防爆电气设备类型和特点、防爆电气线路敷设要求的重点内容。

1. 防爆电气设备类型和特点

防爆电气设备类型和特点见表2-8。

表2-8 防爆电气设备类型和特点

防爆电气设备类型	特点
隔爆型（d）	能够承受内部的爆炸而不影响外部环境
增安型（e）	正常工作状态下安全，加强措施使之更安全
本质安全型（i）	正常状态、故障状态均不引起外部环境的燃爆

这三种类型的防爆电气设备常考且易混淆，要注意每个类型防爆电气设备的关键特点。

2. 防爆电气线路敷设要求

（1）可燃物质重于空气：架空敷设或埋地敷设。（埋地敷设≠埋沟敷设）

（2）电缆沟敷设时，需要充砂，减少可燃物质在电缆沟内的堆积、沉积。

（3）在爆炸性气体环境中，不可用PVC管，可以使用钢管，避免PVC管中静电积累带来的隐患。

（4）危险区域中线路中间接头要求：1区→禁止存在；2区、20区、21区→不应存在。

（5）油浸纸绝缘电缆不适宜在爆炸危险环境中使用。

拓展：本考点中对于防爆电气设备的选用要结合爆炸危险环境的特点进行选择，可以通过题干描述的相应工作环境，判断危险环境，选用合适的防爆电气设备。

举一反三

[典型例题 1 · 单选] 在电气设备发生爆炸时，其外壳能承受爆炸性混合物在壳内爆炸时产生的压力，并能阻止爆炸火焰传播到外壳的周围，不致引起外部爆炸性混合物爆炸的防爆电气设备是（　　）。

A. 隔爆型防爆电气设备　　B. 充油型防爆电气设备

C. 本质安全型防爆电气设备　　D. 充砂型防爆电气设备

[解析] 题干表述的是隔爆型防爆电气设备的特点，选项 A 正确。

[答案] A

[典型例题 2 · 单选] 本质安全型电气设备的防爆标志用字母（　　）标识。

A. i　　B. d

C. e　　D. p

[解析] 防爆电气设备按防爆结构分类：隔爆型（d）、增安型（e）、充油型（o）、本质安全型（i）、正压型（p）、无火花型（n）。

[答案] A

[典型例题 3 · 多选] 下列关于电气线路敷设的说法中，正确的有（　　）。

A. 当可燃物质比空气重时，电气线路宜在较低处敷设或直接埋地

B. 敷设电气线路的沟道所穿过的不同区域之间墙或楼板处的孔洞，应采用非燃性材料严密堵塞

C. 存在机械损伤、振动、腐蚀、紫外线照射以及可能受热的地方如需敷设电气线路应采取预防措施

D. 在 1 区内电缆线路严禁有中间接头，在 2 区、20 区、21 区内不应有中间接头

E. 爆炸危险环境中应优先使用油浸纸绝缘电缆

[解析] 可燃物质重于空气时，电气线路宜架空敷设或埋地敷设，同时需要注意埋地敷设不等同于埋沟敷设，选项 A 错误。油浸纸绝缘电缆不适宜在爆炸危险环境中使用，选项 E 错误。

[答案] BCD

环球君点拨

此考点属于安全生产技术基础科目的基础考点。此考点相对简单，考生可以结合爆炸环境的特点对防爆电气设备选型和线路的敷设进行理解。一定要注意对本考点，尤其是防爆电气设备的应用。

考点 4　电气防火防爆技术 [2023、2020、2019]

真题链接

[2020 · 单选] 电气防火防爆可采取消除或减少爆炸性混合物、消除引燃源、隔离、爆炸危险环境接地和接零等技术措施。下列电气防火防爆技术措施中，正确的是（　　）。

A. 在危险空间充填空气，防止形成爆炸性混合物

B. 毗连变电室、配电室的建筑物，其门、窗应向内开

C. 采用 TN-S 作供电系统时需装设双极开关

D. 配电室不得通过走廊与火灾危险环境相通

[解析] 为了防止形成爆炸混合物，可以填充惰性气体而非空气，选项 A 错误。临近变配电室的门窗应向外开启，开启方向为相对安全的无爆炸、火灾危险的环境，选项 B 错误。配电室可以通过走廊与火灾危险环境相通，一般此种情况发生在生产需要且不可避免的状态下，此时需要提高走廊的耐火性能和材料要求，因此要求走廊采用非燃材料，选项 D 错误。

[答案] C

[2019·单选] 下列爆炸危险环境电气防火防爆技术的说法中，正确的是（　　）。

A. 隔墙上与变、配电室连通的沟道、孔洞等，应使用非燃性材料封堵

B. 在危险空间充填清洁的空气，防止形成爆炸性混合物

C. 设备的金属部分、金属管道以及建筑物的金属结构必须分别接地

D. 低压侧断电时，应先断开闸刀开关，再断开电磁起动器或低压断路器

[解析] 在危险空间充填惰性气体可以防止形成爆炸性混合物，选项 B 错误。设备的金属部分、金属管道以及建筑物的金属结构需要全部进行接地，并且要求所有的接地连接成一个整体，增强其泄放能力，选项 C 错误。低压应先断开负载电流（电磁起动器或低压断路器），再断开电源（闸刀开关），选项 D 错误。

[答案] A

真题精解

点题：本系列真题考查的是电气防火防爆技术，结合形成火灾、爆炸系统的原理采取防火防爆的技术措施。本考点重点考查控制电气火灾、爆炸的技术措施和电气灭火的要求。近 5 年的考查中间隔考查 3 次，属于基础知识点。

分析：此处主要介绍隔离和间距，接零、接地的设置和电气灭火的要求的重点内容。

1. 设置隔离和间距防止火灾和爆炸的发生

（1）变、配电室与火灾危险环境或爆炸危险环境相邻时，相应的隔离墙体应采用非燃材料。

（2）变、配电室的门口应向外开启。

2. 接零、接地的设置

在进行接零与接地设置时，同样要考虑静电的释放、雷电的释放及电位差的出现。

（1）所有设备、建筑物的金属部分、金属管道、金属结构，要全部接地或接零，并且连接成一个连续的整体设置，提高其泄放能力。

（2）不接地的配电网中需要设置相应的报警装置、短路保护装置。

3. 电气灭火的要求

电气设备起火后，应优先断掉电源，在断电的过程中注意防止触电的发生，防止引起二次伤害。

（1）断电顺序：高压→断路器、隔离开关；低压→切断负荷电流、隔断电源。

（2）灭火器选用：二氧化碳灭火器、干粉灭火器适用于电气设备火灾。

（3）安全距离：水枪——电压 10kV 及以下不小于 3m；二氧化碳灭火器——电压 10kV 不小于 0.4m。

（4）对架空线路灭火时，人体与带电设备之间的仰角不超过45°。

（5）如有断落带电导线，注意避免发生跨步电压电击。

拓展：本考点中带电设备及导线发生火灾时，其灭火器的选用可以与第四章“防火防爆安全技术”中灭火器选用的内容结合考查。考生在学习的过程中应注意知识点之间的联系。

举一反三

［典型例题1·单选］下列关于爆炸危险的环境接地和接零安全技术措施的说法中，错误的是（　　）。

A. 交流127V及以下、直流110V及以下的电气设备也应接地或接零，并实施等电位联结

B. 所有设备的金属部分以及建筑物的金属结构应全部接地或接零，并连接成连续整体

C. 变、配电站周围有易于沉积的可燃粉尘或纤维时应加强局部通风，防止可燃物质的沉积

D. 在不接地配电网中，必须装设严重漏电时能自动切断电源的保护装置或报警装置

［解析］变、配电站不应设置在存在易燃易爆粉尘、纤维沉积的场所，选项C错误。

［答案］C

［典型例题2·单选］采用水枪对电压10kV及以下的电气设备进行灭火时，其安全距离不应小于（　　）。

A. 1m　　B. 3m　　C. 5m　　D. 10m

［解析］采用水枪对电压10kV及以下的电气设备进行灭火时，其安全距离不应小于3m。

［答案］B

［典型例题3·单选］正在运行的电气设备发生火灾后，进行扑灭时选用（　　）最佳。

A. 水灭火器　　B. 酸碱灭火器

C. 泡沫灭火器　　D. 干粉灭火器

［解析］二氧化碳灭火器、干粉灭火器可以作带电设备发生火灾时的灭火器材。

［答案］D

环球君点拨

此考点属于安全生产技术基础科目的基础考点。此考点并不难理解，可以结合防火防爆安全技术的内容一起考查。考生应灵活学习，对前后知识点做到对比学习并掌握。

第四节　雷击和静电防护技术

考点1　雷电防护技术［2023、2022、2021、2020、2019、2018、2017、2015、2014、2013］

真题链接

［2021·单选］雷电可破坏电气设备或电力线路，易造成大面积的停电、火灾等事故。下列雷电事故中，不属于雷电造成电气设备或电力线路破坏事故的是（　　）。

A. 直击雷落在变压器电源侧线路上造成变压器爆炸起火

B. 球雷侵入棉花仓库造成火灾，烧毁库里所有电器

C. 直击雷落在超高压输电线路上造成大面积停电

D. 雷电击毁高压线绝缘子造成短路引起大火

[解析] “球雷侵入棉花仓库造成火灾，烧毁库里所有电器”属于雷电流导致的火灾和爆炸危害，这里强调的是雷电引起的事故类型为火灾，选项B错误。雷电造成电气设备或电力线路破坏事故强调的是雷电对设备设施的损坏作用，如雷电致使发动机毁坏、电线杆被劈裂或体积的积聚变化发生破碎。

[答案] B

[2022·多选] 雷电是大气中的一种放电现象，其破坏作用表现在电、热、机械性质等方面。认识雷电危害并采取有效预防措施，可以减少雷电造成的损失。关于雷电危害的说法，正确的有（　　）。

A. 雷电引起的二次放电不会造成电击事故

B. 直击雷放电能够引燃邻近的可燃物造成火灾

C. 巨大的雷电流通过被击物可能烧毁导体

D. 极高的冲击电压会导致电气设备绝缘击穿

E. 雷电引起的静电力和电磁力也有很强的破坏作用

[解析] 雷电放电可以致使遭受雷电人员丧命，二次放电也同样能造成电击事故，选项A错误。

[答案] BCDE

[2020·单选] 雷电具有电性质、热性质、机械性质等多方面的危害，可引起火灾爆炸、人身伤亡、设备设施毁坏、大规模停电等。下列关于雷电危害的说法中，正确的是（　　）。

A. 球雷本身不会伤害人员，但可引起可燃物发生火灾甚至爆炸

B. 巨大的雷电流瞬间产生的热量不足以引起电流通道中的液体急剧蒸发

C. 巨大的雷电流流入地下可直接导致接触电压和跨步电压电击

D. 雷电可导致电力设备或电力线路破坏但不会导致大面积停电

[解析] 球雷是一种特殊的带电气体，其瞬间释放的电流能使人致命，选项A错误。巨大的雷电流瞬间产生的大量热量使雷电流通道中的液体急剧蒸发，体积急剧膨胀，造成被击物破坏甚至爆炸，选项B错误。雷电致使电力设备或电力线路破坏后，可能导致大面积的停电，选项D错误。

[答案] C

[2021·单选] 建筑物防雷分类按其火灾和爆炸的危险性、人身伤亡的危险性、政治经济价值分为三类。关于建筑物防雷分类的说法，错误的是（　　）。

A. 具有0区爆炸危险场所的建筑物是第一类防雷建筑物

B. 国家级重点文物保护建筑物是第一类防雷建筑物

C. 国际特级和甲级大型体育馆是第二类防雷建筑物

D. 省级重点文物保护建筑物是第三类防雷建筑物

[解析] 根据《建筑物防雷设计规范》（GB 50057—2010）的规定，国家级重点文物保护建筑物在建筑物分类中属于第二类防雷建筑物。

[答案] B

[2020·多选] 建筑物的防雷分类按其火灾和爆炸的危险性、人身伤害的危险性、政治经济价值可分为第一类防雷建筑物、第二类防雷建筑物、第三类防雷建筑物。下列建筑物防雷分类中，正确的有（　　）。

A. 具有0区爆炸危险场所的建筑物是第一类防雷建筑物

B. 有爆炸危险的露天气罐和油罐是第二类防雷建筑物

C. 省级档案馆是第三类防雷建筑物

D. 大型国际机场航站楼是第一类防雷建筑物

E. 具有2区爆炸危险场所的建筑物是第三类防雷建筑物

[解析] 根据《建筑物防雷设计规范》(GB 50057—2010)的规定,"国"字级别的办公楼、档案馆、航站楼等均属于第二类防雷建筑物,选项D错误。具有2区和22区爆炸危险场所的建筑物属于第二类防雷建筑物,选项E错误。

[答案] ABC

[2023·多选] 防雷装置包括外部防雷装置和内部防雷装置,外部防雷装置由接闪器、引下线和接地装置组成。内部防雷装置主要指防雷等电位联结及防雷间距,关于防雷装置安全技术的说法,正确的有( )。

A. 金属屋面可作为第二类防雷建筑物接闪器

B. 独立避击针冲击接地电阻不应小于10Ω

C. 接闪器截面锈蚀30%以上时应进行更换

D. 引下线截面锈蚀30%以上时应进行更换

E. 阀型避雷器的接地电阻一般不应大于5Ω

[解析] 建筑物的金属屋面可作为第一类防雷建筑物以外其他各类建筑的接闪器,选项A正确。独立避雷针的冲击接地电阻一般不应大于10Ω,选项B错误。接闪器截面锈蚀30%以上时应予更换,故C选项正确。引下线截面锈蚀30%以上者也应予以更换,选项D正确。阀型避雷器的接地电阻一般不应大于5Ω,选项E正确。

[答案] ACDE

[2019·单选] 防雷装置包括外部防雷装置和内部防雷装置,外部防雷装置由接闪器和接地装置组成,内部防雷装置由避雷器、引下线和接地装置组成。下列安全技术要求中,正确的是( )。

A. 金属屋面不能作为外部防雷装置的接闪器

B. 独立避雷针的冲击接地电阻应小于100Ω

C. 独立避雷针可与其他接地装置共用

D. 避雷器应装设在被保护设施的引入端

[解析] 金属屋面具有良好的导电性能可作承接"接闪器"的作用,将雷电电流导走,选项A错误。独立避雷针的冲击接地电阻要求应小于10Ω而非100Ω,选项B错误。独立避雷针需保持其独立性,不可与其他接地装置共用,选项C错误。

[答案] D

[2022·单选] 避雷设施主要用来保护电力设备、电力线路和建(构)筑物等,也用作防止高电压侵入室内的安全措施。下列避雷设施中,适用于保护室内低压设备的是( )。

A. 电涌保护器　　B. 避雷线　　C. 管型避雷器　　D. 避雷针

[解析] 电涌保护器即电源防雷器、浪涌保护器,是一种为各种电子设备、仪器仪表、通讯线路提供安全防护的电子装置。其保护范围是室内低压设备。

[答案] A

真题精解

点题：本系列真题主要考查的是雷电的危害、防雷建筑物的划分。本考点近5年均有考查，属于重要考点。雷电的危害及防雷建筑物的划分相对简单，容易理解，比较好掌握。

2023年真题考查了防雷装置的内容。2018年、2017年真题考查了防雷建筑物的级别，同上述2021年、2020年真题。2018年真题还考查了雷电危害的内容，考查形式类似上述2022年真题。2015年、2014年、2013年真题同样考查了雷电危害的内容，类似上述2020年真题。

分析：雷电防护技术的重点内容如下。

（1）雷电的危害主要涉及火灾和爆炸、触电、设备和设施毁坏、大规模停电。雷电的危害是通过雷电的电性能、热性能和机械性能造成的。

（2）防雷建筑物分类。

根据《建筑物防雷设计规范》（GB 50057—2010）的规定，总结整理了三类防雷建筑物适用范围，见表2-9。

表2-9 防雷建筑物适用范围

建筑物防雷分类	适用范围
第一类防雷建筑物	（1）危险性较大的：制造、使用或储存火炸药及其制品，易燃、易爆、易造成重大破坏或人身伤亡的建筑物 （2）具有0区、20区爆炸危险场所的区域 （3）具有1区、21区爆炸危险场所的区域，且发生爆炸后可以造成巨大破坏或人身伤亡的建筑物
第二类防雷建筑物	（1）国家级“会堂、档案馆、展览馆、体育场等”“国际通讯枢纽”等（带“国”字） （2）具有1区、21区爆炸危险场所的区域，但爆炸后不会引起巨大破坏或人员伤亡的建筑物 （3）具有2区、22区爆炸危险场所的区域 （4）有爆炸危险的露天气罐和油罐
第三类防雷建筑物	省级建筑物和省级档案馆（带“省”字）

在第三类防雷建筑物中“雷击次数、雷暴日”相关内容从未考查，故不做强制学习要求。

拓展：本考点中关于“1区、21区”需要特别注意，对于1区、21区属于哪类防雷建筑物需要根据发生事故造成的结果的严重程度进行判断，“后果严重”则为第一类防雷建筑物，“后果不严重”则为第二类防雷建筑物。

防雷装置及技术要求也有考查的可能性，相关重要内容总结如下。

（1）防雷装置。

①外部防雷装置：接闪器（锈蚀30%以上应更换）、引下线、接地装置（独立避雷针接地电阻不应大于10Ω，阀型避雷器接地电阻不应大于5Ω）。

②内部防雷装置：等电位联结、防雷间距。

（2）独立避雷针单独装设，设置时远离人员经常经过的区域。

（3）发生雷暴注意躲避，不要在露天环境游泳、划船、高空作业等。

（4）雷雨天气注意关窗，预防雷球侵入。

举一反三

[典型例题 1 · 单选] 下列关于雷电破坏作用的说法中，正确的是（　　）。

A. 引起跨步电压电击

B. 造成电气设备过负荷

C. 引起电力系统过负荷

D. 致使电动机转速异常

[解析] 雷电可以引起触电事故，其中引起的触电事故类型中包括雷电导致的跨步电压电击。

[答案] A

[典型例题 2 · 单选] 建筑物按其重要性、生产性质、遭受雷击的可能性和后果的严重性分成三类防雷建筑物。下列建筑物中，属于第二类防雷建筑物的是（　　）。

A. 储存电石仓库

B. 国家特级和甲级大型体育馆

C. 省级重点文物保护的建筑物

D. 火药制造车间

[解析] 根据《建筑物防雷设计规范》（GB 50057—2010）的规定，选项 A 属于第一类防雷建筑物，选项 C 属于第三类防雷建筑物，选项 D 属于第一类防雷建筑物。

[答案] B

[典型例题 3 · 单选] 用于防直击雷的防雷装置中，（　　）是利用其高出被保护物的地位，把雷电引向自身，起到拦截闪击的作用。

A. 接闪器

B. 引下线

C. 接地装置

D. 屏蔽导体

[解析] 接闪器最主要的作用是将雷电引至自身保护建筑物及设备、人员的安全。可以将此题作为一个常识进行积累。

[答案] A

环球君点拨

此考点属于安全生产技术基础科目的基础考点。此考点并不难理解，可能结合防火防爆安全技术的内容一起考查。考生应灵活学习，对前后知识点做到对比学习并掌握。

考点 2　静电防护技术 [2023、2022、2021、2020、2019、2017、2015]

真题链接

[2022 · 单选] 工艺过程中产生的静电可能引起各种危害，对静电的安全防护，必须掌握静电特效，产生原因、有效降低静电危害。对于静电危害的说法，正确的是（　　）。

A. 静电能力小不易发生放电

B. 静电不会干扰无线电设备

C. 静电电击会直接致人死亡

D. 静电可能影响生产或产品质量

[解析] 静电能量虽然不大，其电压却很高容易发生放电，选项 A 错误。静电有较强的磁场，

可以对无线电设备产生干扰，选项B错误。静电电击不会产生致命危害，却容易引起二次事故，比如高处跌落、摔倒而造成事故或伤亡，选项C错误。

[答案] D

[2021·多选] 在工业生产和日常生活中，受材质、工艺设备、工艺参数和环境条件等因素的影响，会产生和积累大量静电，对生产生活造成较大危害。关于静电危害的说法，正确的有（ ）。

A. 在爆炸性混合物场所，静电积累可能产生静电火花引起爆炸或火灾

B. 带静电的人体接近接地导体时可能发生火花放电，是爆炸或火灾的因素

C. 接地的人体接近带静电物体时不会发生火花放电，但会伤害人体

D. 生产过程中积累的静电放电造成的瞬间冲击性电击可能致人死亡

E. 生产过程中产生的静电可能妨碍生产或降低产品质量

[解析] 带静电的人体接近接地导体或其他导体时都有可能发生火花放电，导致火灾或爆炸事故，选项C错误。由于生产工艺过程中积累的静电能量不大，静电电击不会使人致命，但不能排除由静电电击导致二次事故，后果严重甚至可致人伤亡，选项D错误。

[答案] ABE

[2021·单选] 存在摩擦而且容易产生静电的工艺环节，必须采取工艺控制措施，以消除静电危害。关于从工艺控制进行静电防护的说法，正确的是（ ）。

A. 采用导电性工具，有利于静电的泄漏

B. 将注油管出口设置在容器的顶部

C. 增加输送流体速度，减少静电积累时间

D. 液体灌装或搅拌过程中进行检测作业

[解析] 将注油管延伸至容器底部可以减少静电的产生，选项B错误。限制摩擦速度和流速，可以限制和避免静电的产生和积累，而非增加流速，选项C错误。液体灌装、循环或搅拌过程中不得进行取样、检测或测温操作，选项D错误。

[答案] A

[2020·多选] 生产过程中产生的静电可能引起火灾爆炸、电击伤害、妨碍生产。其中，火灾爆炸是最大的危害。下列关于静电危害的说法中，正确的有（ ）。

A. 人体接近接地导体，会发生火花放电，导致爆炸和火灾

B. 静电能量虽然不大，但因其电压很高而容易发生放电

C. 生产过程中积累的静电发生电击可使人致命

D. 带静电的人体接近接地导体时可能发生电击

E. 生产过程中产生的静电，可能降低产品质量

[解析] 带静电的人体接近接地导体或其他导体时，以及接地的人体接近带电的物体时，均可能发生火花放电，导致爆炸或火灾。由于生产工艺过程中积累的静电能量不大，静电电击不会使人致命，但不能排除由静电电击导致严重后果的可能性。

[答案] BDE

[2019·单选] 工艺过程中产生的静电可能引起爆炸和火灾，也可能给人以电击，还可能妨碍生产。下列燃爆事故中，属于静电因素引起的是（ ）。

A. 实验员小王忘记关氢气阀门，当他取出金属钠放在水中时产生火花发生燃爆

B. 实验员小李忘记关氢气阀门，当他在操作台给特钢做耐磨实验过程中发生燃爆

C. 司机小张跑长途用塑料桶盛装汽油备用，等他开到半路给汽车加油瞬间发生燃爆

D. 维修工小赵未按规定穿防静电服维修天然气阀门，当他用榔头敲击钎子瞬间发生燃爆

[解析] 塑料桶有静电累积，加油时累积的静电放电成为点火源，发生燃爆。

[答案] C

[2021 · 多选] 静电防护的主要措施有环境危险程度控制、工艺控制、接地、增湿、加入抗静电添加剂、采用静电消除器等。关于静电防护措施的说法，正确的有（　　）。

A. 接地的主要作用是消除导体上的静电

B. 采用接地措施，可以消除感应静电的全部危险

C. 增湿的方法不宜用于消除高温绝缘体上的静电

D. 高绝缘材料中加入抗静电添加剂，可加速静电释放，消除静电危险

E. 静电消除器主要用来消除导体上的静电

[解析] 对于感应静电，接地只能消除部分危险。静电消除器主要用来消除非导体上的静电。

[答案] ACD

[2020 · 单选] 电气设备运行过程中，可能产生静电积累，应对电气设备采取有效的静电防护措施。下列关于静电防护措施的说法中，正确的是（　　）。

A. 用非导电性工具可有效泄放接触—分离静电

B. 接地措施可以从根本上消除感应静电

C. 增湿措施不宜用于消除高温绝缘体上的静电

D. 静电消除器主要用来消除导体上的静电

[解析] 为了有利于静电的泄漏，可采用导电性工具，非导电性工具不能将静电导走，选项 A 错误。接地的主要作用是消除导体上的静电，但不能从根本上消除感应静电，选项 B 错误。增湿的方法不宜用于消除高温绝缘体上的静电，选项 C 正确。静电消除器主要用来消除非导体上的静电，选项 D 错误。

[答案] C

真题精解

点题：本系列真题主要考查的是静电的危害和静电的防护措施。此考点近 5 年均有考查，属于重要考点。静电的危害及防护措施相对简单，在生活中也经常接触，容易理解。但在静电危害中的个别内容与固有思维中的常识不太一样，建议考生单独记忆。

2017 年、2015 年真题考查了静电危害的相关内容，类似上述 2020 年真题。

分析：此处主要介绍静电的危害和静电防护措施的重要内容。

1. 静电的危害

（1）爆炸和火灾。能量小、电压大，易放电，产生静电火花，成为点火源引起火灾或爆炸。

（2）静电电击。不致命，但易造成二次伤害，导致伤亡事故。

（3）妨碍生产。降低产品品质，干扰无线设备信号。

2. 静电防护措施

静电防护措施包括对危险程度的控制（危险环境）、工艺控制（参数控制，如流速、摩擦速度）、接地（消除导体上的静电）、增湿（不适用于高温绝缘体）、抗静电添加剂、静电消除器（非导体上的静电）。

拓展：本考点中要特别注意不同的静电防护措施分别适用的情况，特点是什么，考试时容易从这个角度来考查静电防护措施。

举一反三

[典型例题1·单选] 下列关于静电危害的说法中，正确的是（　　）。

A. 静电能量很大而且容易发生放电，如果所在场所有易燃物质可能由静电火花引起爆炸或火灾

B. 带静电的人体接近接地导体或其他导体时，可能发生火花放电，导致爆炸或火灾

C. 静电电击不会使人致命或导致严重后果

D. 电子技术领域，生产过程中产生的静电不会造成集成电路的绝缘击穿

[解析] 静电能量虽然不大，但因其电压很高而容易发生放电，静电火花极易成为易燃易爆物质的点火源，导致爆炸或火灾，选项A错误。静电电击不会使人致命，但人体可能因静电电击而坠落或摔倒，造成二次事故即可能导致伤亡事故，选项C错误。静电可能对无线电设备产生干扰，还可能击穿集成电路的绝缘等，选项D错误。

[答案] B

[典型例题2·单选] 静电安全防护主要是对爆炸和火灾的防护。下列关于静电防护安全技术措施的说法中，不正确的是（　　）。

A. 为了防止非导体上的静电放电，可以进行接地设置

B. 对于感应静电，接地只能消除部分危险

C. 限制生产材料的摩擦速度或流速，可以减少或避免静电的产生和积累

D. 静电消除器能把非导电体上的静电消除在安全范围以内

[解析] 采取接地措施主要是为消除导体上的静电，而不是非导体，选项A错误。

[答案] A

[典型例题3·多选] 工艺过程中产生的静电可能引起爆炸、火灾、电击，还可能妨碍生产。下列关于静电防护措施的说法中，正确的有（　　）。

A. 为了防止静电引燃成灾，可采取取代易燃介质、降低爆炸性混合物的浓度、减少氧化剂含量等措施

B. 为有利于静电的泄漏，可采用导电性工具

C. 静电消除器主要用来消除非导体上的静电

D. 对于低温绝缘材料，为了保证降低静电的效果，可以采用增湿法

E. 为防止静电放电，在液体搅拌过程中进行取样操作应使用绝缘器具

[解析] 为了防止静电放电，在液体灌装、循环或搅拌过程中不得进行取样、检测或测温操作，选项E错误。

[答案] ABCD

环球君点拨

此考点属于安全生产技术基础科目中必须掌握的考点，并不难理解。要求考生能根据产生静电的不同选用合适的静电防护措施。

第五节 电气装置安全技术

考点1 低压电气设备［2023、2022、2021、2019］

真题链接

［2021·单选］特低电压是在一定条件下、一定时间内不危及生命安全的电压，既能防止间接接触电击，也能防止直接接触电击。按照触电防护方式分类，由特低电压供电的设备属于（　　）。

A. 0类设备　　B. Ⅰ类设备

C. Ⅱ类设备　　D. Ⅲ类设备

［解析］Ⅲ类设备最大的特点是依靠安全特低电压供电防止触电，Ⅲ类设备内的电压不应出现高于安全特低电压的情况。

［答案］D

［2022·多选］手持电动工具和移动式电气设备在使用过程中发生触电事故较多。下列使用手持电动工具和移动式电气设备的安全要求中，正确的有（　　）。

A. 在有爆炸和火灾危险的环境中，除中性线外，应另设保护零线

B. 移动式电气设备的保护线不应单独敷设，应与相线有同样的防护措施

C. 移动式电气设备的电源插座和插销应有专用的保护线插孔和插头

D. 单相设备的相线或中性线上应装有熔断器，并在相线上装单极开关

E. 在接地配电网中，可以装设一台隔离变压器，并由该变压器给设备供电

［解析］在有爆炸和火灾危险的环境中，除中性线外，应另设保护零线，选项A正确。移动式电气设备的保护线不应单独敷设，而应当与电源线有同样的防护措施，即采用带有保护芯线的橡皮套软线作为电源线，选项B错误。移动式电气设备的电源插座和插销应有专用的保护线插孔和插头，选项C正确。单相设备的相线和中性线上都应该装有熔断器，并装有双极开关，选项D错误。鉴于不接地配电网中单相触电的危险性小于接地配电网中单相触电的危险性，在接地配电网中，可以装设一台隔离变压器，并由该隔离变压器给设备供电，选项E正确。

［答案］ACE

［2022·单选］照明设备不正常运行可能导致火灾，也可能导致人身触电事故。下列针对电气照明的安全要求中，正确的是（　　）。

A. 对于容易触及而又无防触电措施的固定灯具应采用42V安全电压

B. 灯具金属吊管和吊链应连接保护线，且保护线应与中性线连接

C. 配电箱内单相照明线路的开关应采用单极开关，且应装在相线上

D. 100W以上的白炽灯的引入线应选用耐热绝缘电线并考虑耐温范围

［解析］在特别潮湿场所、高温场所、有导电灰尘的场所或有导电地面的场所，对于容易触及而又无防触电措施的固定式灯具，其安装高度不足2.2m时，应采用24V安全电压，选项A错误。灯具不带电，金属件、金属吊管和吊链应连接保护线；保护线应与中性线分开，选项B错误。配电箱内单相照明线路的开关必须采用双极开关；照明器具的单极开关必须装在相线上，选项C错误。

［答案］D

［2022 · 单选］低压保护电器主要用来获取、转换和传递信号，并通过其他电器对电路实现控制。关于低压保护电器作用过程或适用场合的说法，正确的是（　　）。

A. 热继电器热元件温度达到设定值时通过断路器断开主电路

B. 熔断器易熔元件的热容量小，动作很快，适用于短路保护

C. 热继电器和热脱扣器的热容量较大，适用于短路保护

D. 在有冲击电流出现的线路上，熔断器适用于过载保护

［解析］热继电器热元件温度达到设定值时迅速动作，并通过控制触头使控制电路断开，从而使接触器失电，断开主电路，选项A错误。热继电器适用于过载保护而不能用于短路，选项C错误。有冲击电流出现的线路上，熔断器不可用作过载保护元件，选项D错误。

［答案］B

［2019 · 单选］低压电器可分为控制电器和保护电器。保护电器主要用来获取、转换和传递信号，并通过其他电器实现对电路的控制。关于低压保护电器工作原理的说法，正确的是（　　）。

A. 熔断器是串联在线路上的易熔元件，遇到短路电流时迅速熔断来实施保护

B. 热继电器作用是当热元件温度达到设定值时迅速动作，并通过控制触头断开控制电路

C. 由于热继电器和热脱扣器的热容量较大，动作延时也较大，只宜用于短路保护

D. 在生产冲击电流的线路上，串联在线路上的熔断器可用作过载保护元件

［解析］热继电器作用是当热元件温度达到设定值时迅速动作，并通过控制触头断开主电路而非控制电路，选项B错误。由于热继电器和热脱扣器的热容量较大，动作延时也较大，不宜用于短路保护，只宜用于过载保护，选项C错误。有产生冲击电流的线路上，不得使用熔断器作过载保护元件，选项D错误。

［答案］A

［2022 · 多选］低压配电箱（柜）是低压成套电器。为保证低压配电箱（柜）安全可靠运行，并便于操作、搬运、检修、试验和监测，布置配电箱（柜）时应采取必要的安全措施。下列不同场所配电箱（柜）的配置中，正确的有（　　）。

A. 办公室配置开启式配电箱

B. 热处理车间配置封闭式配电柜

C. 有导电性粉尘的车间配置密闭式配电柜

D. 锅炉房配置开启式配电箱

E. 铸造车间配置封闭式配电柜

［解析］低压配电箱和配电柜是低压成套电器。配电箱和配电柜的安全要求如下：①除触电危险性小的生产场所和办公室外，不得采用开启式的配电板；②触电危险性大或作业环境较差的场所，如铸造车间、锻造车间、热处理车间、锅炉房、木工房等，应安装封闭式箱柜；③有导电性粉尘或产生易燃易爆气体的危险作业场所，必须安装密闭式或防爆型箱柜。

［答案］ABCE

真题精解

点题：本系列真题考查内容较多，包括手持电动工具的类型和特点，电气照明要求，低压电器中热继电器、熔断器和低压配电箱、配电柜的内容。本考点中手持电动工具的内容、热继电器和熔断器的比较是常考点，需要重点掌握三类手持电动工具的特点和触电防护的要求，热继电器和熔断器经常结合考查辨析题。

2023 年、2022 年考试连续考查了热继电器和熔断器的内容。

分析：此处主要介绍手持电动工具、电气照明、热继电器和熔断器以及低压配电箱和配电柜的重点内容。

1. 手持电动工具

在手持电动工具当中，需要重点区分Ⅰ、Ⅱ、Ⅲ类手持电动工具防触电的设置要求，见表 2-10。

表 2-10　手持电动工具防触电的设置要求

类型	触电防护设置	特点
Ⅰ类手持电动工具	基本绝缘、附加安全措施	Ⅰ类手持电动工具一般是三插头电器，即Ⅰ类手持电动工具本身具有专用的保护芯线
Ⅱ类手持电动工具	双重绝缘、加强绝缘	Ⅱ类手持电动工具一般是两插头电器，本身可以形成相对安全的系统，不再额外接地或接零 装设漏电保护装置，其动作电流不大于 15mA、动作时间不大于 0.1s
Ⅲ类手持电动工具	安全电压	Ⅲ类手持电动工具一般是使用电池的电器，使用特低安全电压进行工作，不能破坏其原有的安全环境，不接地、不接零

2. 电气照明

（1）电压要求：一般照明电源电压为 220V。特别潮湿、高温、有导电灰尘、易导电的场所和易触及且无防护措施的灯具的狭小场所，电压值应为 24V。

（2）管线选择：易燃易爆场所、重要活动或者仓储场所，采用金属管配线。对于重要场所、潮湿场所、腐蚀场所和移动频次高的导线采用铜导线。卤钨灯和单灯功率超过 100W 的白炽灯，其引入线选用耐热绝缘电线，耐热温度在 105℃～250℃。

（3）开关设置：电源进户处设置总开关，并配备保护装置；配电箱内单相照明线路的开关要设置双极开关；照明灯具的单极开关设置在相线上。

（4）应急照明：有自己的供电线路，不与其他线路混用。

（5）灯具要求：灯具本身不能带电，其金属件、金属吊管和吊链需要连接保护线；保护线和中性线分开设置。

3. 热继电器和熔断器的特点

热继电器和熔断器的特点见表 2-11。

表 2-11　热继电器和熔断器的特点

设备	特点
热继电器	（1）过载保护→温度；控制触头使控制电路断开→断开主电路 （2）热容量大，动作慢，不能用于短路保护
熔断器	（1）短路保护→电流 （2）热容量小，动作快，不能用于过载保护

4. 低压配电箱和配电柜

（1）开启式配电板可设置在触电危险性小的场所，其他场所不应采用开启式配电板。

（2）触电危险性较大的场所配电箱、配电柜设置封闭式的。

（3）具有易燃易爆气体、粉尘的危险场所，配电箱、配电柜应安装封闭型或防爆型。

（4）箱柜外不得有外露的裸带电体，外露的电气元件要设有相应的屏护。

拓展：本考点涉及方面较多，考试时不是每个考点都会考查到，但手持电动工具、热继电器、熔断器是要求必须掌握的内容，其他内容可作为次重点内容进行掌握。电气设备外壳防护等级、防水等级、电动机尚未考查过，但也需要掌握。

举一反三

［典型例题1·单选］按照触电防护方式，电气设备可分为0类、0Ⅰ类、Ⅰ类、Ⅱ类和Ⅲ类。下列关于电气设备防触电保护分类的说法中，不正确的是（　　）。

A. 0类设备仅靠基本绝缘防止触电

B. Ⅰ类设备既要靠基本绝缘还需有一个附加的安全措施

C. Ⅱ类设备没有保护接地或保护接零的要求

D. Ⅲ类设备应具有保护接地手段

［解析］Ⅲ类设备的防触电保护依靠安全特低电压供电，从电源方面就保证了安全，Ⅲ类设备没有保护接地或保护接零的要求，选项D错误。

［答案］D

［典型例题2·单选］低压电气保护装置有热继电器、熔断器、配电箱和配电柜。下列关于低压电气保护的说法中，正确的是（　　）。

A. 在低压电气保护装置中，有冲击电流出现的线路上，熔断器可以用作过载保护元件

B. 热继电器利用电流的热效应，通过控制触头使主电路断开

C. 热继电器的电容量小，动作快，只适用于过载保护

D. 熔断器是可以进行短路保护的电气元件

［解析］熔断器是短路保护元件，故不能用作过载保护元件，选项A错误。热继电器通过监测电流的热效应，通过控制触头使控制电路断开而非主电路，选项B错误。热继电器的热容量较大，动作延迟较大，用于过载保护，选项C错误。

［答案］D

［典型例题3·单选］下列关于低压配电箱和配电柜的表述，错误的是（　　）。

A. 箱柜用不可燃材料制作

B. 在办公室触电危险性小的场所可以采用开启式配电板

C. 在有导电性粉尘的场所，配电柜应选用封闭型或防爆型

D. 箱柜门完好上锁应有专人保管

［解析］在有导电性粉尘或产生易燃易爆气体的危险作业场所，安装密闭型或防爆型箱柜。其中密闭型比封闭型配电柜的要求更高一些。

［答案］C

环球君点拨

此考点涉及方面较多，内容的理解和记忆会给考生带来一定的挑战。对此考点内容可以重要考点为圆心画圆进行掌握，先掌握重要考点，再掌握次要考点。

电气线路［2021、2020］

真题链接

［2021・单选］电力线路的安全条件包括导电能力、力学强度、绝缘和间距、导线连接、线路防护和过电流保护、线路管理。下列针对导线连接安全条件的要求中，正确的是（　　）。

A. 导线连接处的力学强度不得低于原导线力学强度的 60%

B. 导线连接处的绝缘强度不得低于原导线绝缘强度的 80%

C. 接头部位电阻不得小于原导线电阻的 120%

D. 铜导线与铝导线之间的连接应尽量采用铜-铝过渡接头

［解析］导线连接处的力学强度不得低于原导线力学强度的 80%，选项 A 错误；绝缘强度不得低于原导线的绝缘强度，选项 B 错误。接头部位电阻不得大于原导线电阻的 1.2 倍，选项 C 错误。

［答案］D

［2020・单选］电力线路安全条件包括导电能力、力学强度、绝缘、间距、导线连接、线路防护、过电流保护、线路管理等。下列关于电力线路安全条件的说法中，正确的是（　　）。

A. 导线连接处的绝缘强度不得低于原导线的绝缘强度的 90%

B. 电力线路的过电流保护专指过载保护，不包括短路保护

C. 导线连接处的电阻不得大于原导线电阻的 2 倍

D. 线路导线太细将导致其阻抗过大，受电端得不到足够的电压

［解析］导线连接必须紧密，原则上导线连接处的力学强度不得低于原导线力学强度的 80%，选项 A 错误。电力线路的过电流保护包括短路保护和过载保护，选项 B 错误。接头部位电阻不得大于原导线电阻的 1.2 倍，选项 C 错误。

［答案］D

真题精解

点题：本系列真题考点相对简单，考查内容相对单一，掌握核心考点内容即可。重点掌握电力线路安全条件的内容，电力线路类型和特点可作为了解内容。导线的绝缘、导线连接要求、线路防护和过电流保护、线路管理经常作为选择题的选项直接考查，记住即可得分。

分析：此处主要介绍以下内容。

（1）绝缘：新安装、大修后的低电压电力线路电阻一般不低于 0.5MΩ。

（2）导线连接。

①力学强度：不低于原导线的 80%。

②绝缘强度：不低于原导线。

③电阻：不大于原导线电阻的 1.2 倍。

④宜用铜-铝接头。

（3）过电流保护：包括短路保护、过载保护。

（4）线路管理：临时线路的安装需要申请，通过相关部门的审批，设有专人负责。

第二章

举一反三

[典型例题 1 · 单选] 在电力线路安全中导线连接须紧密，导线连接处力学强度（　　）。

A. 不得低于原导线力学强度的 80%

B. 不得高于原导线力学强度的 80%

C. 不得低于原导线力学强度的 90%

D. 不得高于原导线力学强度的 90%

[解析] 导线连接处力学强度不得低于原导线力学强度的 80%，选项 A 正确。

[答案] A

[典型例题 2 · 单选] 下列关于电力线路安全条件的说法，错误的是（　　）。

A. 大修后的低压电力线路绝缘电阻一般不低于 0.5MΩ

B. 在潮湿环境下机头应采用铜-铝过渡接头

C. 接头部位电阻不小于原电阻的 1.2 倍

D. 安装临时线应有相应的申请、审批手续

[解析] 导线连接处电阻值不得大于原导线电阻的 1.2 倍，选项 C 错误。

[答案] C

环球君点拨

此考点内容相对简单，一定要注意数字内容以及“不大于”“不小于”的限定词。

考点 3 电气安全检测仪器 [2023、2021、2020、2018、2014]

真题链接

[2021 · 单选] 电气安全检测仪器对电器进行测量，其测出的数据是判断电器是否能正常运行的重要根据。下列仪器仪表中，用于测量绝缘电阻的是（　　）。

A. 兆欧表

B. 万用表

C. 接地电阻测量仪

D. 红外测温仪

[解析] 绝缘电阻是兆欧级的电阻，要求在较高的电压下进行测量，现场应用兆欧表测量绝缘电阻。

[答案] A

[2020 · 单选] 电气安全检测仪器包括绝缘电阻测量仪、接地电阻测量仪、谐波测试仪、红外测温仪、可燃气体检测仪等。下列电气安全检测仪器中，属于接地电阻测量仪的是（　　）。

A.

B.

C.

D.

[解析] 接地电阻测量仪是用于测量接地电阻的仪器，有机械式测量仪和数字式测量仪。接地电阻测量仪有4个接线端子或3个接线端子。

[答案] D

[2023 · 单选] 绝缘电阻是电气设备最基本的性能指标，绝缘电阻兆欧表是测量绝缘电阻的常用仪表。下列使用兆欧表的说法，正确的是（　　）。

A. 测量新设、大修后的电气设备应使用低于其电压的兆欧表

B. 用于测量电气设备绝缘电阻的连接线应采用双股

C. 测量具有较大电容设备的绝缘电阻应在断电后立即运行

D. 500V以上的线路应使用1 000V的兆欧表

[解析] 测量新设和大修后的线路或设备应采用较高电压的兆欧表，选项A错误。测量连接导线不得采用双股绝缘线，而应采用绝缘良好单股线分开连接，以免双股线绝缘不良带来测量误差，选项B错误。被测设备必须停电。对于有较大电容的设备，停电后还必须充分放电，选项C错误。

[答案] D

[2018 · 单选] 兆欧表是测量绝缘电阻的一种仪表。关于使用兆欧表测量绝缘电阻的说法，错误的是（　　）。

A. 被测量设备必须断电

B. 测量应尽可能在设备停止运行，冷却后进行测量

C. 对于有较大电容的设备，断电后还必须充分放电

D. 对于有较大电容的设备，测量后也应进行放电

[解析] 正在使用的设备通常应在刚停止运转时进行测量，以便使测量结果符合运行温度时的绝缘电阻，选项B错误。

[答案] B

真题精解

点题：本系列真题主要考查电气安全检测仪器。本考点主要考查兆欧表、接地电阻测量仪、谐波测量仪、红外测温仪这四种仪器的特点和使用要求。除此之外，可燃气体检测仪器的内容也需要掌握。

2014年真题考查了绝缘电阻的测量，同上述2018年真题，掌握相关知识点即可。

分析：此处主要介绍电气安全检测仪器和可燃性气体检测仪。

1. 电气安全检测仪器

电气安全检测仪器的相关内容见表2-12。

表2-12　电气安全检测仪器

仪器类型	测量内容	使用要求
绝缘电阻测量仪	绝缘电阻	（1）被测设备停电 （2）测量连接线采用绝缘良好的单股线测量，不得采用双股线 （3）兆欧表摇把转速从慢到快，尽量稳定 （4）大容量线路和设备，测量结束也要进行放电 （5）测量尽可能在设备刚停止运行时进行测量，相对准确

续表

仪器类型	测量内容	使用要求
接地电阻测量仪	接地电阻	(1) 选择正确的电极位置 (2) 尽量与电力网分开 (3) 远离高压线，防止感应电压危险 (4) 雷雨天气不得测量 (5) 摇把转速从慢到快
红外测量仪	测量温度	(1) 避免强电磁、温差大的环境使用 (2) 避免存放在高温环境 (3) 测量区域应小于被测目标范围，准确度较高 (4) 与带电体保持安全距离 (5) 对于有光亮的被测物，可覆盖黑色薄膜测量

关于本知识点，除了要掌握文字的相关内容，还要学会识图，结合上述真题，掌握各种仪器的特点。一般会考查区分兆欧表和接地电阻测量仪。

2. 可燃性气体检测仪

(1) 位置：尽量接近阀门、管道接头等易泄露处，与上述管件之间距离不大于 1m。

(2) 方位：可燃气体比空气轻，探头设置在易泄露处的上方；反之在下方，离地面不超过 1.5～2m。

(3) 电缆：采用三芯屏蔽电缆。

举一反三

[典型例题 1 · 多选] 兆欧表是电工常用的一种测量仪表，主要用来检查电气设备、家用电器或电气线路对地及相间的绝缘电阻。下列关于使用兆欧表测量绝缘电阻的说法中，正确的是（　　）。

A. 对于有较大电容的设备，停电后还必须充分放电

B. 测量连接导线不得采用单股绝缘线，而应采用绝缘良好的双股线分开连接

C. 使用指针式兆欧表摇把的转速应由慢至快，转速应稳定，不要时快时慢

D. 使用指针式兆欧表测量过程中，如果指针指向“0”位，表明已经完成“欧姆调零”

E. 测量应尽可能在设备刚开始运转时进行

[解析] 测量连接导线不得采用双股绝缘线，而应采用绝缘良好单股线分开连接，以免双股线绝缘不良带来测量误差，选项 B 错误。使用指针式兆欧表测量过程中，如果指针指向“0”位，表明被测绝缘已经失效，应立即停止转动摇把，防止烧坏兆欧表，选项 D 错误。测量应尽可能在设备刚停止运转时进行，以使测量结果符合运转时的实际温度，选项 E 错误。

[答案] AC

[典型例题 2 · 单选] 下列关于可燃性气体检测仪器安装和使用的说法，错误的是（　　）。

A. 可燃性气体检测仪器与阀门、管道接头等之间的距离不宜超过 1m

B. 可燃气体比空气轻时，探头应安装在设备上方

C. 可燃气体比空气重时，探头应安装在设备下方，离地面高度应超过 2m

D. 探头安装可采用吊装、壁装、抱管安装等安装方式，安装应牢固

[解析] 可燃气体比空气重时，探头应安装在设备下方；离地面高度不应太大，通常不超过

1.5～2m，选项 C 错误。

[答案] C

环球君点拨

此考点内容相对简单，建议考生重点掌握测量仪器的特点，注意可燃气体检测仪安装位置和数字的要求。

第三章　特种设备安全技术

第一节　锅炉安全技术

考点1 锅炉安全附件 [2023、2022、2020]

真题链接

[2023·单选] 安全阀的作用是为了防止设备容器内压力过高而引起爆炸，包括防止物理爆炸和化学爆炸，因此，安全阀的安装位置有很多注意事项。根据《安全阀安全技术监察规程》(TSG ZF001—2006)，下列安全阀的安装位置及方式中，不符合要求的是（　　）。

A. 在设备或者管道上的安全阀水平安装　　B. 液体安全阀装在正常液压的下面

C. 蒸汽安全阀装在锅炉的蒸汽集箱的最高位置　D. 蒸汽安全阀装在锅炉的锅筒气相空间

[解析] 在设备或者管道上的安全阀应铅直安装，选项A错误。

[答案] A

[2023·单选] 压力表是锅炉的重要安全仪表，能够准确地显示锅炉上被测部位的压力，可使操作人员及时发现锅炉运行过程中的超压状况。下列锅炉上必须装设压力表的部位是（　　）。

A. 蒸汽锅炉省煤器的进口和出口　　B. 热水锅炉进水阀的进口

C. 蒸汽锅炉再热器的进口和出口　　D. 热水锅炉出水阀的出口

[解析] 根据《蒸汽锅炉安全技术监察规程》，锅炉中再热器的出入口应装设压力表。

[答案] C

[2022·单选] 安全阀是锅炉上的重要安全附件之一，对锅炉内部压力极限值的控制及对锅炉的安全运行起着重要作用。每年对锅炉进行外部检验时，需审查安全阀定期校验记录或者校验报告是否符合相关要求。下列安全阀性能参数中，需要每年校验的是（　　）。

A. 工作压力　　B. 回座压力

C. 整定压力　　D. 额定压力

[解析] 根据《蒸汽锅炉安全技术监察规程》的规定，在用锅炉的安全阀每年至少校验1次，校验一般在锅炉运行状态下进行。新安装的锅炉或者安全阀检修、更换后，应当校验其整定压力和密封性。锅炉运行中安全阀不允许解列，不允许提高安全阀的整定压力或使安全阀失效。

[答案] C

[2020·单选] 锅炉通常装设防爆门防止再次燃烧造成破坏。当作用在防爆门上的总压力超过其本身的质量或强度时，防爆门就会被冲开或冲破，达到泄压的目的。下列锅炉部件中，防爆门通常装设在（　　）易爆处。

A. 过热器和再热器　　B. 高压蒸汽管道

C. 烟道和炉膛　　D. 锅筒或锅壳

[解析] 为防止炉膛和尾部烟道再次燃烧造成破坏，常采用在烟道和炉膛易爆处装设防爆门。

[答案] C

真题精解

点题：本系列真题主要考查锅炉安全附件的设置、安装、校验、运行使用的要求。安全阀、压力表、水位表是考试中常考的三个安全附件，其他安全附件考查频次较低。安全阀的内容在特种设备中是常考点，除锅炉涉及的内容，后续气瓶、压力容器的内容也会涉及，要求考生能将近似知识点对比学习，考试时有可能会将前后知识点结合考查。

分析：根据《锅炉安全技术监察规程》（TSG G0001—2012）的规定，以下总结锅炉安全附件中安全阀设置、校验、运行使用中的重要内容。

1. 可以只装设1个安全阀的情形

（1）额定蒸发量小于或者等于0.5t/h的蒸汽锅炉。

（2）额定蒸发量小于4t/h且装设有可靠的超压联锁保护装置的蒸汽锅炉。

（3）额定热功率小于或者等于2.8MW的热水锅炉。

上述3种情形中安全阀可以只设置1个，一般情况每台锅炉至少应设置2个安全阀。

2. 安全阀的校验

（1）在用锅炉的安全阀每年至少校验1次，校验一般在锅炉运行状态下进行。

（2）如果现场校验有困难或者对安全阀进行修理后，可以在安全阀校验台上进行，校验后的安全阀在搬运或者安装过程中，不能摔、砸、碰撞。

（3）新安装的锅炉或者安全阀检修、更换后，应当校验其整定压力和密封性。

（4）安全阀经过校验后，应当加锁或者铅封。

（5）控制式安全阀应当分别进行控制回路可靠性试验和开启性能检验。

（6）安全阀整定压力、密封性等检验结果应当记入锅炉安全技术档案。

3. 安全阀的使用要求

（1）锅炉运行中安全阀应当定期进行排放试验，电站锅炉安全阀每年进行1次，对控制式安全阀，使用单位应当定期对控制系统进行试验。

（2）锅炉运行中安全阀不允许解列，不允许提高安全阀的整定压力或使安全阀失效。

4. 压力表的选用和安装要求

（1）A级锅炉压力表精确度应当不低于1.6级，其他锅炉压力表精确度应当不低于2.5级。

（2）压力表的量程应当根据工作压力选用，一般为工作压力的1.5～3.0倍，最好选用2倍。

（3）锅炉蒸汽空间设置的压力表应当有存水弯管或者其他冷却蒸汽的措施，热水锅炉用的压力表也应当有缓冲弯管，弯管内径应当不小于10mm。

（4）压力表与弯管之间应当装设三通阀门，以便吹洗管路、卸换、校验压力表。

5. 锅炉可以只装设1个直读式水位表的情形

（1）额定蒸发量小于或者等于0.5t/h的锅炉。

（2）额定蒸发量小于或者等于2t/h，且装有一套可靠的水位示控装置的锅炉。

（3）装设两套各自独立的远程水位测量装置的锅炉。

（4）电加热锅炉。

除此之外，锅炉安全附件还包括温度测量装置、超温报警和联锁保护装置、高（低）水位警报和联锁保护装置、超压报警装置、锅炉熄火保护装置、防爆门等。

拓展：本考点涉及内容较为细致，有些内容是大纲修订后的新要求，因此尚未考查，但是从考点的重要程度来讲，本考点非常重要，要求必须掌握。

举一反三

[典型例题1·单选] 安全阀是锅炉中的重要安全装置。下列关于安全阀的说法中，正确的是（　　）。

A. 安全阀至少每2年校验一次　　B. 安全阀至少每周自动排放一次

C. 安全阀至少每月手动排放一次　　D. 安全阀每年至少校验一次

[解析] 安全阀应按规定每年至少校验一次，每月自动排放一次，每周手动排放一次。

[答案] D

[典型例题2·单选] 锅炉属于承压类特种设备。下列装置或设施中，不属于锅炉安全附件的是（　　）。

A. 安全阀　　B. 水位计

C. 单向截止阀　　D. 防爆门

[解析] 单向截止阀不属于锅炉安全附件。

[答案] C

[典型例题3·单选] 安全阀是锅炉中的重要安全附件，下列关于锅炉中安全阀设置的说法，正确的是（　　）。

A. 每台锅炉至少应装2个安全阀，额定蒸发量小于0.8t/h的锅炉可只装1只

B. 超额定蒸发量大于4t/h且装设有可靠的超压联锁保护装置的蒸汽锅炉可只装1只

C. 额定热功率大于或者等于2.8MW的热水锅炉

D. 额定蒸发量小于或者等于0.5t/h的蒸汽锅炉

[解析] 一般锅炉至少应设置2个安全阀，但属于下列3种情形的可只设1个安全阀：①额定蒸发量小于或者等于0.5t/h的蒸汽锅炉；②额定蒸发量小于4t/h且装设有可靠的超压联锁保护装置的蒸汽锅炉；③额定热功率小于或者等于2.8MW的热水锅炉。

[答案] D

[典型例题4·单选] 压力表是锅炉中的重要附件之一，A级压力锅炉的压力表其精确度应选用不低于（　　）级。

A. 1.5　　B. 1.6

C. 2.0　　D. 3.0

[解析] A级锅炉压力表的精度应当不低于1.6级。

[答案] B

[典型例题5·单选] 水位表在蒸汽锅炉中至少应装设2个，若蒸发量小于或等于（　　）时可以只装设1个直读式水位表。

A. 0.5t/h　　B. 1.0t/h

C. 2.0t/h　　D. 2.5t/h

[解析] 锅炉可以只装设1个直读式水位表的情形包括：①额定蒸发量小于或者等于0.5t/h的

蒸汽锅炉；②额定蒸发量小于或者等于2t/h，且装有一套可靠的水位示控装置的锅炉；③装设两套各自独立的远程水位测量装置的锅炉；④电加热锅炉。

[答案] A

环球君点拨

此考点涉及细节内容较多，建议考生在精准掌握数字内容后，注意细节表述“不大于”“不小于”的要求。

扫码听课

考点2 锅炉使用安全技术 [2021、2019、2017、2015、2014]

真题链接

[2019·多选] 正确操作对锅炉的安全运行至关重要，尤其是在启动和点火升压阶段，经常由于误操作而发生事故。下列针对锅炉启动和点火升压的安全要求中，正确的有（　　）。

A. 长期停用的锅炉，在正式启动前必须煮炉，以减少受热面腐蚀，提高锅水和蒸汽品质

B. 新投入运行的锅炉在向共用蒸汽母管并汽前应减弱燃烧，打开蒸汽管道上的所有疏水阀

C. 点燃气、油、煤粉炉时，应先送风，之后投入点燃火炬，最后送入燃料

D. 新装锅炉的炉膛和烟道的墙壁非常潮湿，在向锅炉上水前要进行烘炉作业

E. 对省煤器，在点火升压期间，应将再循环管上的阀门关闭

[解析] 选项D错误，锅炉的点火升压顺序是“准备上水烘煮，点火暖洒”，故是先上水再烘炉。选项E错误，点火升压阶段需要利用省煤器循环管路。

[答案] ABC

第三章

[2021·单选] 室燃锅炉运行时火焰不能直接烧灼水冷壁管，应力求燃烧室内火焰分布均匀，充满整个炉膛。当锅炉要增加负荷时，正确的做法是（　　）。

A. 先增加燃料，后加大送风，最后加大引风

B. 先加大引风，后加大送风，最后增加燃料

C. 先加大引风，后增加燃料，最后加大送风

D. 先加大送风，后加大引风，最后增加燃料

[解析] 锅炉运行过程中，负荷增加时，应先增加引风量，后增加送风量，最后增加燃料量；减负荷时应先减燃料量，后减进风量，最后减引风量。

[答案] B

[2017·单选] A单位司炉班长丁某巡视时发现一台运行锅炉的水位低于水位表最低水位刻度，同时接报锅炉水泵故障并已停止运转。丁某判断锅炉已缺水，立即以紧急停炉程序进行处置。下列关于紧急停炉处置次序的说法中，正确的是（　　）。

A. 立即停止添加燃料和送风，减弱引风，同时设法熄灭炉膛内的燃料，灭火后即把炉门、灰门及烟道挡板打开，启动备用泵给锅炉上水

B. 立即停止添加燃料和送风，减弱引风，同时设法熄灭炉膛内的燃料，灭火后即把炉门、灰门及烟道挡板打开，以加强通风冷却

C. 立即停止添加燃料和送风，加大引风，同时设法熄灭炉膛内的燃料，灭火后即把炉门、灰门及烟道挡板打开，启动备用泵给锅炉上水

D. 立即停止添加燃料和送风，减弱引风，同时设法熄灭炉膛内的燃料，灭火后即把炉门、灰门及烟道挡板打开，开启空气阀及安全阀快速降压

［解析］紧急停炉的操作次序是：立即停止添加燃料和送风，减弱引风。与此同时设法熄灭炉膛内燃料，灭火后即把炉门、灰门及烟道挡板打开，以加强通风冷却；锅内可以较快降压并更换锅水，锅水冷却至70℃左右允许排水。因缺水紧急停炉时，严禁给锅炉上水，并不得开启空气阀及安全阀快速降压。

［答案］B

真题精解

点题：本系列真题主要考查锅炉安全技术中使用过程的操作要求。建议考生一方面要掌握锅炉的启动步骤，既包括步骤的顺序，也包括每个步骤中的具体要求；另一方面要掌握锅炉停炉的要求，此处停炉分为正常停炉和紧急停炉两种情况，停炉情形不同要求也不同。

2015 年真题考查锅炉点火操作的内容，类似上述 2021 年、2019 年真题，掌握考点内容即可。2014 年真题考查紧急停炉的操作要求，同上述 2017 年真题，掌握正常停炉和紧急停炉的区分、操作要求即可。

分析：此处主要介绍锅炉的启动步骤、点火升压时防止炉膛爆炸的方法和停炉的重点内容。

1. 锅炉的启动步骤

（1）锅炉的启动步骤一共包括 6 步，见表 3-1。考试时可能考查步骤之间的先后顺序，也可以考查每个步骤中的具体要求。

表 3-1 锅炉的启动步骤

步骤	内容
①检查准备	全面检查
②上水	温度：上水温度不超过 90℃；上水时间：夏季→不小于 1h，冬季→不小于 2h
③烘炉	上水后烘炉；防止裂纹、变形或倒塌事故的发生
④煮炉	目的：清除杂质（铁锈、油污等）、减少受热面腐蚀、提高锅水品质
⑤点火升压	禁止采用挥发性很强的油类或易燃物引火，避免发生爆炸
⑥暖管与并汽	目的：排出冷凝水，减小热应力对管道的损坏

该部分内容多考查启动步骤的顺序，可巧记为“准备上水烘煮，点火暖酒”。

2. 点火升压时防止炉膛爆炸的方法

（1）点火前：清除炉膛杂质，通风 5～10min。

（2）点燃顺序：送风→火炬→燃料（气、油、煤粉）。

（3）再次点燃：第一次点火未成功再次点燃时先通风，清除可燃物质后再进行点火。

3. 停炉

（1）正常停炉操作要求：停料→停止送风，减少引风；同时，降低负荷，减少上水→（燃气、燃油锅炉停火后）引风 5min 以上。

（2）停炉时打开省煤器旁通烟道，关闭省煤器烟道挡板，但锅炉的进水还要经过省煤器。

（3）降温要求：正常停炉的 4～6h 内应闭紧炉门和烟道挡板。

（4）紧急停炉：立即停止添加燃料和送风，减弱引风；设法熄灭炉膛内的燃料；灭火后即把炉

门、灰门及烟道挡板打开，以加强通风冷却；锅内可以较快降压并更换锅水，锅水冷却至 70℃左右允许排水。因缺水紧急停炉时，严禁给锅炉上水，并不得开启空气阀及安全阀快速降压。

拓展：本考点涉及内容较为细致，锅炉的操作相关内容不易理解，因此需要多看几遍。注意锅炉启动和停炉时的操作要求。此处有两个数据容易混淆，一个是“上水”时需要注意水温最高不超过 90℃；另一个是停炉放水时，温度降至 70℃即可放水。

举一反三

[典型例题 1 · 单选] 为防止锅炉炉膛爆炸，启动燃气锅炉的顺序为（　　）。

A. 送风→点燃火炬→送燃料　　B. 送风→送燃料→点燃火炬

C. 点燃火炬→送风→送燃料　　D. 点燃火炬→送燃料→送风

[解析] 点燃气、油、煤粉炉时，一定要在点火前先进行通风，之后投点火源即点燃火炬，最后送入燃料，以免发生炉膛爆炸事故。

[答案] A

[典型例题 2 · 单选] 某单位由于厂区扩建，新装一个锅炉，新装后的锅炉进行了全面检查，确认锅炉处于完好状态后，启动锅炉。启动锅炉的正确步骤是（　　）。

A. 上水→暖管与并汽→点火升压→烘炉→煮炉

B. 烘炉→煮炉→上水→点火升压→暖管与并汽

C. 上水→点火升压→烘炉→煮炉→暖管与并汽

D. 上水→烘炉→煮炉→点火升压→暖管与并汽

[解析] 锅炉的启动步骤的顺序是“准备上水烘煮，点火暖酒”。

[答案] D

[典型例题 3 · 单选] 正常停炉操作应按规定的次序进行，以免造成锅炉部件的损坏，甚至引发事故。锅炉正常停炉的操作次序应该是（　　）。

A. 先停止燃料的供应，随之停止送风，再减少引风

B. 先停止送风，随之减少引风，再停止燃料供应

C. 先减少引风，随之停止燃料供应，再停止送风

D. 先停止燃料供应，随之减少引风，再停止送风

[解析] 锅炉正常停炉的次序应该是先停燃料供应，随之停止送风，减少引风；与此同时逐渐降低锅炉负荷，相应地减少锅炉上水，但应维持锅炉水位稍高于正常水位。

[答案] A

环球君点拨

在学习此考点的过程中要注重细节，如在启动、停炉的过程中锅炉各个结构件的状态和操作要求。鉴于此考点涉及的锅炉的内容是相对专业的，因此要多理解、多记忆。

扫码听课

考点 3　锅炉事故 [2023、2022、2020、2019、2018、2015、2014]

真题链接

[2023 · 单选] 当锅炉运行燃烧不充分时，部分可燃物随着燃气进入尾部烟道，积存于烟道内部或黏附在尾部受热面上，在一定条件下这些可燃物自行着火后，称为尾部烟道二次燃烧。关于尾

部烟道二次燃烧的说法，正确的是（　　）。

A. 尾部烟道二次燃烧主要发生在燃气锅炉上

B. 尾部烟道二次燃烧易发生在锅炉满负荷工况

C. 尾部烟道二次燃烧易在引风机停转后发生

D. 尾部烟道二次燃烧易在停炉之后不久发生

[解析] 尾部烟道二次燃烧主要发生在燃油锅炉上，选项A错误。当锅炉启动或停炉时，或燃烧不完好时，部分可燃物随着烟气进入尾部烟道，积存于烟道内或黏附在尾部受热面上，在一定条件下这些可燃物自行着火燃烧，选项B、C错误。

[答案] D

[2022・单选] 水质是影响蒸汽锅炉安全的一个重要因素，锅炉在水质不良的情况下长时间运行，可能造成锅炉事故。下列常见的锅炉事故中，可能因水质不良导致的是（　　）。

A. 水击　　B. 锅炉结渣

C. 满水　　D. 汽水共腾

[解析] 形成汽水共腾的原因之一是锅水品质太差。由于给水品质差、排污不当等原因，造成锅水中悬浮物或含盐量太高，碱度过高。由于汽水分离，锅水表面层附近含盐浓度更高，锅水黏度很大，气泡上升阻力增大。在负荷增加、汽化加剧时，大量气泡被黏阻在锅水表面层附近来不及分离出去，形成大量泡沫，使锅水表面上下翻腾。

[答案] D

[2020・单选] 一台正在运行的蒸汽锅炉，运行人员发现锅炉水位表内出现泡沫，汽水界限难以区分，过热蒸汽温度下降，过热蒸汽带水。下列针对该故障采取的处理措施中，正确的是（　　）。

A. 减少给水，同时开启排污阀放水，打开过热器、蒸汽管道上的疏水阀，加强疏水

B. 降低负荷，调小主汽阀，开启过热器、蒸汽管道上的疏水阀，开启排污阀放水，同时给水

C. 降低负荷，关闭给水阀，停止给水，打开省煤器疏水阀，启用省煤器再循环管路

D. 减少给水，降低负荷，开启省煤器再循环管路，开启排污阀放水

[解析] 运行人员发现锅炉水位表内出现泡沫，汽水界限难以区分，过热蒸汽温度下降，过热蒸汽带水，这是汽水共腾的后果。发现汽水共腾时，应减弱燃烧力度，降低负荷，调小主汽阀；加强蒸汽管道和过热器的疏水；全开连续排污阀，并打开定期排污阀放水，同时上水，以改善锅水品质；待水质改善、水位清晰时，可逐渐恢复正常运行。

[答案] B

[2019・单选] 锅炉水位高于水位表最高安全水位刻度的现象，称为锅炉满水。严重满水时，锅水可进入蒸汽管道和过热器，造成水位及过热器堵塞，降低蒸汽品质，损害以致破坏过热器。下列针对锅炉满水的处理措施中，正确的是（　　）。

A. 加强燃烧，开启排污阀及过热器、蒸汽管道上的疏水阀

B. 启动“叫水”程序，判断满水的严重程度

C. 立即停炉，打开主汽阀加强疏水

D. 立即关闭给水阀停止向锅炉上水，启用省煤气再循环管路

[解析] 发现锅炉满水后，应冲洗水位表，检查水位表有无故障；一旦确认满水，应立即关闭

给水阀停止向锅炉上水，启用省煤器再循环管路，减弱燃烧，开启排污阀及过热器、蒸汽管道上的疏水阀；待水位恢复正常后，关闭排污阀及各疏水阀；查清事故原因并予以消除，恢复正常运行。如果满水时出现水击，则在恢复正常水位后，还须检查蒸汽管道、附件、支架等，确定无异常情况，才可恢复正常运行。

[答案] D

真题精解

点题：本系列真题主要考查锅炉事故的类型、特点和处理措施。建议考生掌握不同锅炉事故类型的特征，锅炉缺水事故、满水事故、汽水共腾事故产生的原因、后果和应急措施的内容。

2014 年真题考查汽水共腾产生的原因，与上述 2022 年真题类似，注意区分几种不同事故类型的原因。2018 年、2015 年真题同样考查汽水共腾的处置措施，考查形式类似上述 2020 年真题。

分析：锅炉事故类型较多，经常考查缺水事故、满水事故和汽水共腾事故，其他事故有时作为其中一个选项一并考查。但 2023 年真题单独考查了尾部烟道二次燃烧的内容，该知识点考查频率低，仅以 2023 年真题作为相应补充内容学习即可。

1. 缺水事故

缺水事故的相关内容见表 3-2。

表 3-2 缺水事故

项目	内容	
事故现象	锅炉缺水时，水位表内往往看不到水位，表内发白发亮。缺水发生后，低水位警报器动作并发出警报，过热蒸汽温度升高，给水流量不正常地小于蒸汽流量	
处理措施	轻微缺水	立即向锅炉上水
	严重缺水	必须紧急停炉
注意事项	“叫水”操作方法：打开水位表的放水旋塞冲洗汽连管及水连管，关闭水位表的汽连接管旋塞，关闭放水旋塞。如果此时水位表中有水位出现，为轻微缺水。“叫水”操作一般只适用于相对容水量较大的小型锅炉，不适用于相对容水量很小的电站锅炉或其他锅炉	

2. 满水事故

满水事故的相关内容见表 3-3。

表 3-3 满水事故

项目	内容
事故现象	锅炉满水时，水位表内往往看不到水位，但表内发暗。高水位报警器动作并发出警报，过热蒸汽温度降低，给水流量不正常地大于蒸汽流量
处理措施	应立即关闭给水阀停止向锅炉上水，启用省煤器再循环管路，减弱燃烧，开启排污阀及过热器、蒸汽管道上的疏水阀；待水位恢复正常后，关闭排污阀及各疏水阀
注意事项	严重满水时，锅水可进入蒸汽管道和过热器，造成水击及过热器结垢。满水的主要危害是降低蒸汽品质，损害、破坏过热器

3. 汽水共腾

汽水共腾的相关内容见表 3-4。

表 3-4　汽水共腾

项目	内容
事故现象	发生汽水共腾时，水位表内出现泡沫，水位急剧波动，汽水界线难以分清；过热蒸汽温度急剧下降；严重时，蒸汽管道内发生水冲击
处理措施	发现汽水共腾时，应减弱燃烧力度，降低负荷，关小主汽阀；加强蒸汽管道和过热器的疏水；全开连续排污阀，并打开定期排污阀放水，同时上水，改善锅水品质
原因	（1）锅水品质太差：黏度太高、盐分太高、碱度过高 （2）负荷增加和压力降低过快

4. 其他事故

其他事故的相关内容见表 3-5。

表 3-5　其他事故

项目		内容
锅炉爆管	现象	能听到爆破声，水位降低，蒸汽及给水压力下降，炉膛和烟道中有汽水喷出的声响，给水流量明显大于蒸汽流量
	处理措施	紧急停炉修理
水击事故	现象	水在管道中流动时，因速度突然变化导致压力突然变化，形成压力波并在管道中传播；发生猛烈振动并发出巨大声响
	处理措施	给水管道和省煤器管道的阀门启闭不应过于频繁，开闭要缓慢；对可分式省煤器的出口水温要严格控制，使之低于同压力下的饱和温度 40℃；暖管之前应彻底疏水；上、下锅筒进水、进汽速度也应缓慢
锅炉结渣	处理措施	布置足够的受热面，受热均匀；控制炉膛出口温度，不超过灰渣变形温度；水冷壁间距不要太大，控制火焰中心位置，避免火焰偏斜，均匀控制送煤量，发现结渣及时清除

举一反三

[典型例题 1 · 单选] 当锅炉水位低于水位表最低安全刻度线时，即形成了锅炉缺水事故。下列关于缺水事故现象的描述中，不正确的是（　　）。

A. 低水位报警器动作并发出警报

B. 水位表内看不见水位，水表发黄发暗

C. 过热蒸汽温度升高

D. 给水流量不正常地小于蒸汽流量

[解析] 锅炉缺水时，水位表内往往看不到水位，表内发白发亮。缺水事故发生后，低水位报警器动作并发出警报，过热蒸汽温度升高，给水流量不正常地小于蒸汽流量。

[答案] B

[典型例题 2 · 单选] 下列关于锅炉缺水事故的叙述中，不正确的是（　　）。

A. 锅炉严重缺水会使锅炉蒸发受热面管子过热变形甚至烧塌

B. 锅炉严重缺水会使受热面钢材过热或过烧，降低或丧失承载能力

C. 锅炉缺水应立即上水，防止受热面钢材过热或过烧

D. 相对容水量较大的小型锅炉缺水时，首先判断缺水程度，然后酌情予以不同的处理

[解析] 锅炉缺水时应首先判断是轻微缺水还是严重缺水，然后酌情予以不同的处理，选项C错误。

[答案] C

[典型例题3・单选] 汽水共腾会使蒸汽带水，降低蒸汽品质，造成过热器结垢，损坏过热器或影响用汽设备的安全运行。下列关于汽水共腾事故处理的方法中，不正确的是（　　）。

A. 加大燃烧力度，提升负荷，开大主汽阀

B. 加强蒸汽管道和过热器的疏水

C. 全开排污阀，并打开定期排污阀放水

D. 上水，改善锅水品质

[解析] 汽水共腾的处理方式：发现汽水共腾时，应减弱燃烧力度，降低负荷，关小主汽阀；加强蒸汽管道和过热器的疏水；全开排污阀，并打开定期排污阀放水；同时上水，改善锅水品质。

[答案] A

[典型例题4・单选] 水在管道中流动时，因速度突然变化导致压力突然变化，形成压力波并在管道中传播的现象，叫水击。水击事故的发生对锅炉管道易产生损坏作用，严重时可能造成人员伤亡。下列现象中，由锅炉水击事故造成的是（　　）。

A. 水位表内看不到水位，表面发黄发暗

B. 水位表内出现泡沫，水位急剧波动

C. 听见爆破声，随之水位下降

D. 管道压力骤然升高，发生猛烈震动并发出巨大声响

[解析] 选项A是锅炉满水事故现象；选项B是锅炉汽水共腾事故现象；选项C是锅炉爆管事故现象。

[答案] D

环球君点拨

锅炉事故类型中有些内容容易混淆，对于这种容易混淆的知识点以掌握关键词为主。除了需要掌握锅炉事故类型，还需要将其与之对应的措施区分开来。

第二节　气瓶安全技术

考点1　气瓶概述 [2023、2022、2021、2020、2019、2014]

真题链接

[2022・多选] 根据《瓶装气体分类》（GB/T 16163—2012）和《气瓶安全技术规程》（TSG 23—2021），瓶装气体分类应根据气体在气瓶内的物理状态和临界温度进行分类。关于瓶装气体分类的说法，正确的有（　　）。

A. 压缩气体指在－50℃时加压后完全是气态的气体

B. 低压液化气体指在温度高于65℃时加压后部分是液态的气体

C. 低温液化气体指在温度低于−20°C时加压后完全呈液态的气体

D. 溶解气体指在一定压力、温度下溶解于气瓶内溶剂中的气体

E. 吸附气体指在常温下加压后由吸附剂产生的气体

[解析] 根据《瓶装气体分类》(GB/T 16163—2012)和《气瓶安全技术规程》(TSG 23—2021)的规定,①压缩气体是指在−50℃时加压后完全是气态的气体,包括临界温度(T_c)低于或者等于−50℃的气体,也称永久气体,选项A正确;②高、低压液化气体是指在温度高于−50℃时加压后部分是液态的气体,包括临界温度(T_c)在−50℃~65℃(T_c)的高压液化气体和临界温度(T_c)高于65℃的低压液化气体,选项B错误;③低温液化气体是指在运输过程中由于深冷低温而部分呈液态的气体,临界温度(T_c)一般低于或者等于−50℃,也称深冷液化气体或者冷冻液化气体,选项C错误;④溶解气体是指在一定的压力、温度条件下溶解于气瓶内溶剂中的气体,易分解或聚合的可燃气体,选项D正确;⑤吸附气体是指在一定的压力、温度条件下吸附于吸附剂中的气体,选项E错误。

[答案] AD

[2019・单选] 易熔合金塞装置由钢制塞体及其中心孔中浇铸的易熔合金构成,其工作原理是通过温度控制气瓶内部的温升压力,当气瓶周围发生火灾或遇到其他意外高温达到预订的动作温度时,易熔合金即融化,易熔合金塞装置动作,瓶内气体由此塞孔排出,气瓶泄压。车用压缩天然气气瓶的易熔合金塞装置的动作温度为(　　)。

A. 80℃　　B. 95℃

C. 110℃　　D. 125℃

[解析] 车用压缩天然气气瓶的易熔塞合金装置的动作温度为110℃。

[答案] C

[2021・单选] 气瓶的爆破片装置由爆破片和夹持器等组成,其安装位置应视气瓶的种类而定。无缝气瓶的爆破片装置一般装设在气瓶的(　　)。

A. 瓶颈上　　B. 瓶底上

C. 瓶帽上　　D. 瓶阀上

[解析] 无缝气瓶的爆破片应当装在瓶阀上。

[答案] D

[2021・单选] 根据《气瓶安全技术规程》(TSG 23—2021),关于气瓶公称工作压力的说法,错误的是(　　)。

A. 盛装压缩气体气瓶的公称工作压力,是指在基准温度(20℃)下,瓶内气体达到完全均匀状态时的限定(充)压力

B. 盛装液化气体气瓶的公称工作压力,是指温度为60℃时瓶内气体压力的下限值

C. 盛装溶解气体气瓶的公称工作压力,是指瓶内气体达到化学、热量以及扩散平衡条件下的静置压力(15℃)

D. 低温绝热气瓶的公称工作压力,是指在气瓶正常工作状态下,内胆顶部气相空间可能达到的最高压力

[解析] 根据《气瓶安全技术规程》(TSG 23—2021)的规定,液化气体气瓶应分为高压液化气体气瓶和低压液化气体气瓶。其中高压液化气体气瓶的公称工作压力,是指60℃时气瓶内气体

压力的上限值，低压液化气体气瓶的公称工作压力，是指 60℃时所充装气体的饱和蒸气压。

[答案] B

[2023·多选] 气瓶安全附件是气瓶的重要组成部分，对气瓶安全使用起着非常重要的作用，瓶阀、安全泄压装置、防震圈都属于气瓶安全附件。下列气瓶附件设计及使用的安全要求中，正确的有（　　）。

A. 易熔合金塞结构简单，不得用于固定式压力容器

B. 盛装剧毒或自燃气体的气瓶禁止安装安全泄压装置

C. 安全阀的开启压力应不大于该气瓶的水压试验压力

D. 盛装氧气的气瓶瓶阀出气口螺纹应为左旋

E. 与乙炔接触的瓶阀材料铜含量应小于 85%

[解析] 易熔合金塞这种装置是通过控制温度来控制瓶内的温升压力的，所以也只适用于气瓶，而不是用于固定式容器，选项 A 正确。盛装剧毒气体、自燃气体的气瓶，禁止装设安全泄压装置，选项 B 正确。安全阀的开启压力不小于气瓶水压试验压力的 75%，并且不大于气瓶水压试验压力，选项 C 错误。盛装助燃和不可燃气体瓶阀的出气口螺纹为右旋，可燃气体瓶阀的出气口螺纹为左旋，选项 D 错误。与乙炔接触的瓶阀材料，选用含铜量小于 65% 的铜合金（质量比）；这是因为铜会与乙炔起反应，生成乙炔铜，乙炔铜是一种爆炸性化合物，选项 E 错误。

[答案] AB

[2022·单选] 气瓶安全泄压装置能够在气瓶超压时迅速自动泄放气体，降低压力，以保护气瓶不会因超压而发生爆炸，但有些气瓶不得或不宜装设安全泄压装置。根据《气瓶安全技术规程》(TSG 23—2021)，下列不同用途的气瓶中，不应装设安全泄压装置的是（　　）。

A. 工业用非重复充装焊接气瓶　　B. 车用液化石油气钢瓶

C. 盛装剧毒气体的气瓶　　D. 盛装液氩的低温绝燃气瓶

[解析] 盛装剧毒气体、自燃气体的气瓶，禁止装设安全泄压装置。

[答案] C

[2020·单选] 安全泄压装置是在气瓶超压、超温时迅速泄放气体、降低压力的装置。气瓶的安全泄压装置应根据盛装介质、使用条件等进行选择安装。下列安全泄压装置中，车用压缩天然气气瓶应当选装的是（　　）。

A. 易熔合金塞装置　　B. 爆破片装置

C. 爆破片-易熔合金塞复合装置　　D. 爆破片-安全阀复合装置

[解析] 车用压缩天然气气瓶应当装设爆破片-易熔合金塞复合装置。

[答案] C

真题精解

点题：本系列真题主要考查概述中气瓶的分类、气瓶附件的特点及设置，其中气瓶附件是本考点的重点内容。气瓶安全附件的内容相对专业，理解时有一定的难度，设置的情形较多且容易混淆，因此本考点内容记忆量较大。

2014 年真题考查了气瓶常设置的安全泄压装置——易熔塞，考查形式类似上述 2020 年真题，因此考生要掌握不同形式泄压装置的适用情况。

分析：此处主要介绍气瓶的分类、气瓶附件和安全泄压装置的选用、设置要求的重点内容。

1. 分类

根据《瓶装气体分类》(GB/T 16163—2012)的规定，对气体在瓶内的物理状态和临界温度进行分类总结。

(1) 气体分类。瓶装气体分类见表 3-6。

表 3-6 瓶装气体分类

气体	内容
压缩气体	又称永久气体。-50℃加压后完全属于气体状态
高(低)压液化气体	高于-50℃时加压后部分是液态气体
低温液化气体	由深冷低温导致部分气体呈液态
溶解气体	一定压力、温度下溶解于气瓶内溶剂中的气体
吸附气体	一定压力、温度下吸附于吸附剂中的气体

(2) 气瓶分类。按照不同的分类依据气瓶分类内容不同。

①按照公称容积：小容积气瓶(≤12L)；中容积气瓶(12～150L)；大容积气瓶(>150L)。

②按照用途：工业用气瓶、医用气瓶、燃气气瓶、车用气瓶、呼吸器用气瓶、消防灭火用气瓶。

2. 气瓶附件

气瓶的安全附件主要包括瓶阀、瓶帽、保护罩、安全泄压装置、防震圈等。

(1) 瓶阀：与乙炔接触的瓶阀材料，选用含铜量小于 65%的铜合金(质量比)，防止产生乙炔铜。

(2) 易熔塞。溶解乙炔的易熔合金塞装置，公称动作温度为 100℃。车用压缩天然气气瓶的易熔合金塞装置的动作温度为 110℃。

3. 安全泄压装置的选用、设置要求

(1) 车用气瓶、溶解乙炔气瓶、焊接绝热气瓶、液化气体气瓶集束装置，以及长管拖车和管束式集装箱用大容积气瓶，应当装设安全泄压装置。

(2) 盛装剧毒气体、自燃气体的气瓶，禁止装设安全泄压装置。

(3) 盛装有毒气体的气瓶不应当单独装设安全阀，盛装高压有毒气体的气瓶应当选用爆破片-易熔合金塞复合装置。

(4) 燃气气瓶和氧气、氮气以及惰性气体气瓶，一般不装设安全泄压装置。

(5) 盛装易于分解或者聚合的可燃气体、溶解乙炔气体的气瓶，应当装设易熔合金塞装置。

(6) 盛装液化天然气以及其他可燃气体的低温绝热气瓶内胆，至少装设 2 只安全阀；盛装其他低温液化气体的低温绝热气瓶，应当装设爆破片装置和安全阀。

(7) 无缝气瓶的安全泄压装置，应当装设在瓶阀上。

(8) 焊接气瓶的安全泄压装置，应当单独设置在气瓶封头上或者装设在瓶阀或者阀座上。

(9) 工业用非重复充装焊接钢瓶的爆破片装置，应当焊接在气瓶封头上。

(10) 低温绝热气瓶的安全泄压装置，应当装设在气瓶外壳的封头部位。

(11) 溶解乙炔气瓶安全泄压装置，应当将易熔合金塞装设在气瓶上封头、阀座或者瓶阀上。

(12) 爆破片-易熔合金塞复合装置中的爆破片，应当置于与瓶内介质接触的一侧。

拓展：本考点中安全泄压装置的设置是本考点的难点，相对专业、不易理解，也是考试中的重要考查内容，因此考生应在理解原理的基础上多加掌握安全泄压装置的相关内容。

举一反三

[典型例题1·多选] 气瓶安全附件是气瓶的重要组成部分。下列部件中，属于气瓶安全附件的有（ ）。

A. 易熔塞
B. 瓶阀
C. 瓶帽
D. 防震圈
E. 阻火器

[解析] 气瓶的安全附件主要包括瓶阀、瓶帽、保护罩、安全泄压装置、防震圈等。选项E不是气瓶安全附件。

[答案] ABCD

[典型例题2·单选] 下列有关气瓶安全泄压装置的分类及应用说法中，正确的是（ ）。

A. 易熔塞合金装置结构简单，既适用于气瓶，也适用于固定式容器
B. 永久气体气瓶的爆破片一般装配在气瓶封头上
C. 除剧毒、易燃易爆介质，一般气瓶都安装安全阀
D. 爆破片-易熔塞复合装置一般不会发生误动作，一般适用于对密封性能要求特别严格的气瓶

[解析] 易熔塞合金装置结构简单，是通过控制温度来控制瓶内的温升压力的，只适用于气瓶，不适用于固定式容器，选项A错误。永久气体气瓶的爆破片一般装配在气瓶阀门上，选项B错误。一般气瓶都没有安装安全阀，选项C错误。

[答案] D

[典型例题3·多选] 下列关于易熔塞合金装置应用的说法中，正确的是（ ）。

A. 用于溶解乙炔的易熔塞合金装置，其公称动作温度为100℃
B. 车用压缩天然气气瓶的易熔塞合金装置的动作温度为102.5℃
C. 公称动作温度为70℃的易熔塞合金装置可用于公称工作压力小于3.45MPa的溶解乙炔气瓶
D. 公称动作温度为110℃的易熔塞合金装置用于公称工作压力大于3.45MPa且不大于30MPa的气瓶

[解析] 车用压缩天然气气瓶的易熔塞合金装置的动作温度为110℃，选项B错误。公称动作温度为70℃的易熔塞合金装置用于除溶解乙炔气瓶外的公称工作压力小于或等于3.45MPa的气瓶，选项C错误。公称动作温度为102.5℃的易熔塞合金装置用于公称工作压力大于3.45MPa且不大于30MPa的气瓶，选项D错误。

[答案] A

环球君点拨

此考点内容必须掌握，考试必考。但内容相对专业，很多直接引自规范原文，因此需要多熟悉、记忆。此考点也容易考查超纲内容，因此在掌握常规考点后可多拓展一些其他知识。

考点2 气瓶充装 [2019]

真题链接

[2019·单选] 气瓶充装作业安全是气瓶使用安全的重要环节之一。下列气瓶充装安全要求中，错误的是（　　）。

A. 气瓶充装单位应当按照规定，取得气瓶充装许可

B. 充装高（低）压液化气体，应当对充装量逐瓶复检

C. 除特殊情况下，应当充装本单位自有并已办理使用登记的气瓶

D. 气瓶充装单位不得对气瓶充装混合气体

[解析] 根据《特种设备生产和充装单位许可规则》（TSG 07—2019）的规定，充装混合气体应符合相应规定，例如，应当采取加温、抽真空等方式进行预处理；根据混合气体的每一气体组分性质，确定各种气体组分的充装顺序；在充装每一气体组分之前，应用待充气体对充装配制系统管道进行置换，选项D错误。

[答案] D

真题精解

点题：本考点主要考查气瓶充装的管理要求、充装作业规定。本考点内容相对较少，考查方向比较明确，如气瓶充装应满足相关资质的要求、充装气瓶应满足的要求，充装检查与记录的内容，充装压缩气体、溶解乙炔、混合气体的要求。

分析：气瓶充装的管理要求、充装作业规定的内容如下。

（1）气瓶充装管理：气瓶充装单位须按规定申请办理气瓶使用登记。充装作业人员具有相应资格，才可从事气瓶充装及检查工作。

（2）气瓶充装要求：充装单位应在充装检查合格的气瓶上，粘贴产品合格标签，制作操作规程，建立电子档案进行记录。

（3）严禁充装未经定期检验合格、非法改装、翻新、报废的气瓶。

（4）严禁充装的气瓶：

①出厂标志、颜色标记不符合规定，瓶内介质未确认。

②气瓶附件损坏、不全或者不符合规定。

③气瓶内无剩余压力。

④超过检验期限。

⑤外观存在明显损伤，需检查确认能否使用。

⑥充装氧化或者强氧化性气体气瓶沾有油脂。

⑦充装可燃气体的新气瓶首次充装或者定期检验后的首次充装，未经过置换或者抽真空处理。

（5）当氢气中含氧量或者氧气中含氢量超过0.5%（体积比）时，应当停止充装作业，同时查明原因并采取有效措施进行处置，防止爆炸事故的发生。

（6）充装溶解乙炔。

①溶解乙炔气体充装量以及乙炔气体与溶剂的质量比，应当符合相关标准的要求。

②充装前，充装单位应当按照相关标准的要求测定溶剂补加量，对于溶剂量未满足相关标准要求的，应当补加。

③溶解乙炔气体充装过程中，气瓶瓶壁温度不得超过40℃，充装溶解乙炔气体的容积流速应当小于0.015mm³/（h·L）。

④溶解乙炔气体充装应当采取多次充装的方式进行，每次充装间隔时间不少于8h，静置8h后的气瓶压力符合相关标准的要求时，方可再次充装。

举一反三

[典型例题1·单选] 气瓶的充装过程，需要遵守相关安全规定。下列关于气瓶充装安全要求的说法中，正确的是（　　）。

A. 充装人员经过培训即可上岗，进行气瓶充装作业和检查工作

B. 气瓶充装单位应当在自有产权或者托管的气瓶上粘贴气瓶警示标签

C. 超期未检气瓶、改装气瓶、翻新气瓶和报废气瓶未经技术鉴定合格严禁充装

D. 报废的气瓶完好无损经批准后可进行充装使用

[解析] 充装作业人员应在取得相应资格后进行充装作业工作和检查工作，选项A错误。严禁充装超期未检气瓶、改装气瓶、翻新气瓶和报废气瓶，选项C错误。报废的气瓶严禁充装，选项D错误。

[答案] B

[典型例题2·单选] 下列不属于气瓶严禁充装的情形是（　　）。

A. 气瓶附件损坏　　B. 气瓶内无剩余压力

C. 气瓶未超过检验期限　　D. 瓶内介质不确定

[解析] 气瓶超过检验期限禁止充装，选项C错误。

[答案] C

[典型例题3·单选] 气瓶充装作业中当氢气中含氧量（体积比）超过（　　）时，应当停止充装作业。

A. 0.5%　　B. 1%

C. 5%　　D. 10%

[解析] 充装过程中当氢气中含氧量超过0.5%（体积比）时，需要停止充装作业。

[答案] A

环球君点拨

本考点相对简单，考试时可以与气瓶的相关知识点综合考查，因此建议考生对本考点中的重要内容进行记忆掌握。

考点3　充装站对气瓶的日常管理 [2023、2022、2021、2020]

真题链接

[2023·单选] 气瓶的吊装运输应严格执行相关规定和要求，避免在吊运过程中发生事故。下列气瓶吊运方式中，符合安全要求的是（　　）。

A. 使用起重设备吊运气瓶　　B. 使用金属链绳捆绑吊运气瓶

C. 利用气瓶瓶帽吊运气瓶　　D. 使用专用翻斗车搬运气瓶

[解析] 吊运气瓶应做到：①将散装瓶装入集装箱内，固定好气瓶，用机械起重设备吊运；

②不得使用电磁起重机吊运气瓶；③不得使用金属链绳捆绑后吊运气瓶；④不得吊气瓶瓶帽吊运气瓶。严禁用叉车、翻斗车或铲车搬运气瓶。

[答案] A

[2022·单选] 气瓶的装卸、运输、储存、保管和发送等环节都必须建立安全管理制度。气瓶装运人员都应掌握气体的基础知识以及相应消防器材和防护器材的用法。关于气瓶装卸及运输环节安全要求的说法，错误的是（　　）。

A. 运输前应检查气瓶是否配有瓶嘴、防震圈

B. 运送过程中严禁肩扛、背驮、怀抱等，需要升高或降低气瓶时应二人同时操作

C. 气瓶吊运时，不得用金属链绳捆绑氧气瓶

D. 使用叉车、翻斗车和铲车搬运气瓶时，必须严格执行双人监督、单人指挥制度

[解析] 严禁用叉车、翻斗车或铲车搬运气瓶，选项D错误。

[答案] D

[2021·单选] 气瓶入库时，应按照气体的性质、公称工作压力及空、实瓶等进行分类分库存放，并设置明确标志。下列气瓶中，可与氢气瓶同库存放的是（　　）。

A. 氨气瓶　　B. 氮气瓶

C. 氧气瓶　　D. 乙炔气瓶

[解析] 可燃气体的气瓶不可与氧化性气体气瓶同库存放，氢气不准与笑气、氨、氯乙烷、环氧乙烷、乙炔等同库。

[答案] B

[2020·多选] 气瓶入库应按照气体的性质、公称工作压力及空、实瓶严格分类存放，并应有明确的标志。盛装下列物质的气瓶中，不能与氢气瓶同库贮存的有（　　）。

A. 氯乙烷　　B. 二氧化碳

C. 氨　　D. 乙炔

E. 环氧乙烷

[解析] 气瓶入库应按照气体的性质、公称工作压力及空实瓶严格分类存放，应有明确的标志。可燃气体的气瓶不可与氧化性气体气瓶同库存放；氢气不准与笑气、氨、氯乙烷、环氧乙烷、乙炔等同库。

[答案] ACDE

[2020·单选] 运输散装直立气瓶时，运输车辆应具有固定气瓶的相应装置并确保气瓶处于直立状态，气瓶高出车辆栏板部分不应大于气瓶高度的（　　）。

A. 1/2　　B. 1/3

C. 1/5　　D. 1/4

[解析] 运输车辆应具有固定气瓶的相应装置，散装直立气瓶高出栏板部分不应大于气瓶高度的1/4。

[答案] D

真题精解

点题：本系列真题主要考查充装站对气瓶的日常管理中气瓶运输管理的要求、气瓶贮存和保管的要求。气瓶运输管理的要求相对简单，属于常识、通识类知识点。气瓶贮存和保管的要求中需重

点掌握“相抵触”气瓶的类型，禁止共存、共运的介质。本考点中气瓶报废的内容尚未考查过，但仍需注意。

分析：气瓶管理的要求如下。

(1) 运送要求：

①气瓶轻装、轻卸。

②严禁抛、滑、滚、碰。

③严禁拖拽、随地平滚、顺坡横或竖滑下或用脚踢；严禁肩扛、背驮、怀抱、臂挟、托举等。当人工将气瓶向高处举放或气瓶从高处落地时必须二人同时操作。

(2) 吊运要求：

①将散装瓶装入集装箱内，固定好气瓶，用机械起重设备吊运。

②不得使用电磁起重机吊运气瓶。

③不得使用金属链绳捆绑后吊运气瓶。

④不得吊气瓶瓶帽吊运气瓶。

(3) 禁用车辆：严禁用叉车、翻斗车或铲车搬运气瓶。严禁用自卸汽车、挂车或长途客运汽车运送气瓶，同时也不准许装运气瓶的货车载客。

(4) 在运输车上要求：

①氧气瓶不可与可燃气体气瓶同车。

②运输车辆应具有固定气瓶的相应装置，散装直立气瓶高出栏板部分不应大于气瓶高度的1/4。

③运输气瓶的车上严禁烟火。

④夏季时气瓶要防晒。

(5) 运输人员要求：严禁在机关单位、居民密集处、超市闹市区及学校等处停车。运输车停靠时，司机和押运员不得同时离开车辆。

(6) 可燃气体的气瓶不可与氧化性气体气瓶同库存放；氢气不准与笑气、氨、氯乙烷、环氧乙烷、乙炔等同库。

(7) 气瓶的库房应与其他建筑物保持一定的距离，应为单层建筑，墙壁及屋顶的建筑材料应为防火材料。

(8) 气瓶放置应整齐，并佩戴瓶帽，立放时，应有防倾倒措施；横放时，头部朝向一方。

拓展：本考点内容相对简单。气瓶贮存、运输中需要注意介质是否能相互发生反应，可以结合第四章中易燃易爆物质的内容对比学习，二者可以综合考查，主要要求考生能区分介质的燃爆性质。

举一反三

[典型例题 1 · 单选] 下列关于气瓶装卸运输注意事项的说法中，正确的是（　　）。

A. 当人工将气瓶向高处举放或气瓶从高处落地时必须两人同时操作

B. 使用电磁起重机吊运气瓶时，不得使用金属链绳捆绑，应当将散装瓶装入集装箱内并固定好，方可吊运

C. 运输车辆应具有固定气瓶的相应装置，散装直立气瓶高出栏板部分不应大于气瓶高度的 1/3

D. 乙炔和液化石油气气瓶同车运输时，应当使用专用车辆并做好安全防护措施

[解析] 不得使用电磁起重机吊运气瓶，选项B错误。直立气瓶高出栏板部分不应大于气瓶高度的1/4，选项C错误。乙炔气瓶和液化石油气气瓶严禁同车运输，以免发生燃爆事故，选项D错误。

[答案] A

[典型例题2·单选] 下列关于气瓶贮存及保管安全要求的说法中，错误的是（　　）。

A. 气瓶瓶库冬季集中供暖库房可采用电热器取暖

B. 氢气气瓶不准与笑气、乙炔等同库

C. 气瓶应当遵循“先入库先发出”的原则

D. 气瓶横放时头部朝向一个方向

[解析] 气瓶库房中严禁采用煤炉、电热器取暖，选项A错误。

[答案] A

[典型例题3·多选] 下列关于气瓶充装、日常管理规定的说法中，错误的是（　　）。

A. 采用电解法制取氢气、氧气的充装单位，当氢气中含氧超过0.1%（体积比）时，严禁充装

B. 气瓶放置应整齐，并佩戴瓶帽，立放时应有防倾倒措施

C. 气瓶运输过程中可以用专业叉车进行运输并符合相关规定

D. 充装混合气体前，应当根据混合气体的每一气体组分性质，确定各种气体组分的充装顺序

E. 气体充装前，必须能够保证防止可燃气体与助燃气体或者不相容气体的错装，无法保证时严禁充装

[解析] 采用电解法制取氢气、氧气的充装单位，当氢气中含氧或者氧气中含氢超过0.5%（体积比）时，严禁充装，选项A错误。气瓶在搬运时禁止使用叉车、翻斗车或铲车，选项C错误。气体充装前，必须能够保证防止可燃气体与助燃气体或者不相容气体的错装，无法保证时应当先进行抽空再进行充装而非禁止充装，选项E错误。

[答案] ACE

环球君点拨

此考点内容相对简单，在考试中此类考点属于必须拿分的考点，建议考生多熟悉并掌握禁止共贮、共运介质的有关内容。

第三节　压力容器安全技术

考点1　压力容器基础知识 [2021、2019]

真题链接

[2021·单选] 按照在生产流程中的作用，压力容器可分为反应压力容器、换热压力容器、分离压力容器和储存压力容器四类。下列容器中，属于反应压力容器的是（　　）。

A. 聚合釜　　B. 洗涤塔

C. 蒸发器　　D. 烘缸

[解析] 聚合釜属于反应压力容器，洗涤塔属于分离压力容器，蒸发器属于换热压力容器，烘缸属于储存压力容器。

[答案] A

[2019·单选] 压力容器，一般泛指在工业生产中盛装用于完成反应、传质、传热、分离和储存等生产工艺过程的气体或液体，并能承载一定压力的密闭设备。压力容器的种类和型（形）式有很多，分类方法也有很多。根据压力容器在生产中作用的分类，石油化工装置中的吸收塔属于（ ）。

A. 反应压力容器　　B. 换热压力容器

C. 分离压力容器　　D. 储存压力容器

[解析] 吸收塔属于分离压力容器的一种，选项C正确。

[答案] C

真题精解

点题：本考点主要考查压力容器基础知识的分类，根据不同的分类标准，压力容器有不同的类型。考试时多考查对应关系，即根据不同的分类标准，选出压力容器对应的类型。因此需要精准记忆。

分析：掌握不同分类标准下压力容器的类型。

(1) 根据压力等级的不同，压力容器的类型见表3-7。

表3-7 压力容器的类型（根据压力等级的不同）

压力容器类型	压力等级
低压容器	[0.1，1.6）MPa
中压容器	[1.6，10.0）MPa
高压容器	[10.0，100.0）MPa
超高压容器	[100.0，+∞）MPa

掌握压力等级区分的标准，考试时可以考查相应数据。

(2) 根据容器在生产中作用的不同，压力容器的类型见表3-8。

表3-8 压力容器的类型（根据容器在生产中作用的不同）

压力容器类型	举例
反应压力容器	反应器、反应釜、聚合釜、合成塔、变换炉、煤气发生炉
换热压力容器	热交换器、冷却器、冷凝器、蒸发器等
分离压力容器	分离器、过滤器、集油器、洗涤器、吸收塔、干燥塔、汽提塔、分汽缸、除氧器
储存压力容器	各种型式的储罐、缓冲罐、消毒锅、印染机、烘缸、蒸锅

重点掌握具体压力容器的名称，能够根据名称对应其归属类型。

(3) 根据《固定式压力容器安全技术监察规程》（TSG 21—2016）将压力容器划分为三类（Ⅰ、Ⅱ、Ⅲ类）。

首先，根据介质的不同分为两组：

①第一组：毒性程度为极度危害、高度危害的化学介质，易爆介质，液化气体。

②第二组：由除第一组以外的介质组成，如毒性程度为中度危害以下的化学介质，包括水蒸气、氮气等。

其次，根据介质的压力、容积找出对应的坐标点，确认容器的类别。需要注意的是，在找坐标

第三章

时要根据介质的不同找对正确的图进行对应，如图 3-1 所示。

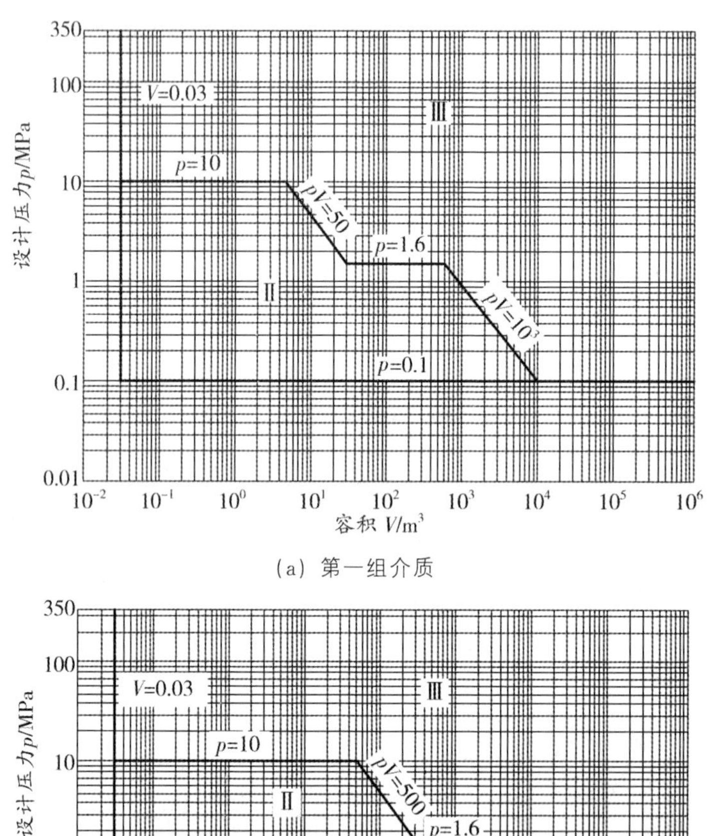

(a) 第一组介质

(b) 第二组介质

图 3-1 压力容器分类图（《固定式压力容器安全技术监察规程》(TSG 21—2016)）

拓展：有关压力容器分类的题目一定看清楚采用哪种分类标准，做到分类标准与分类的内容一一对应。压力容器的分类尚未考查过，但也是一个重要知识点，需要掌握。

举一反三

[典型例题 1 · 多选] 压力容器的种类有很多，分类方法也有很多。下列关于压力容器分类的说法中，正确的是（　　）。

A. 设计压力为 1.6MPa≤p≤10.0MPa 的压力容器为低压压力容器

B. 设计压力为 10.0MPa≤p≤100.0MPa 的压力容器为低压压力容器

C. 蒸发器、吸收塔属于换热压力容器

D. 过滤器、干燥塔属于分离压力容器

[解析] 设计压力为 1.6MPa≤p<10.0MPa 的压力容器为中压压力容器，选项 A 错误。设计压力为 10.0MPa≤p<100.0MPa 的压力容器为高压压力容器，选项 B 错误。吸收塔属于分离压力容器，选项 C 错误。

[答案] D

[典型例题 2 · 单选] 压力容器有众多分类方法：按照压力等级、在生产中的作用分类等。下列压力容器中属于分离压力容器的是（　　）。

A. 合成塔　　B. 洗涤器　　C. 缓冲罐　　D. 消毒锅

[解析] 合成塔属于反应压力容器，选项不符合题意。缓冲罐和消毒锅属于储存压力容器，故选项 C、D 不符合题意。

[答案] B

[典型例题 3 · 多选] 为便于安全监察、使用管理和检验检测，需将压力容器进行分类，某压力容器盛装介质为氮气，压力为 10MPa，容积为 10m³。根据《固定式压力容器安全技术监察规程》(TSG 21—2016）的压力容器分类图（下图），该压力容器属于（　　）。

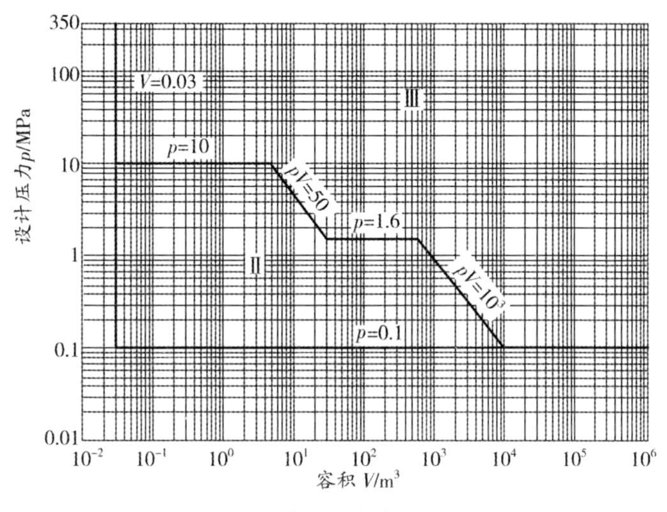

第一组介质

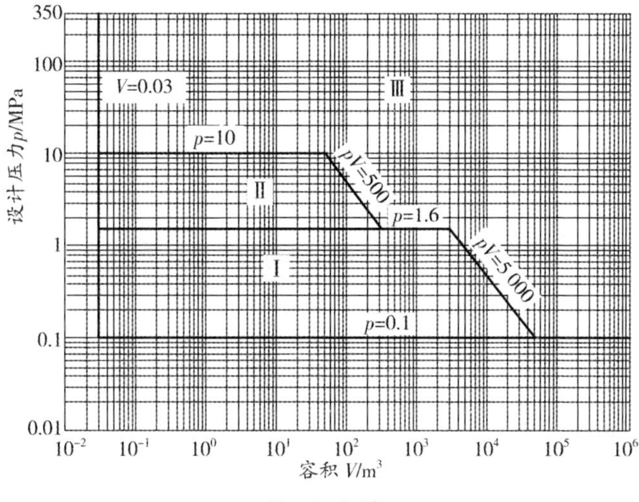

第二组介质

A. Ⅰ类　　　　B. Ⅱ类

C. Ⅲ类　　　　D. Ⅱ类或Ⅲ类

［解析］根据题干可知介质为氮气，因此属于第二组介质。根据压力容器的压力为10MPa，容积为$10m^3$，在图上对应坐标（下图标出位置）可得出该压力容器为Ⅲ类。

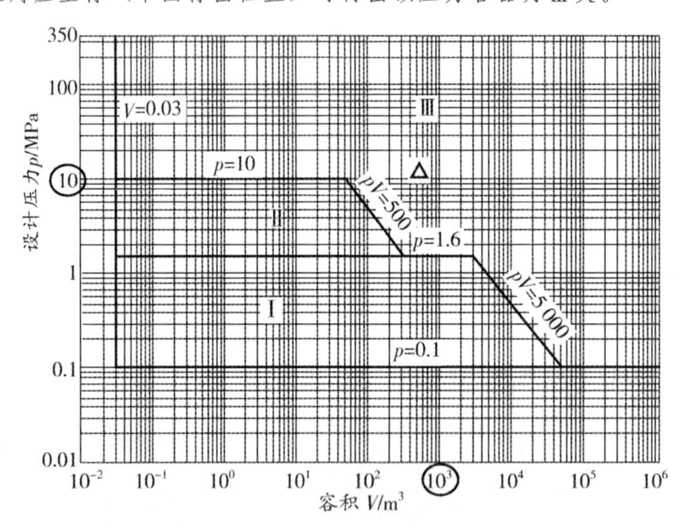

［答案］C

环球君点拨

此考点属于基础考点，内容相对细致，需要对数据、具体压力容器的作用有所了解，因此在学习此考点时应多看几遍，做到记忆精准并一一对应。

考点2 压力容器安全附件、仪表及安全技术［2023、2021、2019、2015］

真题链接

［2023·单选］有些工作介质只有在某种特定条件下才会对压力容器的材料产生腐蚀，因此，应消除这种能引起腐蚀的特别是应力腐蚀的条件。下列为防止碳钢压力容器腐蚀采取的措施中，正确的是（　　）。

A. 介质中含有H_2S时，增加含水量形成湿H_2S环境

B. 对于CO气体介质，采取低温、加湿等措施

C. 盛装O_2的压力容器，要经常排放容器中的积水

D. 介质中含有稀碱液的容器，尽量采取措施使稀液浓缩

［解析］碳钢容器的碱脆需要具备温度、拉伸应力和较高的碱液浓度等条件，之中含有稀碱液的容器，必须采取措施消除使稀液浓缩的条件，如接缝渗漏，器壁粗糙或存在铁锈等多孔性物质等，选项A、D错误。一氧化碳气体只有在含有水分的情况下才可能对钢制容器产生应力腐蚀，应尽量采取干燥、过滤等措施，选项B错误。盛装氧气的容器，常因底部积水造成水和氧气交界面的严重腐蚀，要防止这种腐蚀，最好使氧气经过干燥，或在使用中经常排放容器中的积水，选项C正确。

［答案］C

[2021·多选] 安全阀和爆破片是压力容器最常用的安全泄压装置，可以单独或组合使用。安全阀出口侧串联安装爆破片装置时，应满足的条件有（　　）。

A. 容器和系统内介质洁净，不含胶着物质或阻塞物质

B. 安全阀与爆破片装置之间设置放空管或者排污管

C. 爆破片的泄放面积不大于安全阀的进口面积

D. 爆破片的最小爆破压力不得大于容器的工作压力

E. 当安全阀与爆破片之间产生背压时安全阀仍能准确开启

[解析] 爆破片的泄放面积不得小于安全阀的进口面积，同时应保证爆破片破裂的碎片不影响安全阀的正常动作，选项C错误。爆破片的最小爆破压力不得小于该容器的工作压力，选项D错误。

[答案] ABE

[2019·单选] 由安全阀和爆破片组合构成的压力容器安全附件，一般采用并联或串联安装安全阀和爆破片。当安全阀与爆破片装置并联组合时，爆破片的标定爆破压力不得超过压力容器的（　　）。

A. 工作压力　　B. 设计压力

C. 最高工作压力　　D. 爆破压力

[解析] 安全阀和爆破片装置并联组合时，爆破片的标定爆破压力不得超过容器的设计压力。安全阀的开启压力应略低于爆破片的标定爆破压力。

[答案] B

[2019·单选] 压力容器专职操作人员在容器运行期间应经常检查容器的工作状况，发现其不正常状态并进行针对性处置。下列对压力容器的检查项目，不属于运行期间检查的项目是（　　）。

A. 容器、连接管道的振动情况

B. 容器工作介质的化学组成

C. 容器材质劣化情况

D. 容器安全附件的完好状态

[解析] 对运行中的容器进行检查，包括工艺条件、设备状况以及安全装置等方面。在工艺条件方面，主要检查操作压力、操作温度、液位是否在安全操作规程规定的范围内，容器工作介质的化学组成，特别是那些影响容器安全（如产生应力腐蚀、使压力升高等）的成分是否符合要求，选项B正确。在设备状况方面，主要检查各连接部位有无泄漏、渗漏现象，容器的部件和附件、有无塑性变形、腐蚀以及其他缺陷或可疑迹象，容器及其连接管道有无振动、磨损等现象，选项A正确。在安全装置方面，主要检查安全装置以及与安全有关的计量器具是否保持完好状态，选项D正确。

[答案] C

真题精解

点题：本考点主要考查压力容器中安全附件的内容，尤其是安全附件装设要求、安全阀与爆破片装置组合装设时的要求、压力容器在使用过程中安全技术要求的内容。其中，安全阀与爆破片装置组合的内容与其他特种设备涉及安全阀、爆破片的内容，可以对比学习并掌握。

2015 年真题考查了安全阀与爆破片的组合设置，类似上述 2019 年真题。

分析：压力容器中涉及的安全附件和压力容器使用安全技术要求如下。

1. 压力容器中涉及的安全附件

压力容器中的安全附件包括安全阀、爆破片、爆破帽、易熔塞、紧急切断阀。需重点掌握安全阀、爆破片的安装要求。

(1) 安全阀的整定压力一般不大于该压力容器的设计压力。

(2) 压力容器上爆破片的设计爆破压力一般不大于该容器的设计压力，并且爆破片的最小爆破压力不得小于该容器的工作压力。

(3) 安全阀、爆破片的排放能力，应当大于或者等于压力容器的安全泄放量。

(4) 安全阀与爆破片组合装设的要求，见表 3-9。

表 3-9 安全阀与爆破片组合装设的要求

类型	具体要求
安全阀进口和容器之间串联安装爆破片装置	(1) 爆破片破裂后的泄放面积应不小于安全阀进口面积，同时应保证爆破片破裂的碎片不影响安全阀的正常动作 (2) 爆破片装置与安全阀之间应装设压力表、旋塞、排气孔或报警指示器，以检查爆破片是否破裂或渗漏
安全阀出口侧串联安装爆破片装置	(1) 爆破片的泄放面积不得小于安全阀的进口面积 (2) 安全阀与爆破片装置之间应设置放空管或排污管，以防止该空间的压力累积 (3) 当安全阀与爆破片之间存在背压时，阀仍能在开启压力下准确开启

2. 压力容器使用安全技术要求

(1) 操作平稳、防止超载。

(2) 对运行中的容器进行检查，包括工艺条件、设备状况以及安全装置等方面。在工艺条件方面，主要检查操作压力、操作温度、液位是否在安全操作规程规定的范围内，容器工作介质的化学组成，特别是那些影响容器安全（如产生应力腐蚀、使压力升高等）的成分是否符合要求。

在设备状况方面，主要检查各连接部位有无泄漏、渗漏现象，容器的部件和附件有无塑性变形、腐蚀以及其他缺陷或可疑迹象，容器及其连接管道有无振动、磨损等现象。

(3) 紧急停止运行：容器的操作压力或壁温超过安全操作规程规定的极限值，而且采取措施仍无法控制，并有继续恶化的趋势；容器的承压部件出现裂纹、鼓包变形、焊缝或可拆连接处泄漏等危及容器安全的迹象；安全装置全部失效，连接管件断裂，紧固件损坏等，难以保证安全操作；操作岗位发生火灾，威胁到容器的安全操作；高压容器的信号孔或警报孔泄漏。

拓展：本考点不属于高频考点，有些内容与其他特种设备的内容相通，因此建议考生重点掌握压力容器特有的知识点。

举一反三

[典型例题 1 · 多选] 下列有关爆破片和安全阀的说法中，正确的是（　　）。

A. 安全阀的整定压力一般不大于该压力容器的设计压力

B. 压力容器上爆破片的设计爆破压力一般不小于该容器的设计压力

C. 安全阀与爆破片装置并联组合时，安全阀的开启压力应略高于爆破片的标定爆破压力

D. 安全阀出口侧串联安装爆破片装置时，爆破片的泄放面积不得大于安全阀的进口面积

[解析] 压力容器上爆破片的设计爆破压力一般不大于该容器的设计压力，并且爆破片的最小爆破压力不得小于该容器的工作压力，选项B错误。安全阀与爆破片装置并联组合时，爆破片的标定爆破压力不得超过容器的设计压力，安全阀的开启压力应略低于爆破片的标定爆破压力，选项C错误。当安全阀出口侧串联安装爆破片装置时，爆破片的泄放面积不得小于安全阀的进口面积，选项D错误。

[答案] A

[典型例题2 · 单选] 下列关于安全阀、爆破片组合设置要求的说法中，正确的是（ ）。

A. 安全阀与爆破片装置并联组合，爆破片的标定爆破压力应略高于安全阀的开启压力

B. 安全阀出口侧串联爆破片时，容器内介质可含有胶着物质

C. 安全阀出口侧串联安装爆破片装置，安全阀与爆破片之间不得存在背压

D. 安全阀出口侧串联安装爆破片装置，爆破片的泄放面积不得大于安全阀的进口面积

[解析] 安全阀与爆破片装置并联组合时，爆破片的标定爆破压力不得超过容器的设计压力，安全阀的开启压力应略低于爆破片的标定爆破压力，选项A正确。当安全阀出口侧串联安装爆破片装置时，容器内的介质应是洁净的，不含有胶着物质或阻塞物质；当安全阀与爆破片之间存在背压时，阀仍能在开启压力下准确开启；爆破片的泄放面积不得小于安全阀的进口面积，选项B、C、D错误。

[答案] A

环球君点拨

此考点内容重在理解，在理解安全附件原理的基础上进行掌握就会相对容易。

第四节 压力管道安全技术

考点1 压力管道基础知识 [2022、2021]

真题链接

[2021 · 多选] 根据《压力管道安全技术监察规程——工业管道》（TSG D0001—2009），压力管道由压力管道元件和附属设施等组成。下列压力管道系统涉及的器件中，属于压力管道元件的有（ ）。

A. 阀门

B. 过滤器

C. 管道支吊架

D. 密封件

E. 阴极保护装置

[解析] 压力管道元件一般分为管子、管件（弯头、异径接头、三通、法兰、管帽）、阀门、补偿器、连接件、密封件、附属部件（疏水器、过滤器、分离器、除污器、凝水缸、缓冲器等）、支吊架等。

[答案] ABCD

[2022 · 单选] 某炼化企业新建石化生产系统中的两条管线参数见下表。根据压力管道的分类

原则，这两条管线类别及级别分别为（　　）。

序号	介质	材质	规格/mm	厚度/mm	设计压力/MPa	设计温度/℃
1	蒸汽	20号钢	DN300	21	4.5	450
2	液化乙烯	0Cr18Ni9	DN150	10	2.1	－105

A. GB2，GC1　　B. GCD，GC2

C. GCD，GC1　　D. GC1，GC2

[解析] 输送流体介质并且设计压力大于或者等于10.0MPa，或者设计压力大于或者等于4.0MPa并且设计温度大于或者等于400℃的管道属于GC1管道。除GC3级管道外，介质毒性危害程度、火灾危险性（可燃性）、设计压力和设计温度小于GC1级管道的工业管道为GC2级。

[答案] D

真题精解

点题：本考点主要考查压力管道的基础知识，例如，根据压力管道的概念考查压力管道的结构组成，根据不同的分类参数考查压力管道的分类。通过上述2022年真题可以看出，此部分内容趋向于考查应用，因此要在掌握内容的基础上灵活运用到实践中。

分析：掌握不同分类标准下压力管道的类型。

1. 按介质温度分类

包括高温管道（＞200℃）、常温管道（－29℃～200℃）、低温管道（＜－29℃）。

2. 按管道用途分类

压力管道包括长输油气管道、城镇燃气管道、热力管道、工业管道（包括工艺管道、公用工程管道）、动力管道、制冷管道。

3. 安全监督管理分类

压力管道包括长输管道（GA类）、公用管道（GB类）、工业管道（GC类）。

（1）长输管道（GA类）：GA1级、GA2级。

①GA1级包括：

a. 输送有毒、可燃、易爆气体介质，最高工作压力大于4.0MPa的长输管道。

b. 输送有毒、可燃、易爆液体介质，最高工作压力大于6.4MPa，且输送距离大于或者等于200km的长输管道。

②GA1级以外的长输管道为GA2级。

（2）公用管道（GB类）：GB1级、GB2级。

①GB1级：城镇燃气管道。

②GB2级：城镇热力管道。

（3）工业管道（GC类）：GC1级、GC2级、GC3级。

①GC1级：

a. 输送《职业性接触毒物危害程度分级》（GBZ 230—2010）中规定的毒性程度为极度危害介质、高度危害气体介质和工作温度高于其标准沸点的高度危害液体介质的管道。

b. 输送《石油化工企业设计防火标准》（GB 50160—2008）（2018年版）及《建筑设计防火规范》（GB 50016—2014）（2018年版）中规定的火灾危险性为甲、乙类可燃气体或者甲类可燃液体

(包括液化烃),并且设计压力大于或者等于4.0MPa的管道。

c. 输送流体介质并且设计压力大于或者等于10.0MPa,或者设计压力大于或者等于4.0MPa并且设计温度大于或者等于400℃的管道。

②GC2级:除GC3级管道外,介质毒性危害程度、火灾危险性(可燃性)、设计压力和设计温度小于GC1级管道的工业管道为GC2级。

③GC3级:输送无毒、非可燃流体介质,设计压力小于或者等于1.0MPa,并且设计温度大于−20℃但小于185℃的工业管道为GC3级。

拓展:本考点属于基础考点,重点掌握压力管道数据的划分,区分与压力容器的相关内容。

举一反三

[典型例题1·多选]根据《压力管道安全技术监察规程——工业管道》(TSGD 0001)的规定,设计工作压力为1.5MPa的压力管道应划分为( )。

A. 低压管道 B. 中压管道 C. 高压管道 D. 超高压管道

[解析]管道压力小于1.6MPa的压力管道属于低压管道。

[答案]A

[典型例题2·单选]根据《压力管道安全技术监察规程——工业管道》(TSGD 0001)的规定,下列管道类别中不属于压力管道按照安全管理分类的是( )。

A. 长输管道 B. 公用管道 C. 工业管道 D. 民用管道

[解析]按安全监督管理分类,压力管道可分为长输管道(GA类)、公用管道(GB类)、工业管道(GC类)。

[答案]D

环球君点拨

建议考生重点掌握此考点中的数字内容,在掌握数字内容的基础上灵活运用。

考点2 压力管道安全技术及事故 [2021、2019]

真题链接

[2021·多选]压力管道的安全操作,维护保养和故障处理是影响管道安全的重要因素。关于压力管道使用和维护安全技术的说法,正确的有( )。

A. 高温管道在开工升温过程中需进行热紧

B. 低温管道在开工降温过程中需进行冷紧

C. 进行焊接时,可将管道或支架作为电焊的地线

D. 管道接头发生泄漏时,不得带压紧固连接件

E. 巡回检查项目应包括静电跨接、静电接地状况

[解析]禁止将管道及支架作为电焊的零线或起重工具的锚点和撬抬重物的支撑点,选项C错误。

[答案]ABDE

[2019·单选]材料在一定的高温环境下长期使用,所受到的拉应力低于该温度下的屈服会随时间的延长而发生缓慢持续的伸长,即蠕变现象。材料长期发生蠕变会导致性能下降或产生蠕变裂

纹，最终造成破坏失效。关于管道材料蠕变失效的说法，错误的是（　　）。

A. 管道在长度方向有明显的变形　　B. 蠕变断口表面被氧化层覆盖

C. 管道焊缝熔合线处蠕变开裂　　D. 管道在运行中沿轴向开裂

[解析] 蠕变断口可能因长期在高温下被氧化或腐蚀，表面被氧化层或其他腐蚀物覆盖。宏观上还有一个重要特征，即因长期蠕变，致使管道在直径方向（而非长度方向）有一明显的变形，选项 A 错误。

[答案] A

真题精解

点题：本系列真题主要考查压力管道的安全技术、管道事故类型及处置措施。压力管道使用安全技术中要重点掌握压力管道的安全操作、压力管道的维护保养，压力管道事故中重点掌握典型压力管道事故及预防。

分析：此处主要介绍压力管道安全操作要求、压力管道维护保养、压力管道事故类型及预防措施的重点内容。

1. 压力管道安全操作要求

压力管道操作过程中，操作人员应严格控制工艺指标，正确操作，严禁超压、超温运行；加载和卸载速度不能太快；高温或低温（−20℃以下）条件下工作的管道，加热或冷却应缓慢进行；开工升温过程中，高温管道需对管道法兰连接螺栓进行热紧，低温管道需进行冷紧；管道运行时应尽量避免压力和温度的大幅波动；尽量减少管道开停次数。

2. 压力管道维护保养

（1）经常检查管道的腐蚀防护系统，确保管道腐蚀防护系统有效。

（2）定期检查紧固螺栓完好状况，做到数量齐全、不锈蚀、丝扣完整，连接可靠。

（3）静电跨接和接地装置要保持良好完整，及时消除缺陷，防止故障发生。

（4）及时消除跑、冒、滴、漏。

（5）管道的底部和弯曲处是系统的薄弱环节，最易发生腐蚀和磨损，因此必须经常对这些部位进行检查，发现损坏时，应及时采取修理措施。

（6）禁止将管道及支架作为电焊的零线或起重工具的锚点和撬抬重物的支撑点。

（7）停用的管道应排除管内有毒、可燃介质，并进行置换，必要时作惰性介质保护。管道外表面应涂刷油漆，防止环境因素腐蚀。

3. 压力管道事故类型及预防措施

压力管道事故类型及预防措施见表 3-10。

表 3-10　压力管道事故类型及预防措施

事故类型	预防措施
管道焊接	（1）施焊前应进行焊接工艺评定，按照评定合格的焊接工艺编制焊接作业指导书 （2）施焊的焊工必须考试合格，持有相应项目的资格 （3）加强材料管理，避免采用有缺陷的材料或用错钢材、焊接材料 （4）施焊中严格执行焊接工艺要求，并按规范要求进行热处理 （5）严格按照要求进行无损探伤

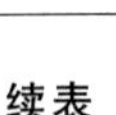

续表

事故类型	预防措施
管系振动破坏	(1) 避免管道结构固有频率、管道内气柱固有频率与压缩机、机泵的激振频率相等而形成共振 (2) 减轻气液两相流的激振力 (3) 加强支架刚度
蠕变破坏	(1) 根据使用温度选用合适的材料，并按材料的使用温度和相应寿命蠕变极限选取许用应力 (2) 合理设计管系布置和结构。蠕变破坏部位常位于弯头、三通焊缝等高拉伸应力区域和承受弯曲应力、支撑不良、布置不合理的管道端部 (3) 严格控制焊接工艺和热处理。焊接产生的缺陷，焊接热影响区组织和性能的变化，冷弯等加工变形对组织和性能的影响等，都会导致蠕变性能下降 (4) 严格执行操作规程，杜绝超温超压运行，并加强检查，避免因局部过热而导致蠕变破坏 (5) 加强定期检验

拓展：压力管道的安全附件阻火器也是一个重要的知识点。需重点掌握阻火器的类型和设置要求。

1. 阻火器类型

阻火器按功能可分为爆燃型和轰爆型，其中爆燃型阻火器是用于阻止火焰以亚音速通过的阻火器，轰爆型阻火器是用于阻止火焰以音速或超音速通过的阻火器。

2. 阻火器设置要求

(1) 管端型放空阻火器的放空端应当安装防雨帽。

(2) 工艺物料含有颗粒或者其他会使阻火元件堵塞的物质时，应当在阻火器进、出口安装压力表，监控阻火器的压力降。

(3) 工艺物料含有水汽或者其他凝固点高于 0℃的蒸汽（如醋酸蒸汽等），有可能发生冻结的情况，阻火器应当设置防冻或者解冻措施，如电伴热、蒸汽盘管或者夹套和定期蒸汽吹扫等。对于水封型阻火器，可采用连续流动水或者加防冻剂的方法防冻。

(4) 阻火器不得靠近炉子和加热设备，除非阻火单元温度升高不会影响其阻火性能。

(5) 单向阻火器安装时，应当将阻火侧朝向潜在点火源。

举一反三

[典型例题 1 · 单选] 下列关于压力管道维护保养的做法中，错误的是（　　）。

A. 阀门操作机构要经常除锈上油并定期进行活动，保证其开关灵活

B. 定期检查紧固螺栓完好状况，做到数量齐全、不锈蚀、丝扣完整，连接可靠

C. 可将介质为水蒸气的管道及支架作为电焊的零线

D. 管道外表面应涂刷油漆，防止环境因素腐蚀

[解析] 禁止将管道及支架作为电焊的零线，选项 C 错误。

[答案] C

[典型例题 2 · 多选] 在一定的高温环境下，即使钢所受到的拉应力低于该温度下的屈服强度，也会随时间的延长而发生缓慢持续地伸长，即发生钢的蠕变现象。下列关于蠕变失效的特征和预防措施的说法中，正确的有（　　）。

A. 蠕变断口可能因长期在高温下被氧化或腐蚀，表面被氧化层或其他腐蚀物覆盖

B. 长期蠕变会导致管道在直径方向有明显的变形，并伴有许多沿径线方向的小蠕变裂纹

C. 常见的管道蠕变断裂包括管道焊缝熔合线处蠕变开裂，运行中管道沿轴向开裂等

D. 为预防蠕变，必要时可对管路中不可拆卸的管段进行检验分析取样和破坏性检验

E. 蠕变破坏部位常位于弯头等高拉伸应力区域和承受弯曲应力的管道端部

[解析] 预防蠕变措施之一为加强定期检验。按期进行定期检验，并在定期检验中重点检查设置的监察管段的变化情况，进行必要的化学分析、金相分析，必要时应在管路中设置可拆卸管段以供检验分析取样和破坏性检验。

[答案] ABCE

[典型例题 3·单选] 阻火器是压力管道常用的安全附件之一。下列关于阻火器安装及选用的说法中，正确的是（　　）。

A. 安全阻火速度应小于安装位置可能达到的火焰传播速度

B. 爆燃型阻火器能够阻止火焰以音速传播

C. 阻火器应安装在压力管道热源附近，以防止热源发生火灾

D. 单向阻火器安装时，应当将阻火侧朝向潜在点火源

[解析] 安全阻火速度应大于安装位置可能达到的火焰传播速度，选项 A 错误。爆燃型阻火器能够阻止火焰以亚音速传播，爆轰型阻火器能够阻止火焰以音速、超音速传播，选项 B 错误。阻火器安装不得靠近炉子和加热设备，选项 C 错误。

[答案] D

环球君点拨

此考点中需重点掌握数字内容，同时也要在掌握数字内容的基础上灵活运用到实践中。

第五节　起重机械安全技术

考点 1　起重机械使用安全管理 [2023、2022、2020、2019]

真题链接

[2023·单选] 起重机械的日常运行、维护、检查和管理是起重机械安全运行的重要保障，国家相关部门对起重机械的检验和使用实行监督管理。关于起重机械检查的说法，正确的是（　　）。

A. 露天作业的起重机械经受 8 级以上的风力后重新使用前应做全面检查

B. 起重机械轨道的安全状况和钢丝绳的安全状况都属于每月检查的内容

C. 制动器和各类安全装置不仅属于每月检查内容，也属于每日检查的内容

D. 起重机液压系统及其部件的泄漏情况及工作性能属于每日检查的内容

[解析] 露天作业的起重机械经受 9 级以上的风力后重新使用前应做全面检查，选项 A 错误。起重机械轨道的安全状况和钢丝绳的安全状况都属于每日检查的内容，选项 B 错误。起重机液压系统及其部件的泄漏情况及工作性能属于每月检查的内容，选项 D 错误。

[答案] C

[2022·单选] 起重机械作为涉及生命安全、危险性较大的特种设备之一，其生产、检验和使

用受到国家有关部门监管。关于起重机械使用安全管理的说法，正确的是（　　）。

A. 露天作业的起重机械经受 7 级以上风力后，重新使用前应做安全检查

B. 钢丝绳滑轮组有无损伤、是否应报废，属于每日检查的内容

C. 液压系统及其部件的泄漏情况及工作性能，属于每日检查的内容

D. 安全装置和制动器不仅属于每月检查的内容，也属于每日检查的内容

[解析] 停用 1 年以上、遇 4 级以上地震或发生重大设备事故、露天作业的起重机械经受 9 级以上的风力后的起重机，使用前都应做全面检查，选项 A 错误。起重机械中重要零部件（如吊具、钢丝绳滑轮组、制动器、吊索及辅具等）的状态，有无损伤，是否应报废等属于每月检查内容，选项 B 错误。电气、液压系统及其部件的泄漏情况及工作性能，动力系统和控制器等的检查属于每月检查内容，选项 C 错误。

[答案] D

[2020・单选] 使用单位除每年对在用起重机械进行 1 次全面检查外，在某些特殊情况下也应进行全面检查。下列特殊情况中，需要进行全面检查的是（　　）。

A. 遇 4.2 级地震灾害　　B. 起重机械停用半年

C. 发生一般起重机械事故　　D. 露天作业经受 7 级风力后

[解析] 起重机械年度检查是指每年对所有在用的起重机械至少进行 1 次全面检查。停用 1 年以上、遇 4 级以上地震或发生重大设备事故、露天作业的起重机械经受 9 级以上的风力后的起重机，使用前都应做全面检查。

[答案] A

[2019・多选] 关于起重机械，每日检查的内容有（　　）。

A. 动力系统控制装置　　B. 安全装置

C. 轨道的安全状况　　D. 机械零部件安全情况

E. 紧急报警装置

[解析] 起重机械检查方面，每日检查的内容包括检查各类安全装置、制动器、操纵控制装置、紧急报警装置，轨道的安全状况，钢丝绳的安全状况。

[答案] BCE

真题精解

点题：本考点主要考查年度检查、月度检查、每日检查的内容。考生应掌握不同检查周期下的检查项目，一般考试时会直接考查。

分析：起重机械年度检查、月度检查、每日检查的内容如下。

1. 年度检查

周期：所有在用起重机械至少每年进行 1 次全面检查。

全面检查情形：停用 1 年以上、遇 4 级以上地震或发生重大设备事故、露天作业的起重机械经受 9 级以上的风力后的起重机。

2. 月度检查

检查项目包括安全装置、制动器、离合器等有无异常，可靠性和精度；重要零部件（如吊具、钢丝绳滑轮组、制动器、吊索及辅具等）的状态，有无损伤，是否应报废等；电气、液压系统及其部件的泄漏情况及工作性能；动力系统和控制器等。停用 1 个月以上的起重机构，使用前也应进行

月度检查。

3. 每日检查

在每天作业前进行，应检查各类安全装置、制动器、操纵控制装置、紧急报警装置，轨道的安全状况，钢丝绳的安全状况。检查发现有异常情况时，必须及时处理。

拓展：除年度检查、月度检查、每日检查的内容外，特种设备规格也是要求掌握的内容。要求根据特种设备目录的内容，识别出起重机械中属于特种设备的规格。

起重机械，是指用于垂直升降或者垂直升降并水平移动重物的机电设备，其范围规定为额定起重量大于或者等于 0.5t 的升降机；额定起重量大于或者等于 3t（或额定起重力矩大于或者等于 40t·m的塔式起重机，或生产率大于或者等于 300t/h 的装卸桥），且提升高度大于或者等于 2m 的起重机；层数大于或者等于 2 层的机械式停车设备。

起重机械中的安全装置也是需要重点掌握的内容，抗风防滑装置在 2021 年真题中考查过一次，起重机抗风防滑装置主要有三种：夹轨器、锚定装置和铁鞋。

举一反三

[典型例题 1·单选] 为保证起重机使用安全，使用单位应进行起重机械的每日检查、每月检查和年度检查。下列检查项目中属于起重机械每月安全检查的是（　　）。

A. 轨道的安全状况　　B. 电气、液压系统

C. 紧急报警装置的状况　　D. 钢丝绳的安全状况

[解析] 电气、液压系统及其部件的泄漏情况及工作性能属于每月检查的项目；轨道的安全状况、各类安全装置、制动器、操纵控制装置、紧急报警装置的状况、钢丝绳的安全状况属于每日检查的项目。

[答案] B

[典型例题 2·单选] 起重机械检查方面，使用单位还应进行起重机械的自我检查、每日检查、每月检查和年度检查。下列不属于起重机械每日检查内容的是（　　）。

A. 动力系统　　B. 钢丝绳的安全状况

C. 操纵控制装置　　D. 紧急报警装置

[解析] 起重机每日检查应检查各类安全装置、制动器、操纵控制装置、紧急报警装置，轨道的安全状况，钢丝绳的安全状况。选项 A 错误，动力系统属于每月检查的项目。

[答案] A

[典型例题 3·多选]《起重机械安全规程　第 1 部分：总则》（GB 6067.1—2010）规定，露天工作于轨道上运行的起重机，如门式起重机、装卸桥、塔式起重机和门座式起重机，均应装设抗风防滑装置。下列属于抗风防滑装置的有（　　）。

A. 夹轨器　　B. 起重力矩

C. 制动装置　　D. 锚定装置

E. 防后倾装置

[解析] 起重机防风防爬装置主要有夹轨器、锚定装置、铁鞋 3 类。

[答案] AD

环球君点拨

此考点是基础考点，内容相对简单，可对比记忆，即掌握内容较少的检查项目以此利用排除法

选择正确答案。

考点 2　起重机械使用安全技术［2023、2022、2021、2020、2019、2018、2017、2015］

真题链接

［2022·多选］起重机械属于高能量积聚的、高危险性作业设备。为了保证起重机械的安全吊运，吊运前必须进行充分检查。下列起重机械吊运前准备工作中，正确的有（　　）。

A. 对使用的起重机械和吊具及附件进行检查，并熟悉被吊物品的种类、数量等

B. 吊装作业的方案应由指挥、司索工和现场安全监督人员共同讨论编制

C. 尺寸不同的物品不得混合捆绑，吊物棱角与吊索接触处应加衬垫保护

D. 根据被吊物品的质量、几何尺寸、变形要求等技术数据进行最大受力计算

E. 吊运前预测可能出现的事故，采取有效措施、选择安全通道、制定应急预案等

［解析］吊运前的准备工作包括：①对使用的起重机和吊装工具、辅件进行安全检查；②不使用报废元件，不留安全隐患；③熟悉被吊物品的种类、数量、包装状况以及周围联系，选项 A 正确；④编制作业方案（对于大型、重要的物件的吊运或多台起重机共同作业的吊装，事先要在有关人员参与下，由指挥、起重机司机和司索工共同讨论，编制作业方案，必要时报请有关部门审查批准），选项 B 错误；⑤清除吊物表面或空腔内的杂物，将可移动的零件锁紧或捆牢，形状或尺寸不同的物品不经特殊捆绑不得混吊，防止坠落伤人，选项 C 错误；⑥根据有关技术数据（如质量、几何尺寸、精密程度、变形要求），进行最大受力计算，确定吊点位置和捆绑方式，选项 D 正确；⑦预测可能出现的事故，采取有效的预防措施，选择安全通道，制定应急对策，选项 E 正确。

［答案］ADE

［2018·单选］起重作业的安全与整个操作过程紧密相关，起重机械操作人员在起吊前应确认各项准备工作和周边环境符合安全要求。关于起吊前准备工作的说法，正确的是（　　）。

A. 被吊重物与吊绳之间必须加衬垫

B. 起重机支腿必须完全伸出并稳固

C. 主、副两套起升机构不得同时工作

D. 尺寸不同的物品不得混合捆绑

［解析］为防止起重机的吊物对钢丝绳吊具造成损伤，吊绳或吊链与被吊物接触的尖锐边缘及棱角处之间应加衬垫，选项 A 错误。一般情况主、副两套起升机构不得同时工作，允许同时使用的专用起重机除外，选项 C 错误。尺寸不同的物品不经过特殊捆绑不得混捆混吊，选项 D 错误。

［答案］B

［2021·单选］起重机的安全操作是防止起重伤害的重要保证。下列起重机安全操作的要求中，错误的是（　　）。

A. 开机作业前，确认所有控制器置于零位

B. 正常作业时，可利用极限位置限制器停车

C. 吊载接近或达到额定值，要利用小高度、短行程试吊

D. 对于紧急停止信号，无论任何人发出，都必须立即执行

[解析] 司机在正常操作过程中，不得利用极限位置限制器停车，选项B错误。

[答案] B

[2020·单选] 起重机司机作业前应检查起重机与其他设备或固定建筑物的距离，以保证起重机与其他设备或固定建筑物的最小距离在（　　）。

A. 1.0m以上　　B. 1.5m以上

C. 0.5m以上　　D. 2.0m以上

[解析] 开机作业前，应确认起重机与其他设备或固定建筑物的最小距离是否在0.5m以上。

[答案] C

[2019·单选] 起重机械吊运作业安全要求中，错误的是（　　）。

A. 流动式起重机械应将支撑地面夯实垫平，支撑应牢固可靠

B. 开机作业前，应确认所有控制器都置于零位

C. 大型构件吊运前需编制作业方案，必要时报请有关部门审查批准

D. 不允许用两台起重机吊运同一重物

[解析] 用两台或多台起重机吊运同一重物时，每台起重机都不得超载，选项D错误。

[答案] D

[2023·单选] 司索工主要从事起重作业的地面工作，例如准备吊具、捆绑挂钩、摘钩卸载等，多数情况还担任指挥任务。关于司索工安全操作的说法，正确的是（　　）。

A. 场地为斜面时，站在斜面下方作业　　B. 吊运大而重的物体时，不加诱导绳

C. 摘钩时可利用起重机进行抽索作业　　D. 作业时可以多人同时吊挂同一吊物

[解析] 当多人吊挂同一吊物时，应由一专人负责指挥，在确认吊挂完备，所有人员都离开站在安全位置以后，才可发起钩信号。

[答案] D

[2021·单选] 起重司索工的工作质量与整个起重作业安全关系很大。下列司索工安全作业的要求中，正确的是（　　）。

A. 不允许多人同时吊挂同一重物

B. 不允许司索工用诱导绳控制所吊运的既大又重的物体

C. 吊钩要位于被吊物重心的正上方，不得斜拉吊钩硬挂

D. 重物与吊绳之间必须加衬垫

[解析] 当多人吊挂同一吊物，应由一专人负责指挥，选项A错误。吊运大而重的物体应加诱导绳，选项B错误。吊运捆扎部位的毛刺要打磨平滑，尖棱利角应加垫物，选项D错误。

[答案] C

[2022·单选] 司索工不仅从事准备吊具、捆绑挂钩、摘钩卸载等，多数情况还承担指挥工作。其工作质量与整个搬运工作安全关系极大。关于司索工安全作业要求的说法，正确的是（　　）。

A. 对吊物进行目测估算时，应按照目测结果的110%选择吊具资格

B. 对形状或尺寸不同的物品，不经特殊捆绑不得进行混吊工作

C. 吊钩与被吊物品中心连接与垂直方向的夹角应小于20°

D. 等所有吊索完全松弛方可摘钩，摘钩后可利用起重机抽索

[解析] 对吊物的质量和重心估计要准确，如果是目测估算，应增大20%来选择吊具；每次吊

装都要对吊具进行认真的安全检查，如果是旧吊索应根据情况降级使用，绝不可侥幸超载或使用已报废的吊具。清除吊物表面或空腔内的杂物，将可移动的零件锁紧或捆牢，形状或尺寸不同的物品不经特殊捆绑不得混吊，防止坠落伤人；吊钩与被吊物品中心连接与垂直方向的夹角不应小于20°，否则容易引起断绳事故；摘钩时应等所有吊索完全松弛再进行，确认所有绳索从钩上卸下再起钩，不允许抖绳摘索，更不许利用起重机抽索。

［答案］B

［2020·单选］起重机司索工在吊装作业前，应估算吊物的质量和重心，以免吊装过程中吊具失效导致事故。根据安全操作要求，如果目测估算，所选吊具的承载能力应为估算吊物质量的（　　）。

A. 1.1倍以上　　B. 1.3倍以上

C. 1.5倍以上　　D. 1.2倍以上

［解析］对吊物的质量和重心估计要准确，如果是目测估算，应增大20%来选择吊具；每次吊装都要对吊具进行认真的安全检查，如果是旧吊索应根据情况降级使用，绝不可侥幸超载或使用已报废的吊具。

［答案］D

［2019·单选］起重作业司索工主要从事地面工作，其工作质量与起重作业安全关系极大。下列对起重司索工操作安全的要求中，正确的是（　　）。

A. 司索工主要承接准备吊具、捆绑挂钩、摘钩卸载等作业，不能承担指挥任务

B. 目测估算被吊物的质量和重心，按估算质量增大5%选择吊具

C. 捆绑吊物时，形状或尺寸不同的物品不经特殊捆绑不得混吊

D. 摘钩卸载时，应采用抖绳摘索，摘钩时应等所有吊索完全松弛再进行

［解析］司索工主要从事地面工作，如准备吊具、捆绑挂钩、摘钩卸载等，多数情况还担任指挥任务，选项A错误。对吊物的质量和重心估计要准确，如果是目测估算，应增大20%来选择吊具，选项B错误。形状或尺寸不同的物品不经特殊捆绑不得混吊，防止坠落伤人，选项C正确。摘钩时应等所有吊索完全松弛再进行，确认所有绳索从钩上卸下再起钩，不允许抖绳摘索，更不许利用起重机抽索，选项D错误。

［答案］C

真题精解

点题：本考点主要考查起重机械使用安全技术，从吊运前的准备、起重司机操作要求、司索工操作技术要求三个方面进行考查。本考点内容并不难理解，是考试中的高频考点。做题时，一定要注意起重机司机操作要求和司索工操作技术要求中的数字内容、“绝对禁止”的内容、“有条件”允许的内容，因此要求考生在学习的过程中细心、认真、精准掌握。

2015年真题考查起重机“五不挂”的内容，类似上述2018年真题，掌握相关知识点即可。2018年、2013年真题同样考查起重机安全操作的内容，考查内容及形式类似上述2019年、2021年真题。2017年真题考查起重机司索工的安全操作的要求，考查内容及形式类似上述2022年、2021年真题。

分析：此处主要介绍吊运前的准备事项、起重司机操作要求、司索工操作要求的重点内容。

1. 吊运前准备事项

（1）作业方案编制：编制的作业方案，必要时报请相关部门进行审查批准。

（2）正确佩戴个人防护用品。

（3）场地清理及检查。

（4）全面检查使用工具。

（5）根据相关技术数据计算最大受力，确定吊点位置、绑扎方式。

（6）事故预测，制定应急措施。

2. 起重机司机操作要求

（1）确认在安全状态下方可开机作业：所有控制器是否置于零位；作业区内无闲杂人等；起重机运行范围无障碍物；起重机与其他设备或固定建筑物的最小距离在0.5m以上；电源断路装置有加锁或有警示标牌。

（2）开车前，必须鸣铃或示警；操作中接近人时，应给断续铃声或示警。

（3）司机在正常操作过程中，不得利用极限位置限制器停车；不得利用打反车进行制动；不得在起重作业过程中进行检查和维修；不得带载调整起升、变幅机构的制动器，或带载增大作业幅度；吊物不得从人头顶上通过，吊物和起重臂下不得站人。

（4）严格按指挥信号操作，对紧急停止信号，无论何人发出，都必须立即执行。

紧急停止信号不管是谁发出必须立即执行，安全第一。

（5）起重机司机不应操作的情形：起重机结构或零部件（如吊钩、钢丝绳、制动器、安全防护装置等）有影响安全工作的缺陷和损伤；吊物超载或有超载可能，吊物质量不清；吊物被埋置或冻结在地下、被其他物体挤压；吊物捆绑不牢，或吊挂不稳，被吊重物棱角与吊索之间未加衬垫；被吊物上有人或浮置物；作业场地昏暗，看不清场地、吊物情况或指挥信号。在操作中不得歪拉斜吊。

此部分内容与“五不挂”的内容有相似的地方，应理解掌握。

（6）工作中突然断电时，应将所有控制器置零，关闭总电源。重新工作前，应先检查起重机工作是否正常，确认安全后方可正常操作。

（7）有主、副两套起升机构的，不允许同时利用主、副钩工作（设计允许的专用起重机除外）。

本条中注意特殊情况，即“设计允许”的情况。

（8）用两台或多台起重机吊运同一重物时，每台起重机都不得超载。吊运过程应保持钢丝绳垂直，保持运行同步。吊运时，有关负责人员和安全技术人员应在场指导。

（9）露天作业的轨道起重机，当风力大于6级时，应停止作业。

3. 司索工操作要求

（1）吊具准备。对吊物的质量和重心估计要准确，目测估算情况下，增大20%选择吊具。

（2）捆绑吊物。对吊物进行必要的归类、清理和检查，吊物不能被其他物体挤压，被埋或被冻的物体要完全挖出。切断与周围管、线的一切联系，防止造成超载；清除吊物表面或空腔内的杂物，将可移动的零件锁紧或捆牢，形状或尺寸不同的物品不经特殊捆绑不得混吊，防止坠落伤人；吊物捆扎部位的毛刺要打磨平滑，尖棱利角应加垫物；表面光滑的吊物应采取措施来防止起吊后吊索滑动或吊物滑脱；吊运大而重的物体应加诱导绳。

（3）挂钩起钩。吊钩要位于被吊物重心的正上方，不准斜拉吊钩硬挂；吊物高大需要垫物攀高挂钩、摘钩时，禁止使用易滚动物体（如圆木、管子、滚筒等）做脚踏物。攀高必须佩戴安全带，防止人员坠落跌伤；挂钩要坚持“五不挂”，即起重或吊物质量不明不挂，重心位置不清楚不挂，尖棱利角和易滑工件无衬垫物不挂，吊具及配套工具不合格或报废不挂，包装松散捆绑不良不挂等；当多人吊挂同一吊物时，应由一专人负责指挥，在确认吊挂完备，所有人员都离开站在安全位置以后，才可发起钩信号；起钩时，地面人员不应站在吊物倾翻、坠落可波及的地方；如果作业场地为斜面，则应站在斜面上方（不可在死角），防止吊物坠落后继续沿斜面滚移伤人。

（4）摘钩卸载。针对不同吊物种类应采取不同措施加以支撑、垫稳、归类摆放，不得混码、互相挤压、悬空摆放，防止吊物滚落、侧倒、塌垛；摘钩时应等所有吊索完全松弛再进行，确认所有绳索从钩上卸下再起钩，不允许抖绳摘索，更不许利用起重机抽索。

拓展：除吊运前的准备工作、起重机司机操作要求、司索工操作要求是必须掌握的内容外，在起重机械这个特种设备中，还要了解起重机械事故的类型、原因，在 2019 年真题中考查了起重机械重物坠落事故。

起重机械重物坠落事故主要是发生在起升机构取物缠绕系统中，如脱绳、脱钩、断绳和断钩。每根起升钢丝绳两端的固定十分重要，如钢丝绳在卷筒上的极限安全圈要能保证在 2 圈以上，要有下降限位保护，钢丝绳在卷筒装置上的压板固定及楔块固定安全可靠。钢丝绳脱槽（脱离卷筒绳槽）或脱轮（脱离滑轮），也会造成失落事故。

起重机械重物坠落事故是起重机械典型事故中的一种，还要了解、学习挤伤事故、坠落事故、触电事故、机体毁坏事故及预防措施的内容。

举一反三

[典型例题 1 • 单选] 下列关于起重机械安全操作要求的说法中，正确的是（　　）。

A. 用两台或多台起重机吊运同一重物时，重物总质量不得超载

B. 露天作业的轨道起重机，当风力大于 4 级时应停止作业

C. 对于紧急停止信号，无论任何人发出，都必须立即执行

D. 任何时候都不允许利用极限位置限制器停车

[解析] 用两台或多台起重机吊运同一重物时，每台起重机都不得超载，选项 A 错误。露天作业的轨道起重机，当风力大于 6 级时应停止作业，选项 B 错误。正常操作过程中，不允许利用极限位置限制器停车，选项 D 中“任何时候”表述错误。

[答案] C

[典型例题 2 • 单选] 起重作业挂钩操作要坚持“五不挂”原则。下列关于“五不挂”的说法中，错误的是（　　）。

A. 重心位置不清楚不挂

B. 易滑工件无衬垫物不挂

C. 吊物重量不明不挂

D. 吊钩位于被吊物重心正上方不挂

[解析] 起重作业中“五不挂”原则中，重心位置不清楚不挂，选项 D 错误。

[答案] D

[典型例题 3 • 单选] 起重操作要坚持“十不吊”原则，其中有一条原则是斜拉物体不吊，因

为斜拉、斜吊物体有可能造成重物失落事故中的（　　）事故。

A. 脱绳事故　　B. 脱钩事故

C. 断绳事故　　D. 断钩事故

［解析］斜拉、斜吊易造成乱绳挤伤切断钢丝绳造成起升绳破断的断绳事故。

［答案］C

［典型例题4·单选］起重机的断绳事故是指起升绳和吊装绳因破断而造成的重物失落事故。下列原因能够造成吊装绳破断的是（　　）。

A. 起升限位开关失灵造成过卷拉断钢丝绳

B. 绳与被吊物夹角大于120°

C. 斜拉、斜吊造成乱绳挤伤切断钢丝绳

D. 吊载遭到撞击而摇摆不定

［解析］造成吊装绳破断的原因有：绳与被吊物夹角大于120°，使吊装绳上的拉力超过极限值而拉断；吊装钢丝绳品种规格选择不当，或仍使用已达到报废标准的钢丝绳捆绑重物；吊装绳与重物之间接触处无垫片等保护措施。

［答案］B

环球君点拨

此考点是高频考点，内容相对容易理解、掌握，是考生不应丢分的考点。

第六节　场（厂）内专用机动车辆安全技术

考点　场（厂）内专用机动车辆使用安全技术［2023、2022、2021、2020、2019、2018、2015、2013］

真题链接

［2023·多选］场（厂）内专用机动车辆属于特种设备，其安全保护装置及主要部件的试验、检测等都非常重要。关于场（厂）内专用机动车辆主要部件性能试验的说法，正确的有（　　）。

A. 高压胶管需进行耐压试验、爆破试验、脉冲试验、泄漏试验等

B. 控制车辆行驶方向的转向器，需进行极限拉伸载荷和动态载荷试验

C. 对起升高度超过1.8m的叉车，其护顶架只需进行静态载荷试验

D. 叉车货叉梁上的L形承载装置，需进行重复加载的载荷试验

E. 起升货叉架的链条需进行极限拉伸载荷和检验载荷试验

［解析］当左右转动方向盘时，转向力通过转向器传递到转向传动机构使车辆改变行驶方向，不需要进行极限拉伸载荷和检验载荷试验，选项B错误。护顶架应进行静态和动态两种载荷试验检测，选项C错误。

［答案］ADE

［2018·单选］叉车液压系统的高压油管一旦发生破裂将会危害人身安全，因此要求叉车液压系统的高压胶管、硬管和接头至少能够承受液压回路三倍的工作压力。对叉车液压系统中高压胶管进行的试验项目是（　　）。

A. 抗拉试验　　B. 爆破试验

C. 弯曲试验　　D. 柔韧性试验

[解析] 叉车等车辆的液压系统，一般都使用中高压供油，高压油管的可靠性不仅关系车辆的正常工作，而且一旦发生破裂将会危害人身安全。因此高压胶管必须符合相关标准，并通过耐压试验、长度变化试验、爆破试验、脉冲试验、泄漏试验等试验检测。

[答案] B

[2021·单选] 使用叉车，必须按照出厂使用说明书中的技术性能、承载能力和使用条件进行操作和使用，严禁超载作业或任意扩大使用范围。下列针对叉车安全操作的要求中，正确的是（　　）。

A. 不得使用两辆叉车同时装卸同一辆货车

B. 以内燃机为动力的叉车严禁进入易燃、易爆仓库内部作业

C. 叉运物件时，当物件提升离地后，将起落架放平后方可行驶

D. 任何情况下叉车都不得叉装重量不明的物件

[解析] 两辆叉车同时装卸一辆货车时，应有专人指挥，选项A错误。叉运物件时，物件提升离地后，应将起落架后仰，方可行驶，选项C错误。叉装物件时，当物件重量不明时，应将该物件叉起离地100mm后试叉，检查机械的稳定性，确无超载现象后，方可运送，选项D错误。

[答案] B

[2020·单选] 叉车是常用的场（厂）内专用机动车辆，由于作业环境复杂，容易发生事故，因此，安全操作非常重要。下列关于叉车安全操作的要求中，错误的是（　　）。

A. 两辆叉车可以同时对一辆货车进行装卸作业

B. 内燃机叉车进入易燃、易爆仓库作业应保证通风良好

C. 叉车将物件提升离地后，后仰起落架方可行驶

D. 不得使用叉车的货叉进行顶货、拉货作业

[解析] 叉车安全操作技术中规定以内燃机为动力的叉车严禁在易燃、易爆的仓库内作业，选项B错误。以内燃机为动力的叉车进入仓库作业时，应有良好的通风设施。

[答案] B

[2019·单选] 叉车在叉装物件时，司机应检查并确认被叉装物件重量。当物件重量不明时，应将被叉装物件叉起离地一定高度认为无超载现象后，方可运送。下列给出的离地高度中正确的是（　　）。

A. 400mm　　B. 300mm

C. 200mm　　D. 100mm

[解析] 叉装物件时，被装物件重量应在该机允许载荷范围内。当物件重量不明时，应将该物件叉起离地100mm后检查机械的稳定性，确认无超载现象后，方可运送。

[答案] D

[2022·单选] 叉车、蓄电瓶车及非公路用旅游观光车是常见的场（厂）内专用机动车辆。近年来，因违反场（厂）内机动车辆安全操作流程发生的事故较多。下列叉车及观光车安全操作的要求中，正确的是（　　）。

A. 叉装重量不明物体时，应将其叉起离地面150mm确认无超载现象后方可作业

B. 不得单叉作业和使用叉车顶货或拉货，严禁两辆叉车同时对一辆货车装载货物

C. 观光车靠近高站台行驶时，车身与站台的间隙至少为观光车轮胎的宽度

D. 驾驶观光车在坡道上面要掉头时，应注意双向来车，并由专人指挥

［解析］当物件重量不明时，应将其叉起离地面100mm确认无超载现象后方可作业，选项A错误。两辆叉车同时装卸一辆货车时，应有专人指挥联系，保证安全作业，选项B错误。观光车不应在坡面掉头，不应横跨坡道运行，选项D错误。

［答案］C

真题精解

点题：本考点主要考查场（厂）内专用车辆（叉车、观光车）使用安全技术要求，考点内容集中，考查频次较高。叉车的安全操作要求内容相对较少，即考点相对集中，要求掌握。观光车中有些考点属于通用知识点，因此要在理解的基础上掌握相关重要知识点。本考点也可以考查超纲内容。

2015年真题考查了高压胶管试验的内容，类似上述2018年真题，故不重复出现。2018年、2013年真题同样考查了叉车安全操作的内容，考查内容及形式同上述2021年、2020年真题。

分析：叉车和观光车的操作要求如下。

1. 叉车的操作要求

（1）叉装物件时重量不明，应进行试叉，将该物件叉起离地100mm后检查机械的稳定性和安全性。

（2）叉装物件应靠近起落架，其重心应在起落架中间的位置。

（3）物件提升离地后，应将起落架后仰，保证运输物品的安全性方可行驶。

（4）两辆叉车可以同时装卸一辆货车，但应有专人指挥联系，保证作业安全。

（5）不得单叉作业和使用货叉顶货或拉货。

（6）叉车在叉取易碎品、贵重品或装载不稳的货物时，应采用安全绳加固，必要时，应有专人引导，方可行驶。

（7）以内燃机为动力的叉车，进入仓库作业时，应有良好的通风设施。（有条件的允许）严禁在易燃、易爆的仓库内作业。（绝对禁止）

（8）严禁货叉上载人。驾驶室除规定的操作人员外，严禁其他任何人进入或在室外搭乘。

2. 观光车的操作要求

（1）驾驶员驾驶观光车，应避免突然起步、停车及高速转弯。在车辆起步时，方向盘不应处在极限位置（特殊情况除外）。

（2）观光车行驶在十字路口和视线受阻的地段或其他危险场合，应降低车速，鸣笛示警通过；应保持正常行驶，不应超越同向行驶的其他车辆。

（3）观光车在坡道上运行，应遵守下列要求：缓慢地通过上、下坡道；不应在坡面上调头，不应横跨坡道运行；下坡时不应空挡滑行；靠近坡道、高站台或平台边缘时，车身与站台或平台边缘之间的距离至少为观光车一个轮胎的宽度。

（4）内燃观光车燃料加注。加燃料前，驾驶员应关闭发动机，制动观光车。

拓展：与本考点内容相关的场（厂）内专用机动车辆安全主要部件，主要包括高压胶管、货叉、链条、转向器、制动器、轮胎、安全阀、护顶架等。在这些安全部件中对于高压胶管和护顶架需重点掌握。

1. 高压胶管

高压胶管应通过耐压试验、长度变化试验、爆破试验、脉冲试验、泄漏试验等试验检测。

2. 护顶架

叉车等起升高度超过 1.8m 的工业车辆，须设置护顶架，保护司机免受重物落下造成伤害。护顶架一般都是由型钢焊接而成，必须能够遮掩司机的上方，还应保证司机有良好的视野。护顶架应进行静态和动态两种载荷试验检测。

举一反三

[典型例题 1 · 单选] 下列关于叉车安全操作的说法中，错误的是（　　）。

A. 载物高度不得遮挡驾驶员视线

B. 在进行物品的装卸过程中，严禁用制动器制动叉车

C. 禁止用货叉或托盘举升人员从事高处作业，以免发生高空坠落事故

D. 转弯或倒车时，必须先鸣笛

[解析] 在进行物品的装卸过程中，必须使用制动器制动叉车，选项 B 错误。

[答案] B

[典型例题 2 · 单选] 下列关于叉车安全使用要求的说法中，正确的是（　　）。

A. 严禁用叉车装卸重量不明物件

B. 特殊作业环境下可以单叉作业

C. 运输物件行驶过程中应保持起落架水平

D. 叉运大型货物影响司机视线时，可倒开叉车

[解析] 当物体重量不明时，应将该物件叉起离地 100mm 后检查机械稳定性，确认无超载现象后方可运送，选项 A 错误。不得单叉作业和使用货叉顶货或者拉货，选项 B 错误。物件提升离地后，应将起落架后仰方可行驶，选项 C 错误。

[答案] D

[典型例题 3 · 单选] 下列不属于高压胶管检测试验内容的是（　　）。

A. 耐压试验　　B. 爆破试验　　C. 脉冲试验　　D. 动态载荷试验

[解析] 护顶架应进行静态和动态两种载荷试验检测。

[答案] D

环球君点拨

此考点相对简单，可对比记忆，重点掌握高频考点即可。

第七节　大型游乐设施安全技术

考点　大型游乐设施使用安全管理及其安全装置 [2023、2022、2021、2020、2019]

真题链接

[2022 · 单选] 大型游乐设施的使用单位应遵行大型游乐设施的自我检查、每日检查、每月检查和年度检查。下列大型娱乐设施的检查项目中，属于每日检查的是（　　）。

A. 动力装置、传动系统

B. 限速装置、制动装置

C. 绳索、链条和乘坐物

D. 控制电路与电气元件

[解析] 限速装置、制动装置属于每日检查的内容；动力装置，传动系统，绳索、链条和乘坐物，控制电路与电气元件属于每月检查的内容。

[答案] B

[2021·单选] 大型游乐设施机械设备的运动部件上设置有行程开关，当行程开关的机械触头碰上挡块时，联锁系统将使机械设备停止运行或改变运行状态。这类安全装置称为（　　）。

A. 锁紧装置　　B. 限速装置

C. 止逆装置　　D. 限位装置

[解析] 当行程开关的机械触头碰上挡块时，切断了控制电路，机械就停止运行或改变运行，该装置属于限位装置（运动限制装置）。

[答案] D

[2020·单选] 当有两组以上（含两组）无人操作的游乐设施在同一轨道、专用车道运行时，应设置防止相互碰撞的自动控制装置和缓冲装置。其中，缓冲装置的核心部分是缓冲器，游乐设施常见的缓冲器分蓄能型缓冲器和耗能型缓冲器。下列缓冲器中，属于耗能型缓冲器的是（　　）。

A. 油压缓冲器　　B. 弹簧缓冲器

C. 聚氨酯缓冲器　　D. 橡胶缓冲器

[解析] 游乐设施常见的缓冲器分蓄能型缓冲器和耗能型缓冲器，前者主要以弹簧和聚氨酯材料等为缓冲元件，后者主要是油压缓冲器。

[答案] A

[2023·单选] 大型游乐设施是一种日常生活中比较常见的特种设备，该设备的操作人员必须掌握相关知识，并能正确处理各种突发情况。关于大型游乐设施操作人员安全操作要求的说法，错误的是（　　）。

A. 设备运行中乘客产生恐惧大声叫喊时，操作人员应立即停机，让其下来

B. 必须确保设备紧急停车按钮位置让本机所有取得证件的操作人员知道

C. 游乐设施正式运营前，操作人员操作空车按实际工况运行1次

D. 设备运行中，操作人员不能离开岗位，遇到紧急情况时及时采取措施

[解析] 大型游乐设施的操作人员应特别注意的事项：①游乐设备正式运营前，操作员应将空车按实际工况运行2次以上，确认一切正常再开机营业。②开机前，先鸣铃以示警告，让等待上机的乘客及服务员远离游乐设施，以防开机后碰伤。确认乘客都已坐好并符合安全要求，确认周围环境无安全隐患，场内无闲杂人员再开机。③设备运行中，在乘客产生恐惧、大声叫喊时，操作员应立即停机，让恐惧的乘客下来。④设备运行中，操作人员不能离开岗位。要随时注意观察乘客及设备情况，遇有紧急情况时，要及时停机并采取相应的措施。⑤紧急停止按钮的位置，必须让本机台所有取得证件的操作人员都知道，以便需要紧急停车时，每个操作员都能操作。⑥营业终了时，关掉总电源，并对设备设施进行安全检查。

[答案] C

真题精解

点题：本系列真题主要考查大型游乐设施安全管理和安全附件。大型游乐设施安全管理中重点考查每月检查和每日检查内容的区分；安全装置中可结合安全装置的概念、作用进行选择和判断。

2019 真题同样考查每日检查的内容，考查内容及形式和上述 2022 年真题一致，故不再重复出现。

分析：此处主要介绍大型游乐设施月检与日检和安全装置的重点内容。

1. 月检与日检

大型游乐设施的月检和日检项目见表 3-11。

表 3-11　大型游乐设施的月检和日检项目

月检项目	日检项目
安全装置；动力装置、传动和制动系统；绳索、链条和乘坐物；控制电路与电气元件；备用电源	控制装置、限速装置、制动装置和其他安全装置是否有效及可靠；运行是否正常，有无异常的振动或者噪声；易磨损件状况；门联锁开关及安全带等是否完好；润滑点的检查和添加润滑油；重要部位（轨道、车轮等）是否正常

注意月检项目和日检项目内容的区分，考试常考查二者的辨析。

2. 安全装置

大型游乐设施的主要安全装置包括束缚装置、锁紧装置、保险装置、止逆装置、限速装置、限位装置、防碰撞及缓冲装置。注意每种安全装置的概念、作用和设置要求。

拓展：本考点经常考查大型游乐设施的概念中的数字内容：用于经营目的，承载乘客游乐的设施，其范围规定为设计最大运行线速度大于或者等于 2m/s，或者运行高度距地面高于或者等于 2m 的载人大型游乐设施，属于大型游乐设施。“2m/s” 和 “2m” 经常考查，必须掌握。

索道安全技术与大型游乐设施的考点内容相似，二者考查频次和分值相较本章其他考点低，索道安全技术中掌握其安全管理和安全装置的内容即可。

举一反三

[典型例题 1 · 单选] 大型游乐设施检查方面，使用单位应进行大型游乐设施的自我检查、每日检查、每月检查和年度检查。下列内容中不属于月检项目的是（　　）。

A. 各种安全装置

B. 动力装置

C. 门联锁开关是否完好

D. 控制电路与电气元件

[解析] 门联锁开关是否完好属于日检内容。

[答案] C

[典型例题 2 · 单选] 沿斜坡牵引的大型游乐设施提升系统，必须设置（　　）。

A. 限时装置

B. 缓冲装置

C. 止碰撞装置

D. 止逆行装置

[解析] 沿斜坡牵引的提升系统，必须设有防止载人装置逆行的装置，止逆行装置逆行距离的设计应使冲击负荷最小，在最大冲击负荷时必须止逆可靠。

[答案] D

环球君点拨

此考点考查频次较低，大型游乐设施安全管理的内容与安装装置交替考查，重点掌握核心考点内容即可。

第四章　防火防爆安全技术

第一节　火灾爆炸事故机理

考点 1　燃烧与火灾［2023、2022、2021、2020、2019、2017、2015、2014、2013］

真题链接

［2022 · 单选］大多数可燃物质的燃烧并非是物质本身在燃烧，而是物质受热分解出的气体或液体蒸气在气相中的燃烧。关于不同物质燃烧过程的说法，正确的是（　　）。

A. 乙醇在受热后，燃烧过程为：氧化分解→蒸发→燃物

B. 木材在受热后，燃烧过程为：氧化分解→蒸发→燃物

C. 红磷在受热后，燃烧过程为：熔化→蒸发→燃物

D. 焦炭在受热后，燃烧过程为：分解→氧化→燃烧

［解析］乙醇在受热后，燃烧过程为：蒸发→氧化分解→燃物，选项 A 错误。木材在受热后，燃烧过程为：分解蒸发→氧化分解→燃物，选项 B 错误。焦炭在受热后，不能分解为气态物质而直接燃烧，表面为炽热状态，不存在火焰，选项 D 错误。

［答案］C

［2021 · 单选］危险物质以气体、蒸气、薄雾、粉尘、纤维等形态出现，在大气条件下能与空气形成爆炸性混合物，如遇电气火花会造成火灾爆炸事故。关于危险物质火灾危险性与其性能参数的说法，正确的是（　　）。

A. 爆炸下限越低的可燃气体物质，其火灾危险性越小

B. 着火点越低的可燃固体物质，其火灾危险性越小

C. 闪点越高的可燃液体物质，其火灾危险性越大

D. 活化能越低的可燃性粉尘物质，其火灾危险性越大

［解析］当初始温度升高，爆炸下限越低，火灾和爆炸危险性增加，选项 A 错误。一般情况下，燃点（着火点）越低，其火灾危险性越大，选项 B 错误。闪点越低，其火灾危险性越大，选项 C 错误。可燃性粉尘物质的分子活化所需的能量越低越容易变成活化分子，其火灾危险性越大，选项 D 正确。

［答案］D

［2023 · 单选］火灾是指在时间或空间上失去控制的燃烧。引燃能、着火诱导期、闪点及自燃等都是描述火灾的参数。关于火灾的基本概念及参数的说法，正确的是（　　）。

A. 热分解温度是评价可燃固体危险性的主要目标之一，它是可燃物质受热发生分解的初始温度

B. 引燃能是指释放能够触发燃烧化学反应的能量，影响其反应发生的因素仅有温度

C. 闪燃是在一定温度下，在可燃液体表面上产生足够的可燃蒸气，遇火产生持续燃烧的现象

D. 自燃是物质在通常环境条件下自发燃烧的现象，与煤油相比，汽油的密度小，自燃点低

[解析] 闪燃是在一定温度下，在可燃液体表面上能产生足够的可燃蒸气，遇火能产生一闪即灭的燃烧现象。引燃能是指释放能够触发初始燃烧化学反应的能量，也称最小点火能，影响其反应发生的因素包括温度、释放的能量、热量和加热时间。

[答案] A

[2019・单选] 可燃物质在规定条件下，不用任何辅助引燃能源而达到自行燃烧的最低温度称为自燃点。关于可燃物质自燃点的说法，正确的是（　　）。

A. 液体可燃物质受热分解越快，自身散热越快，其自燃点越高

B. 固体可燃物粉碎得越细，其自燃点越高

C. 固体可燃物受热分解的可燃气体挥发物越多，其自燃点越低

D. 油品密度越小，闪点越高，其自燃点越低

[解析] 液体和固体可燃物受热分解并析出来的可燃气体挥发物越多，其自燃点越低，选项C正确。固体可燃物粉碎得越细，其自燃点越低。一般情况下，密度越大，闪点越高而自燃点越低。

[答案] C

[2021・单选] 通过对大量火灾事故的研究，火灾事故的发展阶段一般分为初起期、发展期、最盛期、减弱至熄灭期等，各个阶段具有不同的特征。下列燃烧特征或现象中，属于火灾发展期典型特征的是（　　）。

A. 冒烟　　B. 阴燃

C. 轰燃　　D. 压力逐渐降低

[解析] 发展期是火势由小到大发展的阶段，轰燃就发生在这一阶段。冒烟、阴燃是火灾初起期的典型特征。

[答案] C

[2020・单选] 火灾事故的发展过程分为初起期、发展期、最盛期、减弱至熄灭期。其中，发展期是火势由小到大发展的阶段，该阶段火灾热释放速率与时间的（　　）成正比。

A. 平方　　B. 立方

C. 立方根　　D. 平方根

[解析] 发展期是火势由小到大发展的阶段，一般采用 T 平方特征火灾模型来简化描述该阶段非稳态火灾热释放速率随时间的变化，即假定火灾热释放速率与时间的平方成正比。

[答案] A

[2019・单选] 某化工技术有限公司污水处理车间发生火灾，经现场勘察，污水处理车间内主要含有水、甲苯、焦油、少量废催化剂（雷尼镍）等，事故调查分析发现，雷尼镍自燃引起甲苯爆燃。根据《火灾分类》（GB/T 4968—2008），该火灾属于（　　）。

A. B类火灾　　B. A类火灾

C. C类火灾　　D. D类火灾

[解析] 雷尼镍是催化剂，且量极少，因此不是事故的主要原因。事故的主要原因是甲苯爆燃造成的，甲苯为液态，故为B类（液体）火灾。

[答案] A

真题精解

点题：本系列真题主要考查火灾与爆炸的原理。近 5 年真题针对此考点均有考查，为高频考点。本系列真题主要从物质燃烧的条件、燃烧和火灾的过程和形式、火灾分类、火灾参数、典型火灾的发展规律这五个方面进行考查。本考点属于防火防爆的基础理论知识，火灾参数对火灾和爆炸的影响关系要掌握，其他内容相对简单，容易掌握。

2013 年真题考查油品自燃点的排序，同 2019 年真题选项 D，具体为举例考查。2013 年真题考查轰燃的火灾阶段，同上述 2021 年真题。2017 年、2015 年、2014 年真题考查火灾分类，类似上述 2019 年真题，但较其更为简单。

分析：此处主要介绍物质燃烧的条件、燃烧过程、火灾分类、火灾基本概念及参数、典型火灾的发展规律的重点内容。

1. 物质燃烧的条件

（1）基本条件（三要素）：氧化物、可燃物、点火源。

（2）必要条件：存在可燃物、存在氧化物、点火源、未受到抑制的链式反应条件。

（3）充分条件：一定量的可燃剂浓度；一定的氧含量；一定的点火能。

注意物质燃烧不同条件内容的对应与区分。

2. 燃烧过程

（1）气体：氧化分解→点燃或达到自燃→燃烧。

（2）液体：蒸发（蒸气）→氧化分解→点燃或达到自燃→燃烧。

（3）复杂固体：分解（气态或液态）→氧化分解→蒸发→点燃→燃烧。

在可燃固体中注意单质固体（硫、磷、石蜡），燃烧过程比复杂固体简单；不能分解为气态物质的可燃固体（焦炭），燃烧时呈现炽热状态、没有火焰。

3. 火灾分类

根据《火灾分类》（GB/T 4968—2008）的规定，按可燃物的类型及其燃烧特性将火灾分为 6 类。

A 类火灾：指固体物质火灾，这种物质通常具有有机物质，一般在燃烧时能产生灼热的灰烬，如木材、棉、毛、麻、纸张火灾等。

B 类火灾：指液体火灾和可熔化的固体物质火灾，如汽油、煤油、柴油、原油、甲醇、乙醇、沥青、石蜡火灾等。

C 类火灾：指气体火灾，如煤气、天然气、甲烷、乙烷、丙烷、氢气火灾等。

D 类火灾：指金属火灾，如钾、钠、镁、钛、锆、锂、铝镁合金火灾等。

E 类火灾：指带电火灾，是物体带电燃烧的火灾，如发电机、电缆、家用电器等。

F 类火灾：指烹饪器具内烹饪物火灾，如动植物油脂等。

4. 火灾基本概念及参数

影响火灾及爆炸的参数主要包括引燃能（最小点火能）、着火延滞期（诱导期）、燃点（着火点）、自燃和自燃点、热分解温度。

通过概念理解上述 5 项火灾参数对火灾的影响关系，在这 5 项参数中，注意自燃和自燃点中密度、闪点、燃点的影响关系。

一般情况下，密度越大，闪点越高，而自燃点越低。

油品的密度：汽油＜煤油＜轻柴油＜重柴油＜蜡油＜渣油，而其闪点依次升高，自燃点则依次降低。

5. 典型火灾的发展规律

典型火灾的发展包括 4 个阶段：初起期、发展期、最盛期、减弱至熄灭期，每个阶段特点不同。

初起期：主要特征为冒烟、阴燃。

发展期：特征是会发生轰然。在此阶段火灾释放速率与时间的平方成正比。

最盛期：在此阶段火灾受通风的影响最大。

减弱至熄灭期：火灾消减至熄灭的阶段，主因燃料不足、灭火系统的作用。

拓展：本考点中还包括燃烧的 6 种形式，火灾危险性的分类，这两部分内容考查频次较低，但属于重要知识点，也需要掌握。

燃烧的 6 种形式：扩散燃烧、预混燃烧、蒸发燃烧、分解燃烧、表面燃烧、阴燃。关于燃烧形式，除了要掌握 6 种燃烧形式的名称，还要能根据举例判断其属于的燃烧形式。

火灾危险性在 2022 年真题中考查过一次。根据不同的分类依据，其可以分为不同级别。根据生产、储存物品、可燃气体和可燃液体的火灾危险性分为 4 种。

（1）生产的火灾危险性分类分为甲、乙、丙、丁、戊级。

（2）储存物品的火灾危险性分类分为甲、乙、丙、丁、戊级。

（3）可燃气体的火灾危险性分类分为甲、乙级。

（4）可燃液体的火灾危险性分类分为甲、乙、丙级。

举一反三

[典型例题 1 · 单选] 蜡烛是一种常见的可燃物，其燃烧的基本原理是（　　）。

A. 通过热解产生可燃气体，然后与氧化剂发生燃烧

B. 固体蜡烛被烛芯直接点燃并与氧化剂发生燃烧

C. 蜡烛受热后先液化，然后蒸发为可燃蒸气，再与氧化剂发生燃烧

D. 蜡烛受热后先液化，液化后的蜡烛被烛芯吸附直接与氧化剂发生燃烧

[解析] 蜡烛虽其外在形态是固体，但其燃烧过程同液态可燃物，通常先蒸发为可燃蒸气，可燃蒸气与氧化剂再发生燃烧。

[答案] C

[典型例题 2 · 单选] 下列关于火灾分类的说法中，不正确的是（　　）。

A. 煤气、天然气火灾属于 C 类火灾

B. 发电机、电缆火灾属于 E 类火灾

C. 汽油、煤油火灾属于 B 类火灾

D. 沥青、石蜡火灾属于 A 类火灾

[解析] 沥青、石蜡火灾属于 B 类火灾，选项 D 错误。A 类火灾主要指固体火灾，包括木材、棉、毛、麻、纸张火灾等。

[答案] D

[典型例题 3 · 单选] 闪点是指在规定条件下，材料或制品加热到释放出的气体瞬间着火并出现火焰的最低温度。对于柴油、煤油、汽油、蜡油来说，其闪点由低到高的排序是（　　）。

A. 煤油＜柴油＜汽油＜蜡油　　　　B. 煤油＜汽油＜柴油＜蜡油

C. 汽油＜煤油＜柴油＜蜡油　　D. 汽油＜煤油＜蜡油＜柴油

[解析] 密度越大，闪点越高，而自燃点越低。油品密度如下：汽油＜煤油＜轻柴油＜重柴油＜蜡油＜渣油。

[答案] C

[典型例题 4·单选] 火灾发展规律将火灾分为初起期、发展期、最盛期、减弱至熄灭期，在轰燃发生的阶段的特征是（　　）。

A. 冒烟和阴燃　　B. 通风控制火灾

C. 火灾释放速度与时间成正比　　D. 火灾释放速率与时间的平方成正比

[解析] 轰然发生在发展期，发展期火势持续发展，此阶段火灾释放速率与时间的平方成正比。

[答案] D

环球君点拨

此考点是必须掌握的考点，考生要理解、记忆影响火灾和爆炸的参数，掌握典型举例。

考点 2 爆炸 [2023、2022、2021、2020、2019、2018、2015、2014、2013]

真题链接

[2023·单选] 按照能量的来源，爆炸可分为物理爆炸、化学爆炸和核爆炸；按照爆炸反应不同，爆炸可分为气相爆炸、液相爆炸和固相爆炸。空气中飞散的铝粉、镁粉、亚麻粉、玉米淀粉等，在一定的条件下引起的爆炸属于（　　）。

A. 化学爆炸中的气相爆炸　　B. 化学爆炸中的固相爆炸

C. 物理爆炸中的固相爆炸　　D. 物理爆炸中的气相爆炸

[解析] 空气中飞散的铝粉、镁粉、亚麻粉、玉米淀粉等发生的爆炸属于气相爆炸，且在爆炸的过程中发生氧化还原反应，故又属于化学爆炸。

[答案] A

[2019·单选] 爆炸是物质系统的一种极为迅速的物理或化学能量的释放或转化过程，在此过程中，系统的能量将转化为机械功、光和热的辐射等。按照能量来源，爆炸可分为物理爆炸、化学爆炸和核爆炸。下列爆炸现象中，属于物理爆炸的是（　　）。

A. 导线因电流过载而引起的爆炸

B. 活泼金属与水接触引起的爆炸

C. 空气中的可燃粉尘云引起的爆炸

D. 液氧和煤粉混合而引起的爆炸

[解析] 物理爆炸是一种只发生物态变化，不发生化学反应的过程。蒸汽锅炉爆炸、轮胎爆炸、水的大量急剧气化等均属于此类爆炸。电流过载引起的爆炸属于物理爆炸，选项 A 正确。活泼金属与水接触发生的爆炸、可燃粉尘云引起的爆炸、液氧和煤粉混合引起的爆炸均属于化学爆炸。

[答案] A

[2019·多选] 物质爆炸会产生多种毁伤效应。下列毁伤效应中，属于黑火药在容器内爆炸后可能产生的效应有（　　）。

A. 冲击波毁伤　　B. 碎片毁伤

C. 震荡毁伤　　D. 毒气伤害

E. 电磁力毁伤

[解析] 爆炸破坏作用包括冲击波、碎片伤害、震荡伤害、次生事故（二次爆炸）、有毒气体。只有电磁炸药爆炸后产生电磁力毁伤，选项E不符合题意。

[答案] ABCD

[2020·单选] 危险化学品燃烧爆炸事故具有严重的破坏效应，其破坏程度与危险化学品的数量和性质、燃烧爆炸时的条件以及位置等因素有关。下列关于燃烧爆炸过程和效应的说法中，正确的是（　　）。

A. 火灾损失随着时间的延续迅速增加，大约与时间的平方成比例

B. 爆炸过程时间很短，往往是瞬间完成，因此爆炸毁伤的范围相对较小

C. 爆炸会产生冲击波，冲击波造成的破坏主要由高温气体快速升温引起

D. 爆炸事故产生的有毒气体，因为爆炸伴随燃烧，会使气体毒性降低

[解析] 爆炸破坏效应会使一些爆炸产生的碎片，在相当大的范围内飞散而造成伤害，因此爆炸毁伤范围较大，选项B错误。冲击波是爆炸形成的高温、高压、高能量密度的气体产物，因此冲击波造成的破坏并非主要由高温气体快速升温引起，选项C错误。在爆炸反应中会生成一定量的CO、NO、H_2S、SO_2等有毒气体，因此爆炸伴随燃烧并不会使气体毒性降低，选项D错误。

[答案] A

[2022·单选] 分解爆炸性气体在温度和压力的作用下发生分解反应时会产生分解热，在没有氧气的条件下也可能被点燃爆炸。下列可燃气体中，属于分解爆炸性气体的是（　　）。

A. 乙烷　　B. 甲烷　　C. 乙炔　　D. 氢气

[解析] 某些气体如乙炔、乙烯、环氧乙烷等，即使在没有氧气的条件下，也能被点燃爆炸，其实质是一种分解爆炸。除上述气体外，分解爆炸性气体还有臭氧、联氨、丙二烯、甲基乙炔、乙烯基乙炔、一氧化氮、二氧化氮、氰化氢、四氟乙烯等。

[答案] C

[2021·单选] 可燃气体、蒸气和可燃粉尘的危险性用危险度表示，危险度由爆炸极限确定。若某可燃气体在空气中爆炸上限是44%，爆炸下限是4%，则该可燃气的危险度是（　　）。

A. 0.10　　B. 0.90　　C. 10.00　　D. 11.00

[解析] 危险度 $H=(L_{上}-L_{下})/L_{下}$，将数据带入，$H=(44\%-4\%)/4\%=10.00$。

[答案] C

[2019·单选] 下列爆炸性气体中，危险性最大的是（　　）。

气体名称	在空气中的爆炸极限（体积分数）/%	
	爆炸下限	爆炸上限
丁烷	1.5	8.5
乙烯	2.8	34
氢气	4	75
一氧化碳	12	74.5

A. 丁烷　　B. 氢气

C. 乙烯　　D. 一氧化碳

[解析] 选项 A，丁烷危险度 $H=(8.5\%-1.5\%)/1.5\%=4.7$。选项 B，氢气危险度 $H=(75\%-4\%)/4\%=17.75$。选项 C，乙烯危险度 $H=(34\%-2.8\%)/2.8\%=11.14$。选项 D，一氧化碳危险度 $H=(74.5\%-12\%)/12\%=5.21$。危险度 H 值越大爆炸性气体危险性越大，故本题危险性最大的是氢气。

[答案] B

[2022·多选] 可燃气体的爆炸极限不是一个固定值，受一系列因素的影响而有所变化，主要因素有可燃混合气体的温度、压力、惰性气体、点火能和容器材料及结构等。关于这些因素影响可燃气体爆炸极限的说法，正确的有（　　）。

A. 在预混可燃气体中加入惰性气体，其爆炸极限范围变宽

B. 可燃混合气体初始温度越高，其爆炸极限范围越宽

C. 可燃混合气体初始压力越大，其爆炸极限范围越宽

D. 对预混可燃气体而言点火能越高，其爆炸极限范围越宽

E. 可燃混合气体的容器材料传热性越好，其爆炸极限范围越宽

[解析] 在混合气体中加入惰性气体（如氮、二氧化碳、水蒸气、氩、氦等），随着惰性气体含量增加，爆炸极限范围缩小，选项 A 错误。混合爆炸气体的初始温度越高，爆炸极限范围越宽，则爆炸下限越低，上限越高，爆炸危险性增加，选项 B 正确。混合气体的初始压力对爆炸极限的影响较复杂。一般而言，初始压力增大，气体爆炸极限也变大，爆炸危险性增加，选项 C 正确。点火源的活化能量越大，加热面积越大，作用时间越长，爆炸极限范围也越宽。选项 D 所述为可燃物点火能越高，其爆炸极限范围越窄，选项 D 错误。爆炸容器的材料和尺寸对爆炸极限有影响。若容器材料的传热性好，管径越细，火焰在其中越难传播，爆炸极限范围变小，选项 E 错误。

[答案] BC

[2020·单选] 可燃气体的爆炸浓度极限范围受温度、压力、点火源能量等因素的影响。当其他因素不变、点火源能量大于某一数值时，点火源能量对爆炸浓度极限范围的影响较小。在测试甲烷与空气混合物的爆炸浓度极限时，点火源能量应选（　　）。

A. 5J 以上　　B. 15J 以上　　C. 20J 以上　　D. 10J 以上

[解析] 点火源的活化能量越大、加热面积越大、作用时间越长，爆炸极限范围也越宽。一般情况下，爆炸极限均在较高的点火能量下测得。如测甲烷与空气混合气体的爆炸极限时，用 10J 以上的点火能量，其爆炸极限为 5%～15%。

[答案] D

[2021·单选] 粉尘爆炸过程比气体爆炸过程复杂，爆炸条件有一定差异。下列粉尘爆炸条件中，不是必要条件的是（　　）。

A. 粉尘本身具有可燃性

B. 粉尘处于密闭空间

C. 粉尘悬浮在空气或助燃气体中并达到一定浓度

D. 有足以引起粉尘爆炸的起始能量（点火源）

[解析] 粉尘爆炸的条件主要包括粉尘具有可燃性、达到可燃浓度和足够的点火源，与是否处在密闭容器中无关。

[答案] B

[2023·单选] 评价粉尘爆炸危险性的主要特征参数包括最小点火能量、最低着火温度、粉尘爆炸压力及压力上升速率。关于粉尘爆炸危险性的说法，正确的是（　　）。

A. 粉尘爆炸极限值范围越窄，粉尘爆炸的危险性越大

B. 粉尘容器尺寸对其爆炸压力及压力上升速率影响小

C. 粉尘环境中形成湍流条件时，会使爆炸波阵面不断减速

D. 粒度对粉尘爆炸压力上升速率比对爆炸压力影响大

[解析] 粉尘爆炸极限值范围越窄，粉尘爆炸的危险性越小，选项A错误。粉尘容器尺寸对粉尘爆炸压力及压力上升速率有很大的影响，选项B错误。粉尘爆炸在管道中传播碰到障碍片时，因湍流的影响，粉尘呈漩涡状态，使爆炸波阵面不断加速。当管道长度足够长时，甚至会转化为爆轰，选项C错误。粒度对粉尘爆炸压力上升速率的影响比粉尘爆炸压力大得多，选项D正确。

[答案] D

[2021·多选] 粉尘爆炸过程与可燃气爆炸过程相似，但爆炸特性和影响因素有区别。关于粉尘爆炸特性的说法，正确的有（　　）。

A. 粉尘爆炸压力上升速率比气体爆炸压力上升速率小

B. 粉尘爆炸感应期比气体爆炸感应期短

C. 粉尘爆炸比气体爆炸产生的破坏程度小

D. 粉尘爆炸存在不完全燃烧现象

E. 粉尘爆炸后有产生二次爆炸的可能性

[解析] 粉尘的爆炸过程比气体的爆炸过程复杂，要经过尘粒的表面分解或蒸发阶段及由表面向中心燃烧的过程，所以感应期比气体长得多，选项B错误。有产生二次爆炸的可能性，这种连续爆炸会造成严重的破坏，选项C错误。

[答案] ADE

[2022·单选] 某人造板公司主要从事中密度纤维板的生产和销售，在生产时纤维板的砂光（打磨）工艺中采取了电气防爆，湿法作业、除尘通风等防火防爆技术措施。关于粉尘防火防爆技术措施对粉尘爆炸特征参数影响的说法，正确的是（　　）。

A. 电气防爆可降低最小点火能

B. 湿法作业可提高最低着火温度

C. 较长的除尘管道可降低爆炸压力

D. 湿法作业可降低爆炸压力上升速率

[解析] 选项A错误，电气防爆是为了防止火灾和爆炸的产生，因此在采取了电气防爆措施后，最小点火能提高。选项C错误，粉尘爆炸在管道中传播碰到障碍片时，因湍流的影响，粉尘呈漩涡状态，使爆炸波阵面不断加速。当管道长度足够长时，甚至会转化为爆轰。选项D错误，粉尘爆炸压力及压力上升速率主要受粉尘粒度、初始压力、粉尘爆炸容器、湍流度等因素的影响。粒度对粉尘爆炸压力上升速率的影响比粉尘爆炸压力大得多。

[答案] B

[2020·单选] 可燃性粉尘浓度达到爆炸极限，遇到足够能量的点火源会发生粉尘爆炸。粉尘爆炸过程中，热交换的主要方式是（　　）。

A. 热传导　　B. 热对流

C. 热蒸发　　　　D. 热辐射

[解析] 粉尘爆炸过程与可燃气爆炸相似，但有两点区别：一是粉尘爆炸所需的发火能要大得多；二是在可燃气爆炸中，促使温度上升的传热方式主要是热传导；而在粉尘爆炸中，热辐射的作用大。

[答案] D

[2019·单选] 评价粉尘爆炸危险性的主要特征参数有爆炸极限、最小点火能量及压力上升速率。关于粉尘爆炸危险性特征参数的说法，错误的是（　　）。

A. 粉尘爆炸极限不是固定不变的

B. 容器尺寸会对粉尘爆炸压力及压力上升速率有很大影响

C. 粒度对粉尘爆炸压力的影响比其对粉尘爆炸压力上升速率的影响小得多

D. 粉尘爆炸压力及压力上升速率受湍流度等因素的影响

[解析] 粉尘爆炸压力及压力上升速率（$\mathrm{d}p/\mathrm{d}t$）主要受粉尘粒度、初始压力、粉尘爆炸容器、湍流度等因素的影响。粒度对粉尘爆炸压力上升速率的影响比其对粉尘爆炸压力的影响大得多，选项C错误。

[答案] C

真题精解

点题：本系列真题主要考查爆炸的相关内容，涉及内容较多，主要从爆炸的分类，爆炸破坏作用，可燃气体爆炸，物质爆炸浓度极限，粉尘爆炸的条件、特点和影响因素方面进行考查。

每个知识点都有考查点，爆炸的分类重点掌握分类依据及举例，能够根据举例对应爆炸类型；爆炸的破坏作用内容相对简单，可以结合危险化学品的爆炸性共同理解、学习；重点掌握可燃气体爆炸中分解爆炸性气体的内容，物质爆炸浓度极限中危险度 H 值的计算，温度、压力、惰性气体、爆炸容器、点火源如何影响爆炸极限，爆炸计算的计算及理解，粉尘爆炸中粉尘爆炸的条件、特点和影响因素。

2018年真题考查了危险度 H 的计算，同上述2021年真题。2015年、2014年真题考查了粉尘爆炸的特性，考查形式类似上述2021年真题。2015年真题考查了液相爆炸的举例，2014年、2013年真题考查了气相爆炸的举例，类似上述2019年真题，掌握液相爆炸原理及举例即可。2013年真题考查了分解爆炸性气体，同上述2022年真题。

分析：此处主要介绍爆炸分类、爆炸破坏作用、分解爆炸性气体，爆炸浓度极限和粉尘爆炸的重点内容。

1. 爆炸分类

(1) 按照爆炸能量来源分类，见表4-1。

表4-1 爆炸分类（按爆炸能量来源）

分类	举例
物理爆炸 （物理过程）	蒸汽锅炉爆炸、轮胎爆炸、压力容器爆炸、水的大量急剧气化等均属于物理爆炸
化学爆炸 （化学过程）	炸药爆炸，可燃气体、可燃粉尘与空气形成的爆炸性混合物的爆炸，均属于化学爆炸

（2）按照爆炸反应相分类，见表 4-2。

表 4-2 爆炸分类（按爆炸反应相）

分类	举例
混合气体爆炸	空气和氢气、丙烷、乙醚等混合气的爆炸
气体的分解爆炸	乙炔、乙烯、氯乙烯等在分解时引起的爆炸
粉尘爆炸	空气中飞散的铝粉、镁粉、亚麻、玉米淀粉等引起的爆炸
喷雾爆炸	油压机喷出的油雾、喷漆作业引起的爆炸

（3）按照爆炸速度分类：爆燃（亚音速—无烟火药）；爆炸；爆轰（超音速—TNT）

2. 爆炸破坏作用

包括冲击波、碎片冲击、震荡作用、次生事故、有毒气体。

3. 分解爆炸性气体

乙炔、乙烯、环氧乙烷、臭氧、联氨、丙二烯、甲基乙炔、乙烯基乙炔、一氧化氮、二氧化氮、氧化氢、四氟乙烯等。

掌握分解爆炸性气体的举例，考试中经常考查常见分解爆炸性气体。

4. 爆炸浓度极限

（1）危险度 H 值：爆炸上限、下限之差与爆炸下限浓度之比值表示其危险度 H。H 值越大，表示可燃性混合物的爆炸极限范围越宽，其爆炸危险性越大。计算公式：

$$H=\frac{L_{上}-L_{下}}{L_{下}}$$

或

$$H=\frac{Y_{上}-Y_{下}}{Y_{下}}$$

（2）混合爆炸气体的初始温度越高，爆炸极限范围越宽，则爆炸下限越低，上限越高，爆炸危险性增加。初始压力增大，气体爆炸极限也变大，爆炸危险性增加。惰性气体含量增加，爆炸极限范围变小。容器材料的传热性好，管径越细，火焰在其中传播越难，爆炸极限范围变小。点火源的活化能量越大，加热面积越大，作用时间越长，爆炸极限范围也越宽。

5. 粉尘爆炸

（1）特点：粉尘爆炸速度较爆炸气体低，爆炸压力上升速度比爆炸气体小，但燃烧时间长、能量大，产生破坏程度大。粉尘爆炸的感应期较长。易产生二次爆炸，不完全燃烧产生毒气。

（2）粉尘爆炸的条件有 3 条：

①粉尘本身具有可燃性。

②粉尘悬浮在空气中并达到一定浓度。

③有足以引起粉尘爆炸的起始能量（点火源）。

（3）粉尘爆炸影响因素。

粉尘粒度越细，分散度越高，可燃气体和氧的含量越大，点火源强度越大、初始温度越高，湿度越低，惰性粉尘及灰分越少，爆炸极限范围越大，粉尘爆炸危险性也就越大。

粉尘爆炸压力及压力上升速率主要受粉尘粒度、初始压力、粉尘爆炸容器、湍流度等因素的影响。粒度对粉尘爆炸压力上升速率的影响比粉尘爆炸压力大得多。

当粉尘粒度越细，比表面积越大，反应速度越快，爆炸上升速率就越大。

粉尘爆炸在管道中传播碰到障碍片时，因湍流的影响，粉尘呈旋涡状态，使爆炸波阵面不断加速。当管道长度足够长时，甚至会转化为爆轰。

拓展：本考点涉及内容较多，同时需要记忆和掌握的内容也较多。其中危险度 H 值的计算、混合物爆炸极限的计算是必须掌握的内容，一方面这两个计算内容相对简单，另一方面考查形式相对单一，不易丢分。了解三成分系统混合气体爆炸范围的图解法，做到有效识图、理解并分析结论。

举一反三

[典型例题 1 · 单选] 一氧化碳在空气中的爆炸极限为 12%～74.5%，则一氧化碳的危险度是（　　）。

A. 0.2　　B. 0.8

C. 5.2　　D. 6.2

[解析] 危险度 $H=(L_{上}-L_{下})/L_{下}=(74.5\%-12\%)/12\%=5.2$。

[答案] C

[典型例题 2 · 单选] 按照爆炸反应相的不同，爆炸可以分为气相爆炸、液相爆炸和固相爆炸。下列爆炸中属于气相爆炸的是（　　）。

A. 乙炔铜的爆炸　　B. 液氧和煤粉混合引发的爆炸

C. 空气中分散的铝粉引起的爆炸　　D. 熔融的矿渣与水接触产生的爆炸

[解析] 乙炔铜的爆炸属于固相爆炸，选项 A 错误。液氧和煤粉混合引发的爆炸、熔融的矿渣与水接触产生的爆炸属于液相爆炸，选项 B、D 错误。

[答案] C

[典型例题 3 · 多选] 下列物质中能够发生分解爆炸的有（　　）。

A. 臭氧　　B. 氰化氢

C. 氧气　　D. 环氧乙烷

E. 四氟乙烯

[解析] 能发生分解爆炸的气体有乙炔、乙烯、环氧乙烷、臭氧、联氨、丙二烯、甲基乙炔、乙烯基乙炔、一氧化氮、二氧化氮、氰化氢、四氟乙烯等。

[答案] ABDE

[典型例题 4 · 多选] 爆炸是物质系统的一种极为迅速的物理的或化学的能量释放或转化过程。下列关于爆炸事故危害的说法中，正确的有（　　）。

A. 爆炸产生的冲击波能造成附近建筑物的破坏，其破坏程度与其距产生冲击波的中心距离有关

B. 爆炸的机械破坏效应会使容器、设备、装置以及建筑材料等的碎片，在相当大的范围内飞散而造成伤害

C. 爆炸冲击波会使积存在地面上的粉尘扬起，可能导致污染但不会引起二次爆炸

D. 爆炸可能引起短暂的地震波，造成建筑物的震荡、开裂、松散倒塌等危害

E. 爆炸反应中可能会生成一定量的有毒气体导致人员中毒或死亡

[解析] 选项 C 错误，粉尘作业场所轻微的爆炸冲击波会使积存在地面上的粉尘扬起，造成更大范围的二次爆炸。

[答案] ABDE

[典型例题 5 · 单选] 粉尘爆炸极限不是固定不变的，它的影响因素主要有粉尘粒度、分散度、湿度、点火源的性质、可燃气含量、氧含量、温度、惰性粉尘和灰分等。下列关于粉尘爆炸极限的说法中，错误的是（　　）。

A. 一般来说，粉尘粒度越细，分散度越高，爆炸极限范围越大

B. 一般来说，可燃气体和氧的含量越大，点火源强度越大、初始温度越高，爆炸极限范围越大

C. 一般来说，湿度越低，惰性粉尘及灰分越少，爆炸极限范围越大

D. 当粉尘粒度越粗，比表面越大，反应速度越快，爆炸上升速率就越大

[解析] 当粉尘粒度越细，比表面积越大，反应速度越快，爆炸上升速率就越大，选项 D 错误。

[答案] D

环球君点拨

本考点中的重要考点内容较多，需要多看几遍，尤其是分类内容中的一些典型例子一定要清楚掌握。

第二节　防火防爆技术

考点 1　点火源及其控制 [2022、2021、2020]

真题链接

[2022 · 单选] 某厂使用乙酸乙醇、乙酸正丁酯、丙酮等原料进行油漆生产，采取了防火防爆安全措施。下列防火防爆措施中，不属于控制点火源措施的是（　　）。

A. 采用防爆照明灯具　　B. 使用铜质维修工具

C. 使用密封管道运输送易燃液体　　D. 采用白垩砂浆车间地面

[解析] 控制点火源对防止火灾和爆炸事故包括明火、摩擦和撞击、电气设备、静电和雷电放电、化学能和太阳能。选项 A 属于控制电气设备发生点火源，选项 B 属于控制摩擦撞击，选项 D 属于防止摩擦起火。选项 C 并不是控制点火源的措施。

[答案] C

[2021 · 单选] 工业生产过程中，存在多种引起火灾和爆炸的点火源，如明火、化学反应热、静电放电火花等。控制点火源对防止火灾和爆炸事故的发生具有极其重要的意义。下列控制点火源措施的要求中，错误的是（　　）。

A. 有飞溅火花的加热装置，应远离可能泄漏易燃气体或蒸气的工艺设备和储罐区，并布置在其侧风向

B. 有飞溅火花的加热装置，应远离可能泄漏易燃气体或蒸气的工艺设备和储罐区，并布置在其上风向

C. 明火加热设备的布置，应远离可能泄漏易燃气体或蒸气的工艺设备和储罐区并布置在其上风向

D. 明火加热设备的布置，应远离可能泄漏易燃气体或蒸气的工艺设备和储罐区，并布置在其侧风向

［解析］有飞溅火花加热装置，应设置在可能泄漏易燃气体或蒸气的工艺设备和储罐区的侧风向，避免垂直设置，飞溅的火花形成点火源。

［答案］B

［2020·单选］某企业拟在输送甲烷（爆炸下限 5%）的管道上进行动焊作业，作业前需用惰性气体进行吹扫置换，确保管道中甲烷气体浓度小于（　　）。

A. 0.2%　　　　B. 0.5%

C. 0.8%　　　　D. 1.0%

［解析］甲烷属于爆炸下限大于 4%（体积百分数）的可燃气体，因此管道中甲烷浓度应小于 0.5%。

［答案］B

真题精解

点题：本系列真题主要考查点火源及其控制。首先需要了解控制的点火源类型，包括明火、摩擦和撞击、电气设备、静电和雷电放电、化学能和太阳能；在这五类点火源中重点掌握明火、摩擦和撞击的控制。电气设备、静电和雷电放电的内容可结合第二章相关考点进行掌握。明火控制主要包括控制加热明火、焊割用火及摩擦和撞击。摩擦和撞击的内容相对简单，重点关注生产中用到的工具材质，避免铁制品产生机械火花。

分析：明火控制的相关内容如下。

1. 控制加热用火

（1）尽量避免使用明火设备，厂区布局时注意加热装置或设备与易燃易爆气体、蒸气的位置布置，应置于易泄漏的易燃易爆气体、蒸气的上风向或侧风向，避免与明火区垂直设置。

（2）作业完成及时清理，不要留下明火。

2. 焊割用火

（1）焊割时，可燃气体应满足：可燃气体或蒸气爆炸下限大于 4%的，浓度小于 0.5%；可燃气体或蒸气爆炸下限小于 4%的，浓度小于 0.2%。（注意这 4 个数字，考试中经常考查）

（2）及时清理吹扫干净，防止可燃气体积存、乙炔发生器发生回火爆炸事故。

（3）与易燃易爆设备有联系的金属构件不得作为电焊地线。

3. 摩擦和撞击

敲打工具应用铍铜合金或包铜的钢制作。地面应铺沥青、菱苦土等较软的材料。

拓展：控制点火源是防火防爆原则中尽可能消除或隔离点火源的体现，除此之外，防火防爆原则还包括防止和限制可燃可爆系统的形成、阻止和限制火灾爆炸蔓延。这三个原则在考试中也会考查，即给出例子辨析其属于哪个原则。

举一反三

［典型例题 1·单选］明火加热设备的布置，应远离可能泄漏易燃气体或蒸气的工艺设备和储罐区，并应布置在其上风向或侧风向，对于有飞溅火花的加热装置，应布置在上述设备的（　　）。

A. 上风向　　　　B. 下风向

C. 侧风向　　　　D. 逆风向

［解析］对于有飞溅火花的加热装置，应布置在上述设备的侧风向。

［答案］C

[典型例题2·单选] 下列关于焊割时应注意的问题中，正确的是（　　）。

A. 焊接系统和其他系统相连，先进行吹扫置换，然后进行清洗，最后加堵金属盲板隔绝

B. 可利用与可燃易爆生产设备有联系的金属构件作为电焊地线

C. 若气体爆炸下限大于4%，环境中该气体浓度应小于1%

D. 若气体爆炸下限大于4%，环境中该气体浓度应小于0.5%

[解析] 焊接系统和其他系统相连，应先加堵金属盲板隔绝，再进行清洗，最后吹扫置换，选项A错误。不得利用与可燃易爆生产设备有联系的金属构件作为电焊地线，选项B错误。焊割时，可燃气体应满足：可燃气体或蒸气爆炸下限大于4%的，浓度小于0.5%；可燃气体或蒸气爆炸下限小于4%的，浓度小于0.2%，选项C错误。

[答案] D

[典型例题3·单选] 摩擦和撞击往往是可燃气体、蒸气和粉尘、爆炸物品等着火爆炸的根源之一。为防止产生摩擦和撞击，以下情况中允许的是（　　）。

A. 工人在易燃易爆场所使用铁器制品

B. 爆炸危险场所中机器运转部分使用铝制材料

C. 工人在易燃易爆场所中穿钉鞋工作

D. 搬运易燃液体金属容器在地面进行拖拉搬运

[解析] 在爆炸危险生产环境中，机件的运转部分应该用两种材料制作，其中之一是不发生火花的有色金属材料（铜、铝），选项A错误。工人不得在易燃易爆场所穿钉鞋，避免产生机械火花，选项C错误。搬运储存可燃物体和易燃液体的金属容器时，应当使用专门的运输工具，禁止在地面上滚动、拖拉或抛掷，选项D错误。

[答案] B

环球君点拨

此考点相对简单，建议考生多加注意焊割用火中的数字内容。

考点2 爆炸控制 [2023、2022、2021、2020、2019]

真题链接

[2020·多选] 在生产过程中，为预防在设备和系统里或在其周围形成爆炸性混合物，常采用惰性气体保护措施。下列采用惰性气体保护的措施中，正确的有（　　）。

A. 惰性气体通过管线与有火灾爆炸危险的设备进行连接供危险时使用

B. 易燃易爆系统检修动火前，使用惰性气体进行吹扫置换

C. 可燃固体粉末输送时，采用惰性气体进行保护

D. 易燃液体输送时，采用惰性气体作为输送动力

E. 有可能引起火灾危险的电器、仪表等采用充氮负压保护

[解析] 在有爆炸性危险的生产场所，对有可能引起火灾危险的电器、仪表等采用充氮正压保护，选项E错误。

[答案] ABCD

[2020·单选] 化工厂污水罐主要用于收集厂内工艺污水，通过污水处理单元处理达标后排入

公用排水设施。事故统计表明，污水罐发生闪爆事故的直接原因多是内部的硫化氢气体积聚、上游工艺单元可燃介质窜入污水罐等。为预防此类爆炸事故，下列安全措施中，最有效的是（　　）。

A. 惰性气体保护　　B. 划分防爆区域

C. 静电防护装置　　D. 可燃气体检测

[解析] 在生产过程中，应根据可燃易燃物质的燃烧爆炸特性，以及生产工艺和设备等条件，采取有效措施，预防在设备和系统里或在其周围形成爆炸性混合物。这类措施主要有设备密闭、厂房通风、惰性介质保护、以不燃溶剂代替可燃溶剂、危险物品隔离储存等。划分防爆区域只规定了相应的区域等级；静电防护装置可通过消除静电消除点火能量，但不是最有效的方式，且题干中并未描述发生闪爆的能量来源为静电；可燃气体检测不能从根本上解决，不属于最有效的方式。

[答案] A

[2021・单选] 为防止不同性质危险化学品在贮存过程中相互接触而引起火灾爆炸事故，性质相互抵触的危险化学品不能一起贮存。下列各组物质中，不能一起贮存的是（　　）。

A. 氨气和氧气　　B. 氯酸钾和氮气

C. 氢气和二氧化碳　　D. 硫化氢和氦气

[解析] 惰性气体除易燃气体、助燃气体、氧化剂和有毒物品外，不准和其他种类物品共储。其中惰性气体有氮气、二氧化碳、二氧化硫、氟利昂以及氦气等。硫化氢、氢气属于易燃气体可与惰性气体氦气和二氧化碳共储，氯酸钾属于氧化剂可以和惰性气体氮气共储。氨气属于易燃气体不得与助燃气体氧气共储。

[答案] A

[2021・单选] 化学爆炸的形成需要有可燃物质、助燃气体以及一定能量的点火源，如果用惰性气体或阻燃性气体取代助燃气体，就消除了引发爆炸的一个因素，从而使爆炸过程不能形成，工程上称之为惰性气体保护。下列惰性气体保护措施中，错误的是（　　）。

A. 易燃易爆系统检修动火前，使用蒸汽进行吹扫置换

B. 输送天然气的管道在投入使用前用氮气进行吹扫置换

C. 发生液化烃类物质泄漏时，采用蒸汽冲淡

D. 对有可能引起火灾危险的电器采用充蒸汽正压保护

[解析] 易燃易爆系统检修动火前，使用惰性气体（水蒸气）进行吹扫置换。输送天然气的管道在投入使用前用惰性气体（氮气）进行吹扫置换。对有可能引起火灾危险的电器、仪表灯采用充氮正压保护，若采用蒸汽（水蒸气）可能导致短路引发事故。发现易燃易爆气体泄漏时，采用惰性气体冲淡。

[答案] D

[2022・单选] 在有乙烷爆炸性危险的生产场所，对可能引起火灾的设备，可采用充氮气正压保护。假如乙烷不发生爆炸时氧的最高含量为11%（体积比），空气中氧气占比为21%，某设备内原有空气55L，为了避免该设备引起火灾或爆炸，采用充氮气正压保护，氮气的需用量应不小于（　　）。

A. 65L　　B. 60L　　C. 50L　　D. 55L

[解析] 惰性气体需用量＝（21－11）/11×55＝50（L）。

[答案] C

［2019·单选］对盛装可燃易爆介质的设备和管路应保证其密闭性，但很难实现绝对密封，一般总会有一些可燃气体，蒸气或粉尘从设备系统中泄漏出来。因此，必须采用通风的方法使可燃气体、蒸气或粉尘的浓度不会达到危险的程度，一般应控制在爆炸下限的（　　）。

A. 1/5 以下　　B. 1/2 以下

C. 1/3 以下　　D. 1/4 以下

［解析］必须用通风的方法使可燃气体、蒸气或粉尘的浓度不致达到危险的程度，一般应控制在爆炸下限的1/5以下。如果挥发物既有爆炸性又对人体有害，其浓度应同时控制到满足《工业企业设计卫生标准》(GB 21—2010）的要求。

［答案］A

［2019·多选］某企业维修人员进入储油罐内检修前，不仅要确保放空油罐油料，还要用惰性气体吹扫油罐。维修人员去库房提取氮气瓶时，发现仅有的5个氮气瓶标签上的含氧量有差异。下列标出含氧量的氮气瓶中，维修人员可以提取的氮气瓶有（　　）。

A. 含氧量小于3.5%的气瓶　　B. 含氧量小于2.0%的气瓶

C. 含氧量小于1.5%的气瓶　　D. 含氧量小于3.0%的气瓶

E. 含氧量小于2.5%的气瓶

［解析］氮气等惰性气体在使用前应经过气体分析，其中含氧量不得超过2.0%，选项B、C正确。

［答案］BC

真题精解

点题：本系列真题主要考查爆炸控制的措施，主要包括惰性气体保护、系统密闭和正压操作、厂房通风要求、禁忌物品的储存。重点掌握惰性气体保护中需要采用惰性介质保护的工作环境及要求、惰性气体需用量的计算。注意密闭系统的形成和正压操作的要求。重点掌握厂房通风中可燃气体、蒸气爆炸下限的控制。需要注意危险物品储存时相互反应的气体禁止共储，重点掌握举例。

分析：此处主要介绍惰性气体保护、密闭系统和正压操作、厂房通风要求、危险物品储存要求的重点内容。

1. 惰性气体保护

为了阻止生产环境发生火灾或爆炸，采用惰性气体代替空气，避免形成爆炸系统。

(1) 可燃固体物质的粉碎、筛选处理及其粉末输送时，采用惰性气体进行覆盖保护。

(2) 处理可燃易爆的物料系统，在进料前用惰性气体进行置换，以排除系统中原有的气体，防止形成爆炸性混合物；易燃易爆气体泄漏时可用惰性气体进行冲淡；易燃易爆环境动火前用惰性气体吹扫置换；发生火灾也可以用惰性气体灭火。

(3) 易燃液体利用惰性气体充压输送。

(4) 在有爆炸性危险的生产场所，对有可能引起火灾危险的电器、仪表等采用充氮正压保护。

(5) 惰性气体使用前进行气体分析，含氧量不得超过2%。

(6) 惰性气体需用量的计算。

$$\text{惰性气体需用量 } X=\frac{21-\omega_0}{\omega_0}V$$

式中，X——惰性气体需用量，单位为L；

ω_0——最高氧含量，单位为%；

V——设备内原有空气容积。

该公式会应用即可，考试中对于计算的考查相对简单，直接代入公式计算。

2. 密闭系统和正压操作

（1）检查系统的密闭性，在无色无味的气体中加入显味剂，如在氢气、甲烷中加入硫醇或氨等。

（2）设备内部充满易爆介质时采用正压操作，防止空气的渗入，监测控制设备内部压力，不得高于或低于额定的数值。设置压力警报器，压力异常时发出警报。

（3）设备连接处尽量密闭，采用焊接接头，减少法兰连接。法兰连接时宜采用止口连接面型。

3. 厂房通风要求

可燃气体、蒸气或粉尘浓度控制在爆炸下限 1/5 以下，避免达到危险浓度。

4. 危险物品储存要求

（1）爆炸物品不准与任何其他类物品共储，必须单独隔离储存。如梯恩梯、硝化棉、硝化甘油、硝铵炸药、雷汞、苦味酸等。（只能单独储存）

（2）易燃液体不准与其他种类物品共同储存，即易燃液体可以和不同的易燃液体储存，或量非常少的可以与固体易燃物品隔离后存放。如汽油、苯、二硫化碳、乙醚、甲苯、酒精、煤油等。

（3）易燃气体、助燃气体均可与惰性气体共储，不准和其他物品共同储存。助燃气体除可以与惰性气体共储外，还可以与有毒物品共储。

惰性气体除可与易燃气体、助燃气体共储外，还可以与氧化剂、有毒物品共储，但不得与其他种类物品共储。

（4）几种特殊物品举例。

遇水或空气能自燃的物品：钾、钠、电石、磷化钙、锌粉、铝粉、黄磷。其中钾、钠须浸入石油中单独储存，黄磷浸入水中单独储存。

能引起燃烧的物品：溴、硝酸、铬酸、高锰酸钾等。要与氧化剂隔离储存。

毒性物品：光气、三氧化二砷、氰化钾、氰化钠。

考试中经常以具体的某种物质进行考查，结合该种物质的特性，判断其能否与另一种物质共储进。

拓展：本考点涉及内容较多，需要记忆和掌握的内容也较多，要掌握本考点中例举出的危险化学品的名称、特性。考试中更容易结合生产环境给出具体物质，以考查常见危险化学品的燃爆特性。

举一反三

[典型例题 1·单选] 为防止生产环境中产生爆炸，下列关于安全措施的说法中，不正确的是（　　）。

A. 为了检查无味气体如氢、甲烷等是否漏出，可在其中加入氨气等显味剂

B. 对爆炸危险度大的可燃气体管道，在连接处应尽量采用焊接连接

C. 厂房可以用通风的方法，控制可燃气体浓度在爆炸下限 1/4 以下

D. 使用汽油等易燃溶剂的生产，可以用四氯化碳等危险性较低的溶剂代替

[解析] 厂房可以用通风的方法，控制可燃气体浓度在爆炸下限 1/5 以下，选项 C 错误。

[答案] C

[典型例题 2 · 多选] 下列关于惰性气体应用的说法中，正确的有（　　）。

A. 可燃固体物质的粉碎、筛选处理及其粉末输送时，可采用惰性气体进行覆盖保护

B. 处理可燃易爆的物料系统，在进料前可用惰性气体进行置换，以免形成爆炸性混合物

C. 当设备内充满易爆物质时，要采用负压操作

D. 发现易燃易爆气体泄漏时，可采用惰性气体冲淡

E. 氮气等惰性气体在使用前应经过气体分析，其中含氧量不得超过 3%

[解析] 当设备内充满易爆物质时，要采用正压操作，选项 C 错误。氮气等惰性气体在使用前应经过气体分析，其中含氧量不得超过 2%，选项 E 错误。

[答案] ABD

[典型例题 3 · 多选] 下列关于危险物品储存的说法中，正确的有（　　）。

A. 起爆药、炸药不准与任何其他类的物品共储，必须单独隔离储存

B. 汽油、酒精、煤油等易燃液体不准与其他种类物品共同储存或隔开存放

C. 钾、钠须浸入水中储存，黄磷须进入石油中储存

D. 硝酸钾、硝酸钠、过氧化钠除惰性气体外，不准与其他种类的物品共储

E. 硝酸、高锰酸钾等能引起燃烧的物品不准与其他种类的物品共储，与氧化剂亦应隔离

[解析] 汽油、酒精、煤油等易燃液体不准与其他种类物品共同储存，如数量甚少，允许与固体易燃物品隔开存放，选项 B 错误。钾、钠浸进入石油中，黄磷浸入水中，均单独储存，选项 C 错误。

[答案] ADE

环球君点拨

本考点属于重要考点，内容较多，经常与其他防火防爆技术措施结合考查，综合性较强。

考点 3　防火防爆安全装置及技术 [2023、2022、2021、2020、2019、2018]

真题链接

[2023 · 多选] 防火防爆安全装置用于防止火灾爆炸的发生、阻止燃爆扩展、减少燃爆损失。隔爆装置是防火防爆安全装置之一。关于隔爆装置的说法，正确的有（　　）。

A. 隔爆装置用来阻隔火焰，与工业阻火器的阻火原理不同

B. 隔爆装置只在燃爆发生时才起作用，其本身对流体阻力小

C. 被动式隔爆装置由某一执行机构控制其达到隔爆目的

D. 对流体中含有粉尘、易凝物等的输送管道，应选用隔爆装置

E. 主动式隔爆装置主要有自动断路阀、管道换向隔爆等形式

[解析] 主动式（监控式）隔爆装置由一灵敏的传感器探测爆炸信号，经放大后输出给执行机构，控制隔爆装置喷洒抑爆剂或关闭阀门，从而阻隔爆炸火焰的传播。被动式隔爆装置主要有自动断路阀、管道换向隔爆等形式，是由爆炸波推动隔爆装置的阀门或闸门来阻隔火焰，选项 C、E 错误。

[答案] ABD

[2020 · 单选] 机械阻火隔爆装置主要有工业阻火器、主动式隔爆装置和被动式隔爆装置等。

下列关于机械阻火隔爆装置作用过程的说法中，错误的是（　　）。

A. 工业阻火器在工业生产过程中时刻都在起作用，主、被动式隔爆装置只是在爆炸发生时才起作用

B. 主动式隔爆装置是在探测到爆炸信号后，由执行机构喷洒抑爆剂或关闭闸门来阻隔爆炸火焰

C. 工业阻火器靠本身的物理特性来阻火，可用于输送气体中含有杂质（如粉尘等）的管道中

D. 被动式隔爆装置是由爆炸引起的爆炸波推动隔爆装置的阀门或闸门，阻隔爆炸火焰

[解析] 工业阻火器在工业生产过程中时刻都在起作用，对流体介质的阻力较大，而主动式、被动式隔爆装置只是在爆炸发生时才起作用，因此它们在不动作时对流体介质的阻力小，有些隔爆装置甚至不会产生任何压力损失。工业阻火器对于纯气体介质才是有效的，对气体中含有杂质（如粉尘、易凝物等）的输送管道，应当选用主动式、被动式隔爆装置为宜。主动式（监控式）隔爆装置由一灵敏的传感器探测爆炸信号，经放大后输出给执行机构，控制隔爆装置喷洒抑爆剂或关闭阀门，从而阻隔爆炸火焰的传播。被动式隔爆装置主要有自动断路阀、管道换向隔爆等形式，是由爆炸波推动隔爆装置的阀门或闸门来阻隔火焰。

[答案] C

[2022・多选] 隔爆装置主要有工业阻火器、主动式隔爆装置和被动式隔爆装置等类型。工业阻火器又分为机械阻火器、液封阻火器和料封阻火器等。根据机械阻火器的阻火原理，下列生产系统的管道中，适合使用机械阻火器的有（　　）。

A. 石油产品储罐的出口管

B. 内燃机的排气管

C. 含粉尘可燃气体的管道

D. 爆炸危险系统通风管口

E. 加热炉燃烧器的燃气管

[解析] 工业阻火器对于纯气体介质才是有效的，对于气体中含有杂质（如粉尘、易凝物）的输送管道，则选择主、被动式隔爆装置。机械阻火器可阻止爆轰火焰的传播。石油产品储罐的出口管、含粉尘可燃气体的管道、加热炉燃烧器的燃气管都不属于纯气体介质的管道。

[答案] BD

[2019・单选] 由烟道或车辆尾气排放管飞出的火星也可能引起火灾。因此，通常在可能产生火星设备的排放系统安装火星熄灭器，以防止飞出的火星引燃可燃物料，关于火星熄灭器工作机理的说法中，错误的是（　　）。

A. 火星由粗管进入细管，加快流速，火星就会熄灭，不会飞出

B. 在火星熄灭器中设置网格等障碍物，将较大、较重的火星挡住

C. 设置旋转叶轮改变火星流向，增加路程，加速火星的熄灭或沉降

D. 在火星熄灭器中采用喷水或通水蒸气的方法熄灭火星

[解析] 由烟道或车辆尾气排放管飞出的火星也可能引起火灾。因此，通常在可能产生火星设备的排放系统，如加热炉的烟道，汽车、拖拉机的尾气排放管等，安装火星熄灭器，用以防止飞出的火星引燃可燃物料。当烟气由管径较小的管道进入管径较大的火星熄灭器中，气流由小容积进入大容积，致使流速减慢、压力降低，烟气中携带的体积、质量较大的火星就会沉降下来，不会从烟道飞出，选项 A 错误。

[答案] A

[2021·单选] 阻火隔爆按其作用原理可分为机械隔爆和化学抑爆两类。化学抑爆是在火焰传播显著加速的初期，通过喷洒抑爆剂来抑制爆炸的作用范围及猛烈程度的一种防爆技术。关于化学抑爆技术的说法，错误的是（　　）。

A. 化学抑爆技术不适用于无法开设泄爆口的设备

B. 化学抑爆技术可以避免有毒物料、明火等窜出设备

C. 常用的抑爆剂有化学粉末、水、卤代烷和混合抑爆剂等

D. 化学抑爆系统主要由爆炸探测器、爆炸抑制器和控制器组成

[解析] 化学抑爆技术适用于易产生二次爆炸，或无法开设泄爆口的设备以及所处位置不利于泄爆的设备。

[答案] A

[2021·单选] 安全阀在设备或容器内的压力超过设定值时自动开启，泄出部分介质降低压力，从而防止设备或容器破裂爆炸。下列针对安全阀设置的要求中，错误的是（　　）。

A. 安全阀用于泄放可燃液体时，宜将排泄管接入事故储槽、污油罐或其他容器

B. 当安全阀的入口处装有隔断阀时，隔断阀必须保持常开状态并加铅封

C. 液化气体容器上的安全阀应安装于液相部分，防止排出气体物料，发生事故

D. 室内可燃气体压缩机安全阀的放空口宜引出房顶，并高于房顶 2m 以上

[解析] 液化气体容器上的安全阀应安装于气相部分，防止排出液体物料，发生事故。

[答案] C

[2019·单选] 安全阀按其结构和作用原理可分为杠杆式、弹簧式和脉冲式等，按气体排放方式可分为全封闭式、半封闭式和敞开式三种。关于不同类型安全阀适用系统的说法，正确的是（　　）。

A. 弹簧式安全阀适用移动式压力容器

B. 杠杆式安全阀适用持续运行的系统

C. 杠杆式安全阀适用高压系统

D. 弹簧式安全阀适用高温系统

[解析] 杠杆式安全阀适用于温度较高的系统但不是高压系统，且不适用于持续运行的系统中，选项 B、C 错误。弹簧式安全阀不适用于高温系统，长期处于高温系统会影响弹簧的弹力，选项 D 错误。

[答案] A

[2020·单选] 某压力容器内的介质不洁净、易于结晶或聚合，为预防该容器内压力过高导致爆炸，拟安装安全泄压装置。下列安全泄压装置中，该容器应安装的是（　　）。

A. 安全阀　　B. 易熔塞

C. 爆破片　　D. 防爆门

[解析] 如果压力容器的介质不洁净、易于结晶或聚合，这些杂质或结晶体有可能堵塞安全阀，使得阀门不能按规定的压力开启，失去了安全阀泄压作用，在此情况下就只得用爆破片作为泄压装置，选项 C 正确。

[答案] C

[2021·多选] 爆破片也称防爆膜或防爆片，是一种断裂型的安全泄压装置，当设备、容器及

系统因某种原因压力超标时，爆破片即被破坏进而泄压，以防止设备、容器及系统受到破坏。决定爆破片防爆效率的因素有（　　）。

A. 环境湿度　　B. 系统压力

C. 膜片厚度　　D. 泄压面积

E. 膜片材质

［解析］爆破片的防爆效率取决于它的厚度、泄压面积和膜片材料的选择。

［答案］CDE

［2022·单选］爆破片的作用是在设备、容器及系统压力超标时，爆破片碾平使过高的压力泄放出来，以保证系统安全。关于爆破片及其使用场合的说法，正确的是（　　）。

A. 乙炔发生器应安装爆破片，爆破压力应大于设计压力

B. 选定爆破片的爆破压力应为系统最高工作压力

C. 常压工作的系统不应选用玻璃材质的爆破片

D. 对乙炔设备，爆破片泄压面积应按 $1m^3$ 容积取 $0.45m^2$

［解析］乙炔发生器应安装爆破片，爆破压力应小于设计压力，才能起到安全保护的作用，选项 A 错误。爆破片爆破压力的选定，一般为设备、容器及系统最高工作压力的 1.15～1.3 倍，选项 B 错误。正常工作时操作压力较低或没有压力的系统，可选用石棉、塑料、橡胶或玻璃等材质的爆破片，选项 C 错误。爆破片应有足够的泄压面积以保证压力的释放，氢和乙炔的设备爆破片的泄压面积则应大于 $0.4m^2$，选项 D 符合要求。

［答案］D

［2022·单选］根据《建筑设计防火规范》（GB 50016—2014）（2018 年版），有爆炸危险的甲、乙类厂房应设置泄压设施，对存在较空气轻的可燃气体、可燃空气的甲类厂房，宜采用轻质屋面板全部或局部作为泄压设施。该轻质屋面板的单位面积质量不宜超过（　　）。

A. $60kg/m^2$　　B. $90kg/m^2$

C. $75kg/m^2$　　D. $45kg/m^2$

［解析］作为泄压设施的轻质屋面板和墙体的质量不宜超过 $60kg/m^2$。

［答案］A

真题精解

点题：本系列真题主要考查阻火隔爆技术和防爆泄压技术。阻火隔爆装置主要内容包括阻火器的类型和特点，单向阀、火星熄灭器，化学抑爆装置的原理和使用情况。防爆泄压装置重点、系统介绍了安全阀的特点、适用范围，爆破片的特点、适用情形，泄压面积的计算。本考点涉及的安全阀、爆破片的内容与特种设备中是一致的，可以结合起来掌握。

2018 年真题考查了阻火器的适用条件、安装要求的内容，同 2020 年真题。

分析：此处主要介绍阻火器、化学抑爆、安全阀和爆破片的重点内容。

1. 阻火器

（1）工业阻火器特点：生产过程中时时刻刻起作用；对纯气体介质有效。

（2）主动式隔爆装置：信号→执行机构→喷洒抑爆剂或关闭阀门→阻隔爆炸火焰。

（3）被动式隔爆装置：爆炸波→阀门或闸门阻隔火焰。

（4）单向阀：通常在系统中流体的进口和出口之间，与燃气或燃油管道及设备相连接的辅助管

线上，高压与低压系统之间的低压系统上，或压缩机与油泵的出口管线上安置单向阀。

（5）火星熄灭器：通道——管径小进入管径大的火星熄灭器；设置网格障碍物阻挡较大较重火星；改变烟气流向增加路程，消耗火星能量加速火星熄灭、沉降。

2. 化学抑爆

（1）适用时期：火焰传播加速的初期。

（2）适用设备：装有气相氧化剂中可能发生爆燃的气体、油雾或粉尘的任何密闭设备。泄爆易产生二次爆炸，或无法开设泄爆口的设备以及所处位置不利于泄爆的设备。

（3）抑爆剂：化学粉末、水、卤代烷和混合抑爆剂。

（4）爆炸抑制系统组成：爆炸探测器、爆炸抑制器和控制器三部分组成。

3. 安全阀

（1）安全阀是常用的泄压装置，根据其结构和作用原理不同，分为杠杆式、弹簧式和脉冲式三种。按照气体排放方式的不同，分为全封闭式、半封闭式、敞开式三种。

①杠杆式：结构简单，相对笨重，只用于中、低压系统；适用于温度较高的系统，但不是高压系统；持续运行的系统不适用此类安全阀。

②弹簧式：灵敏度高，应用广；对振动的敏感程度较小，可以用于移动式的压力容器；但不适用于高温系统。

③脉冲式：适用于安全泄放量很大的系统，高压系统也适用于此类安全阀。

注意不同分类依据下安全阀类型，其次注意杠杆式、弹簧式、脉冲式安全阀结构特点和适用范围。

（2）安全阀的设置要求：

①安装前应由安装单位继续复校后加铅封，并出具安全阀校验报告。

②当安全阀的入口处装有隔断阀时，隔断阀必须保持常开状态并加铅封。

③安全阀泄放压力时需要根据物质特点选择适当的位置和泄放方式，可燃介质排放后注意防火防爆、加强通风，易燃易爆介质泄放至密闭系统、及时收集处理。

④室内的设备，如蒸馏塔、可燃气体压缩机的安全阀、放空口宜引出房顶，高于房顶 2m 以上。

4. 爆破片

（1）特点：一次性使用；介质不洁净、易于结晶、有杂质均可；密闭性好，介质可以是剧毒气体、可燃气体。（可对比记忆安全阀：重复使用；介质要求洁净；密闭性相对差一些）

（2）影响爆破片防爆效率的因素：厚度、泄压面积、膜片材料。

（3）爆破压力：爆破片的爆破压力应低于系统的设计压力。爆破片爆破压力一般为设备、容器及系统最高工作压力的 1.15～1.3 倍。

（4）更换周期：一般 6～12 个月更换一次。

（5）泄压设施：轻质屋面板和墙体质量宜不超过 60kg/m^2。

拓展： 本考点涉及泄压面积的计算，虽然近几年没有考查过，但仍需掌握。根据《建筑设计防火规范》（GB 50016）的规定，计算泄压面积的公式如下：

$$A=10CV^{2/3}$$

式中，A——泄压面积（m^2）；

V——厂房的容积（m^2）；

C——泄压比（m^2/m^3）。

举一反三

[典型例题1·单选] 下列关于阻火防爆装置性能及使用的说法中，正确的是（　　）。

A. 一些具有复合结构的料封阻火器可阻止爆轰火焰的传播

B. 工业阻火器常用于阻止爆炸初期火焰的蔓延

C. 工业阻火器只有在爆炸发生时才起作用

D. 被动式隔爆装置对于纯气体介质才是有效的

[解析] 工业阻火器分为机械阻火器、液封阻火器和料封阻火器。工业阻火器常用于阻止爆炸初期火焰的蔓延。一些具有复合结构的机械阻火器也可阻止爆轰火焰的传播。工业阻火器对于纯气体介质才是有效的。

[答案] B

[典型例题2·单选] 下列关于单向阀、阻火阀门、火星熄灭器性质及应用的说法中，错误的是（　　）。

A. 生产中用的单向阀有弹簧式、杠杆式、脉冲式等几种

B. 阻火阀门的易熔金属元件既可由低熔点金属制成，也可采用塑料等有机材料代替

C. 火星熄灭器熄火的方式之一是设置旋转叶轮等方法改变烟气流动方向，增加烟气所走的路程，以加速火星的熄灭或沉降

D. 当烟气由管径较小的管道进入管径较大的火星熄灭器中时，体积、质量较大的火星就会沉降下来，不会从烟道飞出

[解析] 生产中用的单向阀有升降式、摇板式、球式等几种，其作用是仅允许气体或液体向一个方向流动，遇到倒流时即自行关闭，可用来防止发生回火时火焰倒吸和蔓延等事故。

[答案] A

[典型例题3·单选] 化学抑爆是在火焰传播显著加速的初期通过喷洒抑爆剂来抑制爆炸的作用范围及猛烈程度的一种防爆技术。下列关于化学抑制防爆装置安全技术要求的说法中，正确的是（　　）。

A. 化学抑爆装置可用于装有气相氧化剂中可能发生爆燃的气体、油雾或粉尘的任何密闭设备

B. 化学抑爆技术可以避免灼热物料、明火等窜出设备，对设备强度的要求较高

C. 化学抑爆装置不适用于易产生二次爆炸的设备

D. 常用的抑爆剂有化学粉末、卤代院和混合抑爆剂，水因为性质简单，不可作为抑爆剂

[解析] 选项B错误，化学抑爆技术可以避免有毒或易燃易爆物料以及灼热物料、明火等窜出设备，对设备强度的要求较低。选项C错误，化学抑爆装置适用于泄爆易产生二次爆炸，或无法开设泄爆口的设备以及所处位置不利于泄爆的设备。选项D错误，常用的抑爆剂有化学粉末、水、卤代烷和混合抑爆剂等。

[答案] A

[典型例题4·单选] 下列关于防爆泄压装置的说法中，正确的是（　　）。

A. 安全阀按其结构可分为全封闭式、半封闭式和敞开式三种

B. 爆破片的防爆效率取决于自身厚度、容器压力和膜片材料的选择

C. 作为泄压设施的轻质屋面板和墙体的质量不宜大于 40kg/m²

D. 工作介质为剧毒气体的压力容器，其泄压装置应采用爆破片而不宜用安全阀

[解析] 安全阀按其结构和作用原理可分为杠杆式、弹簧式和脉冲式等，选项 A 错误。爆破片的防爆效率取决于它的厚度、泄压面积和膜片材料的选择，选项 B 错误。作为泄压设施的轻质屋面板和墙体的质量不宜大于 60kg/m²，选项 C 错误。

[答案] D

环球君点拨

本考点属于重要考点，内容较多，有一定的专业性，建议考生多看几遍并掌握。

第三节 烟花爆竹安全技术

考点 烟花爆竹基本安全知识 [2023、2022、2021、2020、2019、2017、2014、2013]

真题链接

[2023·单选]《烟花爆竹工程设计安全规范》(GB 50161—2009) 规定了危险品生产区内部距离的计算方法和最小内部距离要求。下列针对危险品生产区最小内部距离的要求中，不符合该标准的是（　　）。

A. 危险品生产区内 1.1 级建（构）筑物与厂区内水塔的内部距离不应小于 50m

B. 危险品生产区内 1.1 级建（构）筑物与地下式消防水池的内部距离不应小于 50m

C. 危险品生产区内 1.1 级建（构）筑物与半地下式消防水池的内部距离不应小于 50m

D. 危险品生产区内 1.1 级建（构）筑物与厂区内水泵房的内部距离不应小于 50m

[解析] 危险品生产区内 1.1 级建（构）筑物与公用建（构）筑物的内部距离应符合下列规定：与厂区内办公室、食堂、汽车库、锅炉房、独立变电所、水塔、水泵房、有明火或散发火花建筑物的内部距离，应按《烟花爆竹工程设计安全规范》(GB 50161—2009) 的要求计算后至少再增加 50%，且不应小于 50m；与半地下式消防水池的内部距离不应小于 50m，与地下式消防水池的内部距离不应小于 30m。本题属于超纲内容考查。

[答案] B

[2021·单选] 烟花爆竹产品生产过程中应采取防火防爆措施。手工进行盛装、掏挖、装筑（压）烟火药作业，使用的工具材质应是（　　）。

A. 瓷质　　B. 铁质

C. 铜质　　D. 塑料

[解析] 手工直接接触烟火药的工序应使用铜、铝、木、竹等材质工具，不应使用铁器、瓷器和不导静电的塑料、化纤材料等工具。

[答案] C

[2022·单选] 烟火药的成分包括有氧化剂、还原剂、黏合剂、添加剂等，其组分决定了其具有燃烧和爆炸的特性，在烟火药生产过程中，必须采取相应的防火防爆措施。下列烟火药生产过程防火防爆措施的要求中，正确的是（　　）。

A. 湿法配制含铝烟火药应及时通风　　B. 氯酸盐烟火药混合应采用球磨机

第四章

C. 烟火药干燥后散热应及时翻动　　　　　D. 手工制作引火线应在专用工房内

[解析] 采用湿法配制含铝、铝镁合金等活性金属粉末的烟火药时，应及时做好通风散热处理，选项A正确。不应使用球磨机混合氯酸盐烟火药等高感度药物，选项B错误。药物在干燥散热时，不应翻动和收取，应冷却至室温时收取，选项C错误。引火线应机械制作，并在专用工房操作，选项D错误。

[答案] A

[2020·单选] 为保证烟花爆竹安全生产，生产过程中常采取增加湿度的措施或者湿法操作，然后再进行干燥处理。下列干燥工艺的安全要求中，错误的是（　　）。

A. 产品干燥不应与药物干燥在同一晒场（烘房）进行

B. 摩擦类产品不应与其他类产品在同一晒场（烘房）干燥

C. 循环风干燥应有除尘设备并定期清扫

D. 蒸汽干燥的烘房应采用肋形散热器

[解析] 成品、有药半成品的干燥应在专用场所（晒场、烘房）进行；严格执行每栋工房定员、定量、热能选择、干燥方式等；产品干燥不应与药物干燥在同一晒场（烘房）进行，摩擦类产品不应与其他类产品在同一晒场（烘房）干燥。蒸汽干燥的烘房温度小于或等于75℃，升温速度小于或等于30℃/h，不宜采用肋形散热器。热风干燥成品，有药半成品室温小于或等于60℃，风速小于或等于1m/s；循环风干燥应有除尘设备，除尘设备要定期清扫。干燥后的成品、有药半成品应通风散热。在干燥散热时，不应翻动和收取，应冷却至室温时收取。

[答案] D

[2021·单选] 根据《烟花爆竹工程设计安全规范》(GB 50161—2009)，危险性建筑物与村庄、铁路、电力设施等外部的最小允许距离，应分别按建筑物的危险等级和计算药量计算后取其最大值。关于计算药量的说法，正确的是（　　）。

A. 防护屏障内的危险品药量，应计入该屏障内的危险性建筑物的计算药量

B. 抗爆间室的危险品药量，应计入危险性建筑物的计算药量

C. 厂房内采取了分隔防护措施，各分隔区不会同时爆炸或燃烧的药量可分别计算后取和

D. 烟花爆竹生产建筑中短期存放的药量不计入计算药量

[解析] 确定计算药量时应注意以下几点：①防护屏障内的危险品药量，应计入该屏障内的危险性建筑物的计算药量；②抗爆间室的危险品药量可不计入危险性建筑物的计算药量；③厂房内采取了分隔防护措施，相互间不会引起同时爆炸或燃烧的药量可分别计算，取其最大值。《烟花爆竹作业安全技术规程》(GB 11652—2012) 对定量的定义是：在危险性场所允许存放（或滞留）的最大药物质量（含半成品、成品中的药物质量）。由以上定义可以看出，厂房计算药量和停滞药量规定，实际上都是烟花爆竹生产建筑物中暂时搁置时允许存放的最大药量。

[答案] A

[2021·多选] 烟火药的制造工艺包括粉碎、研磨、过筛、称量、混合、造粒、干燥等。关于烟火药制造过程中防火防爆措施的说法，正确的有（　　）。

A. 粉碎氧化剂、还原剂应分别在单独专用工房内进行

B. 进行烟火药各成分混合宜采用转鼓式机械设备

C. 进行三元黑火药混合的球磨机与药物接触的部分不应使用黄铜部件

D. 进行烟火药混合的设备不应使用易产生静电积累的塑料材质

E. 可使用球磨机混合氯酸盐烟火药等高感度药物

[解析] 根据《烟花爆竹作业安全技术规程》(GB 11652—2012)的规定，不应使用石磨、石臼混合药物；不应使用球磨机混合氯酸盐烟火药等高感度药物。进行二元或三元黑火药混合的球磨机与药物接触的部分不应使用铁制部件，可用黄铜、杂木、楠竹和皮革及导电橡胶等材料制成。进行烟火药混合的设备应达到不产生火花和静电积累的要求，不应使用易产生火花（铁质）和静电积累（塑料）材质。

[答案] ABD

[2022·单选] 根据《民用爆炸物品工程设计安全标准》(GB 50089—2018)的规定，民用爆炸危险品应采用专用运输工具进行运输，以保证运输环节的安全。根据该标准，下列专用运输工具中，符合民用爆炸危险品短途运输安全要求的是（　　）。

A. 专用三轮车　　　　B. 专用汽车

C. 专用挂车　　　　D. 专用拖拉机

[解析] 根据《民用爆炸物品工程设计安全标准》(GB 50089—2018)的规定，危险品运输宜采用汽车运输，不应采用三轮车和畜力车运输。严禁采用翻斗车和各种挂车。

[答案] B

[2020·单选] 烟花爆竹工厂的安全距离指危险性建筑物与周围建筑物之间的最小允许距离，包括外部距离和内部距离。下列关于外部距离和内部距离的说法中，错误的是（　　）。

A. 工厂危险品生产区内的危险性建筑物与周围村庄的距离为外部距离

B. 工厂危险品生产区内危险性建筑物与厂部办公楼的距离为内部距离

C. 工厂危险品生产区内的危险性建筑物与本厂生活区的距离为外部距离

D. 工厂危险品生产区内危险性建筑物之间的距离为内部距离

[解析] 烟花爆竹工厂的安全距离实际上是危险性建筑物与周围建筑物之间的最小允许距离，包括工厂危险品生产区内的危险性建筑物与其周围村庄、公路、铁路、城镇和本厂住宅区等的外部距离，以及危险品生产区内危险性建筑物之间以及危险建筑物与周围其他建（构）筑物之间的内部距离。安全距离的作用是：保证一旦某座危险性建筑物内的爆炸品发生爆炸时，不至于使邻近的其他建（构）筑物造成严重破坏和造成人员伤亡。

[答案] B

真题精解

点题：本系列真题涉及的规范内容较多。考查频次较高的内容包括烟花爆竹、烟火药生产过程中的安全措施、生产过程中的防护防爆措施、安全距离的确定。烟花爆竹基本安全知识的内容以掌握高频考点为主，可考规范的内容较广，全部掌握性价比较低。

2019 年、2017 年、2013 年真题考查了工具材质的选用，考查形式同上述 2021 年真题。2014 年真题考查了内部距离与外部距离的概念，考查形式同上述 2020 年真题。

分析：此处主要介绍烟花爆竹、烟火药生产过程中的安全措施，烟花爆竹生产过程中的防火防爆措施，安全距离的要求，烟花爆竹储存和运输要求的重点内容。

1. 烟花爆竹、烟火药生产过程中的安全措施

(1) 粉碎氧化剂、还原剂应分别在单独专用工房内进行，每栋工房定员 2 人；严禁将氧化剂和

还原剂混合粉碎筛选；粉碎筛选过一种原材料后的机械、工具、工房应经清扫（洗）、擦拭干净才能粉碎筛选另一种原材料；高感度的材料应专机粉碎；不应用粉碎氧化剂的设备粉碎还原剂，或用粉碎还原剂的设备粉碎氧化剂。粉碎时应保持通风并防止粉尘浓度过高。

（2）进行二元或气元黑火药混合的球磨机与药物接触的部分不应使用铁制部件，可用黄铜、杂木、楠竹和皮革及导电橡胶等材料制成。进行烟火药混合的设备应达到不产生火花和静电积累的要求，不应使用易产生火花（铁质）和静电积累（塑料）材质。

（3）不应使用球磨机混合氯酸盐烟火药等高感度药物；不应使用干法和机械法混合摩擦药；每次药物混合后，宜采用竹、木、纸等不易产生静电的材质容器盛装，及时送入下道工序或药物中转库存放，并立即标识；干药在中转库的停滞时间小于或等于 24h；采用湿法配制含铝、铝镁合金等活性金属粉末的烟火药时，应及时做好通风散热处理。

（4）药物干燥应采用日光、热水（溶液）、低压热蒸汽、热风干燥或自然晾干，不应用明火直接烘烤药物；药物干燥时要控制药量、温度；药物在干燥散热时，不应翻动和收取，应冷却至室温时收取，如另设散热间，其定员、定量、药架设置应与烘房一致并配套；散热间内不应进行收取和计量包装操作，不应堆放成箱药物；湿药和未经摊凉、散热的药物不应堆放和入库。

（5）引火线应机械制作，并在专用工房操作；机械动力装置应与制引机隔离。

2. 烟花爆竹生产过程中的防火防爆措施

（1）手工直接接触烟火药的工序应使用铜、铝、木、竹等材质的工具，不应使用铁器、瓷器和不导静电的塑料、化纤材料等工具盛装、掏挖、装筑（压）烟火药；盛装烟火药时药面应不超过容器边缘。

（2）成品、有药半成品的干燥应在专用场所（晒场、烘房）进行；严格执行每栋工房定员、定量、热能选择、干燥方式等；产品干燥不应与药物干燥在同一晒场（烘房）进行，摩擦类产品不应与其他类产品在同一晒场（烘房）干燥。

（3）蒸汽干燥的烘房温度小于或等于 75℃，升温速度小于或等于 30℃/h，不宜采用肋形散热器。

（4）热风干燥成品，有药半成品室温小于或等于 60℃，风速小于或等于 1m/s；循环风干燥应有除尘设备，除尘设备要定期清扫。

（5）干燥后的成品、有药半成品应通风散热。在干燥散热时，不应翻动和收取，应冷却至室温时收取。

3. 安全距离的要求

烟花爆竹工厂的安全距离实际上是危险性建筑物与周围建筑物之间的最小允许距离，包括工厂危险品生产区内的危险性建筑物与其周围村庄、公路、铁路、城镇和本厂住宅区等的外部距离，以及危险品生产区内危险性建筑物之间以及危险建筑物与周围其他建（构）筑物之间的内部距离。

根据相关规定，确定计算药量的要求如下：

（1）防护屏障内的危险品药量，应计入该屏障内的危险性建筑物的计算药量。

（2）抗爆间室的危险品药量可不计入危险性建筑物的计算药量。

（3）厂房内采取了分隔防护措施，相互间不会引起同时爆炸或燃烧的药量可分别计算，取其最大值。

厂房计算药量和停滞药量规定，实际上都是烟花爆竹生产建筑物中暂时搁置时允许存放的最大药量。

4. 烟花爆竹储存和运输要求

(1) 烟火药、黑火药堆垛的高度不应超过1.0m；半成品与未成箱成品堆垛的高度不应超过1.5m；成箱成品堆垛的高度不应超过2.5m。

(2) 危险品的运输宜采用符合安全要求并带有防火罩的汽车运输；厂内运输可采用符合安全要求的手推车运输，厂房之间的运输也可采用人工提送的方式。不宜采用三轮车运输，严禁用畜力车、翻斗车和各种挂车运输。

拓展：本考点涉及内容较为专业，涉及规范较多，可以与下一节“民用爆炸物品安全技术”的内容对比学习。

本考点中还要掌握烟花爆竹安全性能检测项目。根据《烟花爆竹　安全与质量》(GB 10631)的规定，主要安全性能检测项目包括摩擦感度、撞击感度、静电感度、爆发点、相容性、吸湿性、水分、pH。

举一反三

[典型例题1·单选] 烟火药最基本的组成是氧化剂和还原剂。但仅有单一的氧化剂和还原剂组成的二元混合物，很难获得理想的烟火效应。因此，实际应用的烟火药除氧化剂和还原剂外，还包括黏合剂、添加剂等。下列关于烟火药原料的说法中，正确的是（　　）。

A. 烟火药常用的还原剂包括高氯酸钾、硝酸钾、四氧化三铅等

B. 烟火药常用的氧化剂包括镁铝合金粉、铝粉、木炭、硫磺等

C. 烟火药常用的黏合剂包括淀粉、虫胶、聚乙烯醇

D. 木炭、纸屑、稻壳等不得作为烟火药添加剂

[解析] 烟火药常用的氧化剂包括高氯酸钾、硝酸钾、四氧化三铅等，选项A错误。烟火药常用的还原剂包括镁铝合金粉、铝粉、木炭、硫磺等，选项B错误。烟火药常用的添加剂包括木炭、纸屑、稻壳等，选项D错误。

[答案] C

[典型例题2·单选] 烟花爆竹工厂建筑物的计算药量是该建筑物内（含生产设备、运输设备和器具里）所存放的黑火药、烟火药、在制品、半成品、成品等能形成同时爆炸或燃烧的危险品最大药量。这里所指建筑物包括厂房和仓库。下列有关计算药量的说法中，正确的是（　　）。

A. 防护屏障内的危险品药量，不应计入该屏障内的危险性建筑物的计算药量

B. 抗爆间室的危险品药量应当计入危险性建筑物的计算药量

C. 厂房内采取了分隔防护措施，相互间不会引起同时爆炸或燃烧的药量应相加计算取合值

D. 厂房计算药量和停滞药量都是烟花爆竹生产建筑物中暂时搁置时允许存放的最大药量

[解析] 防护屏障内的危险品药量，应计入该屏障内的危险性建筑物的计算药量，选项A错误。抗爆间室的危险品药量可不计入危险性建筑物的计算药量，选项B错误。厂房内采取了分隔防护措施，相互间不会引起同时爆炸或燃烧的药量可分别计算，取其最大值，选项C错误。

[答案] D

[典型例题3·单选] 烟花爆竹、原材料和半成品的主要安全性能检测项目有摩擦感度、撞击感度、静电感度、爆发点等。下列关于烟花爆竹、原材料和半成品的安全性能的说法中，正确的是（　　）。

A. 烟花爆竹药剂的内相容性是指药剂与其接触物质之间的相容性

B. 炸药的爆发点越高，表示炸药对热的敏感度越高

C. 静电感度包括炸药摩擦时产生静电的难易程度和对静电放电火花的感度

D. 摩擦感度是指药剂在冲击和摩擦作用下发生燃烧或爆炸的难易程度

[解析] 烟花爆竹药剂内相容性是指药剂中组分与组分之间的相容性，选项 A 错误。炸药的爆发点越低，表示炸药对热的敏感度越高，选项 B 错误。摩擦感度体现的是火药发生燃烧或爆炸的难易程度，选项 D 错误。

[答案] C

环球君点拨

本考点内容较多，可考查的规范也较多，掌握重点内容即可。

第四节　民用爆炸物品安全技术

考点　民用爆炸物品生产安全基础知识 [2023、2022、2021、2020、2015]

真题链接

[2023 · 单选] 由于民用爆炸物品存在燃烧爆炸特性，在生产、储运、经营、使用等过程中存在火灾、爆炸风险，因此，必须了解其燃烧爆炸特性，制定有效的防火防爆措施。关于民用爆炸物品燃烧特性的说法，正确的是（　　）。

A. 炸药燃烧时气体产物所做的功属于力学特性

B. 炸药中加入少量二苯胺会改善其力学特性

C. 炸药燃烧速率与炸药的物理结构关系不大

D. 炸药的燃烧特性标志着炸药能量释放的能力

[解析] 力学特性是指火药要具有相应的强度，满足在高温下保持不变形、低温下不变脆，能承受在使用和处理时可能出现的各种力的作用，以保证稳定燃烧。能量特征是标志火药做功能力的参量，一般是指 1kg 火药燃烧时气体产物所做的功。一般在炸药中加入少量的化学安定剂，如二苯胺。它标志炸药能量释放的能力，主要取决于炸药的燃烧速率和燃烧表面积。燃烧速率与炸药的组成和物理结构有关，还随初始温度和工作压力的升高而增大。

[答案] D

[2022 · 单选] 根据《民用爆炸物品品名表》（国防科工委、公安部公告 2006 年第 1 版），民用爆炸物品分为工业炸药、工业雷管、工业索类火工品、其他民用爆炸物品、原材料等五类。下列民用爆炸物品中，属于工业炸药类的是（　　）。

A. 硝化甘油炸药

B. 工业黑索今（RDX）

C. 黑火药

D. 奥克托今（HMX）

[解析] 根据《民用爆炸物品品名表》，民用爆炸物品包括工业炸药（27 类）、工业雷管（10 类）、工业索类火工品（5 类）、其他民用爆炸品（5 类）、原材料（12 类）。工业炸药包括乳化炸药、铵梯类炸药、膨化硝铵炸药、水胶炸药及其他炸药制品等。选项 B、C、D 均属于原材料。奥

克托今，亦称 HMX，学名“环四亚甲基四硝胺”，是一种热安定性和爆速都高于黑索今的高能硝胺类炸药，是现今军事上使用的综合性能最好的炸药。

[答案] A

[2021・单选] 民用爆炸物品种类繁多，不同类别和品种的爆炸物品在生产、储存、运输和使用过程中的危险因素不尽相同，因而要采用不同的安全措施。为了保证炸药在长期储存中的安全，一般会加入少量的二苯胺等化学药剂，此技术措施主要改善了炸药的（　　）。

A. 能量特征　　B. 燃烧特征

C. 安定性　　D. 可靠性

[解析] 一般在炸药中加入少量的化学安定剂，如二苯胺，可以提高炸药的安定性。

[答案] C

[2020・单选] 乳化炸药在生产、储存、运输和使用过程中存在诸多引发燃烧爆炸事故的危险因素，包括高温、撞击摩擦、电气、静电火花、雷电等。下列关于引发乳化炸药原料或成品燃烧爆炸事故的说法中，错误的是（　　）。

A. 硝酸铵在储存过程中会发生自然分解，放出的热量聚集，温度达到其爆发点，会引发燃烧爆炸事故

B. 乳化炸药在储存、运输过程中，静电放电的火花温度达到其着火点，会引发燃烧爆炸事故

C. 油相材料都是易燃危险品，储存时遇到高温、氧化剂等，易引发燃烧爆炸事故

D. 乳化炸药运输时发生翻车、撞车、坠落、碰撞及摩擦等险情，易引发燃烧爆炸事故

[解析] 硝酸铵在储存过程中会发生自然分解，放出热量。当环境具备一定的条件时热量聚集，当温度达到爆发点时引起硝酸铵燃烧或爆炸，选项 A 正确。油相材料都是易燃危险品，储存时遇到高温、氧化剂等，易发生燃烧而引起燃烧事故，选项 C 正确。乳化炸药的运输可能发生翻车、撞车、坠落、碰撞及摩擦等险情，会引起乳化炸药的燃烧或爆炸，选项 D 正确。乳化炸药生产的火灾爆炸危险因素主要来自物质危险性，如生产过程中的高温、撞击摩擦、电气和静电火花、雷电引起的危险性。因此，静电火花的危险性来自乳化炸药生产过程而不是运输过程，选项 B 错误。

[答案] B

真题精解

点题：本系列真题主要考查民用爆炸物品的分类、乳化炸药存储和运输的危险因素、民用爆炸物品的特性等。本考点内容相对专业，考查点相对集中，以掌握高频知识点为主。2015 年真题对燃烧特性的影响因素考查较多，但相对简单，学习时需关注此知识点。

2015 年真题同样考查了乳化炸药的生产、储存和运输中的危险因素，同上述 2020 年真题。

分析：此处主要介绍民用爆炸物品分类、乳化炸药储存和运输的危险因素、炸药特性的重点内容。

1. 民用爆炸物品分类

根据《民用爆炸物品品名表》的规定，将民用爆炸物品分为 5 项，即工业炸药、工业雷管、工业索类火工品、其他民用爆品和原材料，具体见表 4-3。

表 4-3　民用爆炸物品分类

类型	举例
工业炸药	乳化炸药、铵梯类炸药、膨化硝铵炸药、水胶炸药及其他炸药制品
工业雷管	工业电雷管、磁电雷管、电子雷管、导爆管雷管、继爆管
工业索类火工品	工业导火索、工业导爆索、切割索、塑料导爆管、引火线
其他民用爆炸物品	安全气囊用点火具、特殊用途烟火制品、海上救生烟火信号等
原材料	梯恩梯（TNT）、工业黑索今（RDX）、民用推进剂、太安（PETN）、黑火药、起爆药、硝酸铵

注意每类举例与爆炸物品的对应关系，考试中容易考查归类题目。

2. 乳化炸药储存和运输的危险因素

（1）硝酸铵储存过程中会发生自然分解，放出热量，积聚热量，温度达到爆发点则引起硝酸铵的燃烧或爆炸。

（2）油相材料是易燃危险品，储存时遇到高温、氧化剂等，易发生燃烧而引起事故。

（3）乳化炸药在运输过程中遇到翻车、撞车、坠落、碰撞及摩擦等情况时，容易引起乳化炸药燃烧或爆炸。

3. 炸药特性

（1）能量特性：炸药做功能力的参数，1kg 炸药燃烧时气体产物所做的功。

（2）燃烧特性：炸药能量释放的能力，影响因素——炸药燃烧速率和燃烧表面积。

（3）力学特性：炸药在高、低温中保持不变形的能力。

（4）安定性：炸药在储存时相对稳定的性能。如安定剂中二苯胺等。

（5）安全性：延迟发生或不发生爆轰的能力。

注意区分炸药的安定性和安全性。

拓展：本考点涉及的内容较专业，炸药燃烧爆炸的防护措施作为通识内容了解即可。《民用爆炸物品工程设计安全标准》（GB 50089—2007）适用于民用爆炸物品行业科研、生产、销售企业建设工程的新建、扩建、改建和技术改造。此规范的适用范围在 2020 年、2019 年真题中均考查过，内容相对简单，记住即可。

举一反三

［典型例题 1 · 单选］下列不属于工业炸药的是（　　）。

A. 乳化炸药　　B. 铵梯炸药

C. 膨化硝铵炸药　　D. 民用推进剂

［解析］民用推进剂属于原材料，而非工业炸药。

［答案］D

［典型例题 2 · 单选］粉状乳化炸药的火灾爆炸危险因素主要来自物质危险性。下列关于粉状乳化炸药火灾爆炸危险因素的说法中，错误的是（　　）。

A. 运输过程中的摩擦撞击具有起火、爆炸危险

B. 摩擦撞击产生的静电火花可能引起爆炸事故

C. 生产和存储过程中的高温可能会引发火灾

D. 包装后的粉状乳化炸药应立即密闭保存

[解析] 包装好后的乳化炸药依然具有较高的温度，热量应及时排放，不应立即密闭保存，选项D错误。

[答案] D

[典型例题3·单选] 下列关于民用爆破器材安全管理的说法中，正确的是（　　）。

A. 民用爆破器材、制备原料可以放在同一仓库

B. 性质相抵触的民用爆破物品可分开存储

C. 民用爆炸物品储存量不应超过设计容量

D. 民用爆炸物品库房内可以放置维修工具等其他物品

[解析] 根据《民用爆炸物品安全管理条例》的规定，储存的民用爆炸物品数量不得超过储存设计容量，对性质相抵触的民用爆炸物品必须分库储存，严禁在库房内存放其他物品。民用爆炸物品制备原料有氧化剂、还原剂、故不能同一仓库储存。

[答案] C

环球君点拨

本考点内容较专业，可考查的规范较多，掌握重点内容即可。

第五节　消防设施与器材

考点1 消防设施 [2023、2022、2020、2019]

真题链接

[2023·单选] 火灾自动报警系统由触发装置、火灾报警装置、火灾警报和电源部分组成。下列火灾自动报警系统的元件中，属于火灾警报装置的是（　　）。

A. 火灾探测器　　B. 声光报警器

C. 显示器　　D. 手动预警按钮

[解析] 火灾探测器、手动预警按钮属于触发装置；声光报警器属于火灾警报装置；显示器属于火灾报警装置。

[答案] B

[2022·多选] 火灾探测器的基本功能是对烟雾、温度、火焰和燃烧气体等火灾参量做出有效反应，通过敏感元件，将表征火灾参量的物理量转化为电信号起到报警作用。关于不同类型火灾探测器的说法，正确的有（　　）。

A. 感光探测器适用于酒精火灾的早期检测报警

B. 天然气气体浓度报警器应设置在尽量靠近车间内的屋顶

C. 差定温火灾探测器既能响应预定温度报警又能响应预定温升速率报警

D. 离子感烟火灾探测器因对黑烟灵敏度非常高而有很好的应用前景

E. 定温火灾探测器有较好的可靠性和稳定性，响应时间短，灵敏度高

[解析] 感光探测器特别适用于没有阴燃阶段的燃料火灾，如醇类、汽油、煤气等易燃液体、气体火灾的早期检测报警，选项A正确。天然气比空气轻，故天然气气体浓度报警器应设置在尽

量靠近车间内的屋顶，选项B正确。差定温火灾探测器是一种既能响应预定温度报警，又能响应预定温升速率报警的火灾探测器，选项C正确。离子感烟火灾探测器因其内部必须装设放射性元素，对环境造成污染，对人的生命安全造成威胁，面临淘汰的局面，选项D错误。定温火灾探测器有较好的可靠性和稳定性，响应过程长些，灵敏度低些，选项E错误。

［答案］ABC

［2020・单选］火灾探测器的工作原理是将烟雾、温度、火焰和燃烧气体等参量的变化通过敏感元件转化为电信号，传输到火灾报警控制器。不同种类的火灾探测器适用不同的场合。下列关于火灾探测器适用场合的说法中，正确的是（　　）。

A. 感光探测器适用于有阴燃阶段的燃料火灾的场合

B. 紫外火焰探测器特别适用于无机化合物燃烧的场合

C. 光电式感烟火灾探测器适用于发出黑烟的场合

D. 红外火焰探测器适合于有大量烟雾存在的场合

［解析］感光探测器特别适用于没有阴燃阶段的燃料火灾，如醇类、汽油、煤气等易燃液体、气体火灾的早期检测报警，选项A错误。紫外火焰探测器适用于有机化合物燃烧的场合，选项B错误。光电式感烟火灾探测器对黑烟灵敏度很低，对白烟灵敏度较高，故适用于白烟场所，选项C错误。

［答案］D

［2019・单选］火灾自动报警系统应具有探测、报警、联动、灭火、减灾等功能，国内外有关标准规范都对建筑中安装的火灾自动报警系统作了规定，根据《火灾自动报警系统设计规范》（GB 50116—2013），该标准不适用于（　　）。

A. 工矿企业的要害部门

B. 高层宾馆、饭店、商场等场所

C. 生产和储存火药、炸药的场所

D. 行政事业单位、大型综合楼等场所

［解析］从实际情况看，国内外有关标准规范都对建筑中安装的火灾自动报警系统作了规定，我国现行国家标准《火灾自动报警系统设计规范》（GB 50116—2013）明确规定："本规定适用于工业与民用建筑和场所内设置的火灾自动报警系统，不适用于生产和储存火药、炸药、弹药、火工品等场所设置的火灾自动报警系统。"

［答案］C

真题精解

点题：本系列真题主要考查火灾探测器的适用情况。重点掌握感光式火灾探测器、感烟式火灾探测器、感温式火灾探测器和可燃气体火灾探测器的特点及适用，这四类探测器中细分的探测器适用范围经常进行考查辨析，需要注意区分。

分析：感光式火灾探测器、感烟式火灾探测器、感温式火灾探测器的内容如下。

1. 感光式火灾探测器

（1）感光式火灾探测器特别适用于没有阴燃阶段的醇类、汽油、煤气等易燃液体、气体火灾的早期检测阶段。

（2）感光式火灾探测器分为红外火焰火灾探测器和紫外火焰火灾探测器。

红外火焰火灾探测器：适用于大量烟雾存在的火场；误报少、时间短、可靠性高。

紫外火焰火灾探测器：适用于有机化合物燃烧的场所、初期不产生烟雾的场所；油井、输油站、飞机库、可燃气罐、液化气罐、易燃易爆品仓库等。

2. 感烟式火灾探测器

离子感烟火灾探测器：对黑烟敏感。含放射性元素，会污染环境、威胁人类生命安全。

光电式感烟火灾探测器：对白烟敏感。

3. 感温式火灾探测器

定温火灾探测器：达到预设温度进行报警。

差温火灾探测器：升温速率超过设定值进行报警。

差定温火灾探测器：既能达到预设温度进行报警，又能升温速率超过设定值进行报警。

举一反三

［典型例题 1 · 单选］下列关于火灾探测器适宜使用的情况中，正确的是（　　）。

A. 感烟式火灾探测器适用于 B 类火灾中后期报警

B. 感烟式火灾探测器能够早期发现火灾，灵敏度高、响应快

C. 感光式火灾探测器适用于阴燃阶段的醇类火灾

D. 感温式火灾探测器不适用于有明显温度变化的室内火灾报警

［解析］感烟式火灾探测器适用于 A 类火灾中初期报警，选项 A 错误。感光式火灾探测器适用于没有阴燃阶段的醇类火灾，选项 C 错误。感温式火灾探测器适用于有明显温度变化的室内火灾报警，选项 D 错误。

［答案］B

［典型例题 2 · 单选］感温式火灾探测器是对警戒范围中的温度进行检测的一种探测器。其中，火灾现场环境温度达到预计值以上，即能响应的感温探测器是（　　）。

A. 定温火灾探测器

B. 变温火灾探测器

C. 差温火灾探测器

D. 差定温火灾探测器

［解析］定温火灾探测器原理即环境温度达到设定限值进行报警，选项 A 正确。

［答案］A

环球君点拨

本考点属于重要考点，考查频次较高，掌握重点内容中的关键词即可，注意几种探测器的对比区分。

考点 2　消防器材［2023、2022、2021、2020、2018、2015、2014、2013］

真题链接

［2023 · 多选］泡沫灭火器包括化学泡沫灭火器和空气泡沫灭火器两种，化学泡沫灭火器的灭火剂由硫酸铝、碳酸氢钠及复合添加剂和水组成，使用时液相物质混合后发生化学反应，即 Al（SO_4）$_3$＋6$NaHCO_3$＝3Na2SO_4＋2Al（OH）$_3$，反应生成物在 CO_2 气体压力下喷出，实施灭火。

下列几种类型的火灾中，适合此类灭火器扑救的有（　　）。

A. 可燃气体的火灾

B. 木材的初起火灾

C. 石油产品的火灾

D. 铝镁合金的火灾

E. 带电设备的火灾

[解析] 泡沫灭火器适合扑救脂类、石油产品等B类火灾以及木材等A类物质的初起火灾，但不能扑救B类水溶性火灾，也不能扑救带电设备及C类和D类火灾。选项A属于C类火灾，选项D属于D类火灾。

[答案] BC

[2022・单选] 酸碱灭火器是一种内部装有65%的工业硫酸和碳酸氢钠的水溶液作灭火剂的灭火器。使用时，两种药液混合发生化学反应，产生二氧化碳压力气体，灭火剂在二氧化碳气体压力下喷出进行灭火。下列火灾中，适用酸碱灭火器扑救的是（　　）。

A. 天然气火灾　　B. 金属钠火灾

C. 配电柜火灾　　D. 纺织物火灾

[解析] 酸碱灭火器适用于扑救A类物质的初起火灾，如木、竹、织物、纸张等燃烧的火灾。它不能用于扑救B类物质燃烧的火灾，也不能用于扑救C类可燃气体或D类轻金属火灾，同时也不能用于带电场合火灾的扑救。

[答案] D

[2022・单选] 某企业设计在危化品库房、理化性能测试室安装自动灭火系统。其中，危化品库房存放有氯酸盐、硝酸盐、高锰酸盐等氧化剂；理化性能测试室有精密仪器及电气设备。下列拟定的自动灭火系统安装方案中，正确的是（　　）。

A. 在危化品库房安装二氧化碳气体自动灭火系统

B. 在危化品库房安装喷水或者水喷雾自动灭火系统

C. 在理化性能测试室安装喷水或水喷雾自动灭火系统

D. 在理化性能测试室安装二氧化碳气体自动灭火系统

[解析] 二氧化碳是一种无色的气体，灭火不留痕迹，并有一定的电绝缘性能等特点，因此，适宜于扑救600V以下带电电器、贵重设备、图书档案、精密仪器仪表的初起火灾，以及一般可燃液体的火灾，选项D正确。

[答案] D

[2021・单选] 造成机房电气火灾的主要因素有超负荷、静电、雷击、线路老化、接地故障、人为操作失误等。遇到机房电气火灾，应优先选用（　　）。

A. 水基灭火器　　B. 二氧化碳灭火器

C. 泡沫灭火器　　D. 酸碱灭火器

[解析] 二氧化碳灭火器中的二氧化碳灭火剂具有一定的电绝缘性能等特点，因此，在机房中灭火是符合安全要求的。选项A、C、D中灭火剂均含水，扑救电气火灾时易发生导电情况。

[答案] B

[2021·单选] 干粉灭火器以液态二氧化碳或氮气作动力，将灭火器内干粉灭火剂喷出进行灭火。干粉灭火器按使用范围可分为普通干粉（BC 干粉）灭火器和多用干粉（ABC 干粉）灭火器两大类。其中，ABC 干粉灭火器不能扑救（　　）。

A. 甲烷火灾

B. 柴油火灾

C. 镁粉火灾

D. 电缆火灾

[解析] ABC 类干粉灭火剂适用于扑救可燃液体、可燃气体和带电设备的火灾，还适用于扑救一般固体物质火灾，但不能扑救轻金属火灾。轻金属火灾需要使用专用的灭火剂进行扑救。

[答案] C

[2020·单选] 灭火剂是能够有效地破坏燃烧条件、终止燃烧的物质，不同种类灭火剂的灭火机理不同。干粉灭火剂的灭火机理是（　　）。

A. 使链式燃烧反应中断

B. 使燃烧物冷却、降温

C. 使燃烧物与氧气隔绝

D. 使燃烧区内氧气浓度降低

[解析] 干粉灭火剂中的灭火组分是燃烧反应的非活性物质，在火灾中捕捉并终止燃烧反应产生的自由基，使得反应链终止从而火焰熄灭。

[答案] A

真题精解

点题：本系列真题主要考查灭火器的选用。重点掌握二氧化碳灭火器、干粉灭火器、酸碱灭火器的使用情况，二氧化碳灭火器、干粉灭火器的灭火原理。

2015 年真题考查了扑灭精密仪器所用灭火器，即二氧化碳灭火器。2014 年真题考查了二氧化碳灭火器的适用情况，与上述 2022 年真题考查形式相似，较为简单，此处需要掌握二氧化碳灭火器的适用和不适用的情况。2018 年真题考查了不适用于水灭火剂的情形，类似上述 2021 年两道真题。2013 年真题考查了干粉灭火剂的原理，同上述 2020 年真题。

分析：常用灭火器的比较见表 4-4。

表 4-4　常用灭火器的比较

灭火剂类型	适用情况
清水灭火器	适用于：扑救可燃固体物质火灾（A 类火灾）
二氧化碳灭火器（灭火原理：窒息）	适用于：可燃液体和固体火灾；精密仪器
	不适用于：轻金属（钾、镁、钠、铝等）；过氧化物（过氧化钾、过氧化钠）、有机过氧化物、氯酸盐、硝酸盐、高锰酸盐、亚硝酸盐、重铬酸盐等氧化剂火灾
干粉灭火器（灭火原理：化学抑制）	适用于：可燃液体、气体、带电设备火灾、一般固体物质火灾
	不适用于：轻金属火灾→专用干粉灭轻金属火灾

续表

灭火剂类型	适用情况
酸碱灭火器	适用于：A类物质初起火灾
	不适用于：B、C、D类火灾和带电场合火灾

考试中多考查不同的灭火器/灭火剂的适用情况，一般考查方向有两个，一个是考查适用性，另一个是考查灭火原理。

拓展：本考点可以与危险化学品中火灾扑救的措施结合考查，原理一致，注意细节表述。

举一反三

[典型例题1·单选] 下列关于消防器材的说法中，正确的是（　　）。

A. 煤油储罐着火可以用临近的水泵进行灭火

B. 二氧化碳灭火剂的原理是窒息灭火

C. 燃烧的金属钾可以用二氧化碳扑救

D. 为防止瓦斯爆炸实验室意外爆炸，应配备泡沫灭火器

[解析] 不能用水扑救煤油火灾，煤油是不溶于水的易燃液体，选项A错误。气体灭火剂主要采用二氧化碳和氮气，其原理是降低氧气浓度，窒息灭火，选项B正确。轻金属火灾需要使用D类干粉进行扑救，选项C错误。泡沫灭火剂含水分不适用于气体火灾和电器火灾，选项D错误。

[答案] B

[典型例题2·单选] 下列火灾中可直接使用水灭火的是（　　）。

A. 仓库存放的电缆自燃

B. 实验室内硫酸引发的火灾

C. 高温状态下引起的锅炉火灾

D. 加油站汽油自燃引起的火灾

[解析] 仓库存放的电缆属于固体火灾，可以直接用水进行扑救，选项A正确。硫酸不可用水进行扑救，容易使酸性物质飞溅，选项B错误。高温状态下引起的锅炉火灾用水扑救会导致锅炉炸裂，选项C错误。加油站汽油自燃引起的火灾，不得用水扑救，汽油不溶于水，无效扑救，选项D错误。

[答案] A

[典型例题3·多选] 下列关于各类灭火器应用的说法中，正确的有（　　）。

A. 清水灭火器内充装的是清洁的水，并加入适量的添加剂，适用于扑救A类火灾

B. 泡沫灭火器不能扑救B类水溶性火灾，也不能扑救带电设备及C类和D类火灾

C. 酸碱灭火器适用于扑救A类物质的初起火灾或E类火灾，但不能用于扑救B类物质燃烧的火灾

D. 二氧化碳灭火器适宜于扑救6 000V以下带电电器、精密仪器仪表的初起火灾

E. 普通干粉灭火器适用于扑灭可燃液体火灾，多用干粉灭火器适用于扑救轻金属火灾

[解析] 酸碱灭火器适用于A类物质初起火灾的扑救，选项C错误。二氧化碳灭火器适宜于扑救600V以下带电电器、贵重设备、图书档案、精密仪器仪表的初起火灾，以及一般可燃

液体的火灾，选项D错误。普通干粉灭火器和多用干粉灭火器都不能扑救轻金属火灾，选项E错误。

[答案] AB

环球君点拨

本考点属于高频考点。建议考生掌握每种灭火器的适用情况，能够根据题干发生火灾物质特点的不同辨识出应选用的灭火器类型；还要注重积累常见易燃可燃物质类目，考试时会给出不同的易燃可燃物，能够准确了解、识别其特点才能更准确地选出相应的灭火器。

第五章　危险化学品安全基础知识

第一节　危险化学品安全的基础知识

考点 1　危险化学品的主要危险特性［2023、2022、2019］

真题链接

［2023 · 单选］危险化学品是对人体、设施、环境具有危害的剧毒化学品或其他化学品，相对普通化学品有显著不同的危险特性。下列化学品的特性中，属于危险化学品主要危险特性的是（　　）。

A. 燃烧性和活泼性　　B. 放射性和爆炸性

C. 毒害性和敏感性　　D. 爆炸性和挥发性

［解析］危险化学品主要危险特性有燃烧性、爆炸性、毒害性、腐蚀性、放射性。

［答案］B

［2022 · 单选］危险化学品是指具有毒害、腐蚀、爆炸、燃烧、助燃等性质，对人体、设施、环境具有危害的剧毒化学品和其他化学品。关于危险化学品特性及效应的说法，正确的是（　　）。

A. 燃烧性危险化学品，遇水放出燃气并燃烧

B. 腐蚀性危险化学品，接触人体会造成灼伤

C. 毒害性危险化学品，侵入人体即可危及生命

D. 放射性危险化学品，不进入人体不造成危害

［解析］本题注意每种危险性的具体危害特点。爆炸物、易燃气体、易燃气溶胶、压力下可燃性气体、易燃液体、易燃固体、自反应物质或混合物、自燃液体、自燃固体、自热物质和混合物、遇水放出易燃气体的物质或混合物、有机过氧化物等，在条件具备时均可能发生燃烧，选项 A 错误。强酸、强碱等物质能对人体组织造成损坏，接触人的皮肤、眼睛或肺部、食道等时，会引起表皮组织坏死而造成灼伤。内部器官被灼伤后可引起炎症，甚至会造成死亡，选项 B 正确。毒害性在人体累积到一定量时会扰乱或破坏肌体的正常生理功能，引起暂时性或持久性的病理改变，甚至危及生命，选项 C 错误。放射性危险化学品通过放出的射线对人体细胞活动机能造成伤害，甚至可以导致细胞死亡，选项 D 错误。

［答案］B

［2019 · 单选］危险化学品会通过皮肤、眼睛、肺部、食道等，引起表皮细胞组织发生破坏而造成灼伤，内部器官被灼伤时，严重的会引起炎症甚至造成死亡。下列危险化学品特性中，会造成食道灼伤的是（　　）。

A. 燃烧性　　B. 爆炸性

C. 腐蚀性　　D. 刺激性

[解析] 强酸、强碱能对人体、金属等物品产生灼伤腐蚀。

[答案] C

真题精解

点题：本系列真题主要考查危险化学品的特性。本考点内容相对单一，考查形式一般分为两种，一种是考查危险特性的选择，另一种是根据危险化学品的特性考查对应举例。

分析：危险化学品的主要危险特性包括燃烧性、爆炸性、毒害性、腐蚀性、放射性。

（1）燃烧性：易燃物质、自燃物质、有机过氧化物等危险化学品容易发生燃烧、火灾的。

（2）爆炸性：易燃物质、自燃物质、有机过氧化物等危险化学品容易发生爆炸事故。

（3）毒害性：对人体肌体组织的影响，可能导致病变，长久接触可能危及生命。

（4）腐蚀性：强酸、强碱物质对人体组织、金属物质造成灼伤或腐蚀的损害。

（5）放射性：放射物质对人体细胞的损害，甚至导致细胞死亡。

掌握每种危险化学品特性，可以结合平时接触到的危险化学品对应其危险特性。

举一反三

[典型例题1·单选] 生产中长期接触有机磷酸盐化合物可能导致神经系统失去功能，接触二硫化碳可能引起精神紊乱。这些症状体现了危险化学品特性中的（　　）。

A. 腐蚀性　　B. 燃烧性

C. 毒害性　　D. 放射性

[解析] 题干中举例的内容体现的是危险化学品的毒害性，长期接触有毒害性的危险化学品会扰乱人的精神及正常生理功能。

[答案] C

[典型例题2·多选] 某化工厂因生产需要购入一批危险化学品，主要包括氢气、液氨、盐酸、氢氧化钠溶液等。上述危险化学品的危害特性有（　　）。

A. 爆炸性　　B. 易燃性

C. 毒害性　　D. 放射性

E. 腐蚀性

[解析] 氢气、液氨、盐酸、氢氧化钠溶液，这些都是气体和液体，没有放射性危害。

[答案] ABCE

环球君点拨

此考点相对简单，理解危险化学品的每种特性，能够识别相应的举例即可。

考点2 化学品安全技术说明书和安全标签的内容及要求 [2023、2022、2020、2019]

真题链接

扫码听课

[2022·单选] 化学品安全技术说明书提供了化学品在安全、健康和环境保护方面的信息，推荐了危险化学品的防护措施及紧急情况下的应对措施。关于危险化学品安全技术说明书主要作用的说法，错误的是（　　）。

A. 是危害预防设施的操作技术规程

B. 是危化品安全生产、流通、使用的指导性文件

C. 是应急作业人员进行应急作业的技术指南

D. 是企业安全教育培训的主要内容

[解析] 危害预防设施的操作技术规程不是化学品安全技术说明书的作用。

[答案] A

[2023 · 单选] 某市危险化学品生产企业在停产停业后需要重新开业，组织新员工编写危险化学品安全标签。关于化学品安全标签要素编写的做法，不符合《化学品安全标签编写规定》（GB 15258—2009）的是（　　）。

A. 化学品标识位于安全标签的上方

B. 化学品危险性说明位于信号词上方

C. 危险化学品组分较多时只编写 3 个

D. 信号词位于化学品名称的下方

[解析] 化学品危险性说明位于信号词下方，选项 B 错误。

[答案] B

[2022 · 单选] 危险化学品安全标准包括化学品标识、象形图、信号词、危险性说明等。其中“信号词”的作用主要针对危险化学品危害程度的警示。下列日常所用的警示性词语中，用于危险化学品标识“信号词”的是（　　）。

A. 有毒　　B. 危害

C. 危险　　D. 当心

[解析] 信号词位于化学品名称的下方；根据化学品的危险程度和类别，用“危险”“警告”两个词分别进行危害程度的警示。

[答案] C

[2020 · 单选]《全球化学品统一分类和标签制度》（也称为 GHS）是由联合国出版的指导各国控制化学品危害和保护人类健康与环境的规范性文件。为实施 GHS 规则，我国发布了《化学品分类和标签规范》系列标准（GB 30000）。根据该规范，在外包装或容器上应当用下图作为标签的化学品类别是（　　）。

危险类别标签

A. 氧化性气体　　B. 易燃气体

C. 易燃气溶胶　　D. 爆炸性气体

[解析] 在外包装或容器上所用上图作为标签的化学品类别是氧化性气体。

[答案] A

[2019 · 单选] 化学品安全技术说明书是向用户传递化学品基本危害信息（包括运输、操作处置、储存和应急行动信息）的一种载体。下列化学品信息中，不属于化学品安全技术说明书内容的

第五章

是（　　）。

A. 安全信息　　B. 健康信息

C. 常规化学反应信息　　D. 环境保护信息

［解析］根据《化学品安全技术说明书　内容和项目顺序》（GB/T 16483—2008）的规定，化学品安全技术说明书主要包括化学品及企业标识、危险性概述、成分/组成信息、急救措施、消防措施、泄漏应急处理、操作处置与储存、接触控制和个体防护、理化特性、稳定性和反应活性、毒理学资料、生态学信息、废弃处置、运输信息、法规信息、其他信息等。

［答案］C

真题精解

点题：本系列真题主要考查化学品安全技术说明书（SDS）的作用、内容。本考点在考查时会结合《化学品分类和标签规范》系列标准（GB 30000）要求识别危险化学品标识的含义，要注重对于标识识别的积累。

分析：化学品安全技术说明书是化学品安全生产、安全流通、安全使用的指导性文件；是应急作业人员进行应急作业时的技术指南；为危险化学品生产、处置、储存和使用各环节制订安全操作规程提供技术信息；为危害控制和预防措施的设计提供技术依据；是企业安全教育的主要内容。

根据国家标准《化学品安全技术说明书　内容和项目顺序》（GB/T 16483—2008）的规定，化学品安全技术说明书包括16大项的安全信息内容：化学品及企业标识、危险性概述、成分/组成信息、急救措施、消防措施、泄露应急处理、操作处置与储存、接触控制和个体防护、理化特性、稳定性和反应性、毒理学信息、生态学信息、废弃处置、运输信息、法规信息、其他信息。要求熟悉这16项信息的具体内容。

掌握《化学品分类和标签规范》系列标准（GB 30000）规定的象形图，如图5-1所示。

图5-1　《化学品分类和标签规范》系列标准（GB 30000）规定的象形图

《化学品安全标签编写规定》（GB 15258—2009）规定了化学品安全标签的术语和定义、标签内容、制作和使用要求。标签要素包括化学品标识、象形图、信号词、危险性说明、防范说明、应急咨询电话、供应商标识、资料参阅提示语等。对于小于或等于100mL的化学品小包装，为方便标签使用，安全标签要素可以简化，包括化学品标识、象形图、信号词、危险性说明、应急咨询电话、供应商名称及联系电话、资料参阅提示语等。

注意区分SDS与化学安全标签包含的内容；掌握危险化学品安全标签内容的设置。

举一反三

［典型例题1·单选］按照危险化学品的相关管理要求，下列不属于化学品安全技术说明书（SDS）中必须包括的安全信息是（　　）。

A. 毒理学信息　　B. 生态学信息

C. 废弃处置　　D. 象形图

[解析] 象形图是危险化学品安全标签所包含的内容。

[答案] D

[典型例题 2 · 单选] 根据《化学品分类和标签规范》系列标准（GB 30000）的规定，在乙炔气瓶外包装上应当用以作为标签的化学品类别是（　　）。

A. 

B. 

C. 

D. 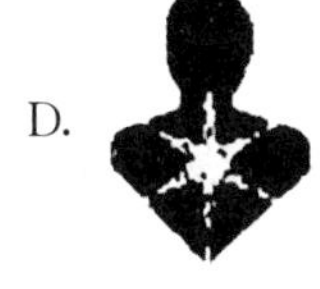

[解析] 乙炔是易燃易爆气体，选项 B 正确。

[答案] B

[典型例题 3 · 单选] 小林在运输桶装乙醇时，危险化学品安全标签出现破损，部分内容已看不清。根据《化学品安全标签编写规定》（GB 15258—2009）的规定，在危险化学品安全标签中，居“危险”信号词下方的是（　　）。

A. 象形图　　B. 防范说明

C. 危险性说明　　D. 化学品标识

[解析] 根据《化学品安全标签编写规定》（GB 15258—2009）的规定，在危险化学品安全标签中，居“危险”信号词下方的是危险性说明。

[答案] C

环球君点拨

本考点属于重要考点，经常考查常见危险化学品的特性和标识，考生应注意日常积累。

第二节　危险化学品燃烧爆炸的分类、破坏作用及预防

考点 1　燃烧爆炸的分类 [2023、2022、2021、2020、2019]

真题链接

[2022 · 单选] 危险化学品的爆炸按爆炸反应物质分为简单分解爆炸、复杂分解爆炸和爆炸性混合物爆炸。关于危险化学品分解爆炸的说法，正确的是（　　）。

A. 简单分解爆炸和复杂分解爆炸都不需要助燃性气体

B. 可燃气体在受压情况下，能发生简单分解爆炸

C. 发生简单分解爆炸，需要外部环境提供一定的热量

D. 复杂分解爆炸的爆炸物危险性较简单分解爆炸物稍高

[解析] 引起简单分解的爆炸物，有些可爆炸气体在一定条件下，特别是在受压的情况下，能发生简单分解爆炸，如乙炔和环氧乙烷等在压力下的分解爆炸。但并不是可燃气体都可以发生简单分解爆炸，选项 B 错误。简单分解的爆炸物，其爆炸所需要的热量是由爆炸物本身分解产生的，不

需要外部环境提供热量，选项C错误。复杂分解爆炸物的危险性较简单分解爆炸物稍低，选项D错误。

[答案] A

[2021·单选] 危险化学品的爆炸可按爆炸反应物质分为简单分解爆炸、复杂分解爆炸和爆炸性混合物爆炸。下列危险化学品中，可发生复杂分解爆炸的是（　　）。

A. 环氧乙烷　　B. 黑索金

C. 乙炔银　　D. 叠氮化铅

[解析] 梯恩梯、黑索金是典型的复杂分解爆炸的危险化学品。

[答案] B

[2020·单选] 危险化学品爆炸按照爆炸反应物质分为简单分解爆炸、复杂分解爆炸和爆炸性混合物爆炸。下列关于危险化学品分解爆炸的说法中，正确的是（　　）。

A. 简单分解爆炸一定发生燃烧反应

B. 简单分解爆炸需要外部环境提供一定的热量

C. 复杂分解爆炸物的危险性较简单分解爆炸物高

D. 简单分解爆炸或者复杂分解爆炸不需要助燃性气体

[解析] 引起简单分解的爆炸物，在爆炸时并不一定发生燃烧反应，其爆炸所需要的热量是由爆炸物本身分解产生的。复杂分解爆炸物的危险性较简单分解爆炸物稍低。其爆炸时伴有燃烧现象，燃烧所需的氧由本身分解产生。

[答案] D

[2019·多选] 危险化学品的爆炸按照爆炸反应物质分类分为简单分解爆炸、复杂分解爆炸和爆炸性混合物爆炸。下列物质爆炸中，属于简单分解爆炸的有（　　）。

A. 乙炔银　　B. 环氧乙烷

C. 甲烷　　D. 叠氮化铅

E. 梯恩梯

[解析] 简单分解爆炸物质包括乙炔银、叠氮化铅、乙炔、环氧乙烷等。

[答案] ABD

真题精解

点题：本系列真题主要考查简单分解爆炸和复杂分解爆炸的内容，一方面考查简单分解爆炸、复杂分解爆炸的原理区分，另一方面考查简单分解爆炸、复杂分解爆炸的举例区分。在原理的理解上，简单分解爆炸、复杂分解爆炸的容易混淆，考生需要注意区分。

分析：爆炸按照爆炸反应物质可以分为简单分解爆炸、复杂分解爆炸、爆炸性混合物爆炸，见表5-1。

表 5-1　爆炸分类

爆炸类型	爆炸特点	典型举例
简单分解爆炸	(1) 爆炸时不一定有燃烧反应 (2) 爆炸所需热量自身分解产生 (3) 气体物质受压发生爆炸	乙炔银、叠氮铅、乙炔、环氧乙烷

续表

爆炸类型	爆炸特点	典型举例
复杂分解爆炸	(1) 爆炸时有燃烧现象 (2) 燃烧所需氧自身分解产生	梯恩梯、黑索金
爆炸性混合物爆炸	(1) 可燃混合物 (2) 浓度、含氧量、点火能达到一定条件发生爆炸	所有可燃性蒸汽、气体、液体雾滴、粉尘

需要注意简单分解爆炸、复杂分解爆炸发生时，自身分解产生的物质分别是什么。

举一反三

[典型例题 1・单选] 复杂分解爆炸物的危险性较简单分解爆炸物稍低，其爆炸时伴有燃烧现象，燃烧所需的氧由本身分解产生。下列危险化学品中，属于这一类物质的是（　　）。

A. 乙炔银　　B. 可燃性气体

C. 叠氮铅　　D. 梯恩梯

[解析] 梯恩梯、黑索金是复杂分解爆炸的典型物质；乙炔银、叠氮铅易发生简单分解爆炸；可燃性气体容易发生爆炸性混合物爆炸。

[答案] D

[典型例题 2・单选] 危险化学品的爆炸可按爆炸反应物质分为简单分解爆炸、复杂分解爆炸和爆炸性混合物爆炸。下列关于三类爆炸的说法中，正确的是（　　）。

A. 所有可燃性气体、蒸气、液体雾滴及粉尘与空气的混合物发生的爆炸均属于爆炸性混合物爆炸

B. 引起简单分解的爆炸物，在爆炸时并不一定发生燃烧反应，其爆炸所需要的热量是由爆炸物本身分解产生的，如叠氮铅、环氧乙烷、梯恩梯等在压力下的分解爆炸

C. 复杂分解爆炸在爆炸时伴有燃烧现象，燃烧所需的氧由本身分解产生，这类可爆炸物的危险性较简单分解爆炸物稍高

D. 甲烷和乙炔混合气体在压力下发生的爆炸属于爆炸性混合物爆炸

[解析] 梯恩梯属于复杂分解爆炸，不属于简单分解爆炸物质，选项 B 错误。发生复杂分解爆炸的可爆炸物的危险性较简单分解爆炸物稍低，选项 C 错误。乙炔在压力下发生的爆炸属于简单分解爆炸，选项 D 错误。

[答案] A

环球君点拨

此考点相对简单，掌握简单分解爆炸和复杂分解爆炸的原理、典型举例即可。

考点 2　爆炸的破坏作用 [2022、2021、2019]

真题链接

[2021・单选] 许多危险化学品具有爆炸危险特性，爆炸的破坏作用包括碎片作用、爆炸冲击波作用、热辐射作用、中毒以及环境污染。爆炸冲击波的破坏作用主要是由于（　　）。

A. 波阵面上的超压　　B. 冲击波传播的高速

C. 爆炸产物的高密度　　　　　　　　　D. 爆炸产生的超温

[解析] 冲击波的破坏作用主要是由其波阵面上的超压引起的。

[答案] A

[2022・单选] 危险化学品的燃烧爆炸事故通常伴随发热、发光、高压、真空和电离等现象，具有很强的破坏作用，关于危险化学品燃烧爆炸破坏作用的说法，正确的是（　　）。

A. 爆炸不会引起燃烧而造成的高温破坏

B. 爆炸均会产生大量高速飞出的碎片

C. 爆炸不会造成人员中毒和环境污染

D. 爆炸冲击波可在作用区域产生震荡

[解析] 危险化学品燃烧爆炸事故的危害包括高温的破坏作用和爆炸的破坏作用。高温辐射还可能使附近人员受到严重灼烫伤害甚至死亡，选项A错误。机械设备、装置、容器等爆炸后产生许多碎片，并不是所有的爆炸均会产生碎片，选项B错误。在实际生产中，许多物质不仅是可燃的，而且是有毒的，发生爆炸事故时，会使大量有毒物质外泄，造成人员中毒和环境污染。此外，有些物质本身毒性不强，但燃烧过程中可能释放出大量有毒气体和烟雾，造成人员中毒和环境污染，选项C错误。

[答案] D

[2019・单选] 危险化学品的燃烧爆炸事故通常伴随发热、发光、高压、真空和电离等现象，具有很强的破坏效应，该效应与危险化学品的数量和性质、燃烧爆炸时的条件以及位置等因素均有关系。关于危险化学品破坏效应的说法，正确的是（　　）。

A. 爆炸的破坏作用主要包括高温的破坏作用和爆炸冲击波的破坏作用

B. 在爆炸中心附近，空气冲击波波阵面上的超压可达到几个甚至十几个大气压

C. 当冲击波大面积作用于建筑物时，所有建筑物将全部被破坏

D. 机械设备、装置、容器等爆炸后产生许多碎片，碎片破坏范围一般在0.5～10km

[解析] 爆炸的破坏作用主要包括爆炸碎片的破坏作用和爆炸冲击波的破坏作用，选项A错误。在爆炸中心附近，空气冲击波波阵面上的超压可达几个甚至十几个大气压，在这样高的超压作用下，建筑物被摧毁，机械设备、管道等也会受到严重破坏，选项B正确。当冲击波大面积作用于建筑物时，波阵面超压在20～30kPa，就足以使大部分砖木结构建筑物受到严重破坏，选项C错误。一般碎片飞散范围半径在500m范围内，选项D错误。

[答案] B

真题精解

点题：本系列真题主要考查危险化学品发生爆炸后造成的危害。危险化学品燃烧、爆炸时产生的破坏作用主要包括高温的破坏作用和爆炸的破坏作用，本考点可以结合第四章第一节中“爆炸”的相关内容一起掌握。

分析：危险化学品燃烧、爆炸的事故危害主要包括高温破坏作用和爆炸破坏作用，见表5-2。

表5-2　危险化学品的高温破坏作用和爆炸破坏作用

破坏作用	具体内容
高温破坏作用	燃烧，火灾，引燃周边可燃物质；高温辐射造成人员灼烫、死亡

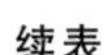

续表

破坏作用	具体内容
爆炸破坏作用	(1) 碎片破坏作用：爆炸产生的碎片造成二次伤害，碎片飞散范围为半径 500m 以内 (2) 冲击波破坏作用：波阵面超压引起，破坏设备、建筑物（钢筋混凝土除外） (3) 中毒和污染：爆炸事故发生有毒物质泄漏、由于不完全燃烧产生毒害气体

举一反三

[典型例题 1 · 单选] 危险化学品发生爆炸时常常伴随设备、装置、容器的碎片飞出，一般碎片飞散范围在半径（　　）以内。

A. 50m　　B. 500m　　C. 100m　　D. 1 000m

[解析] 一般碎片飞散范围在半径 500m 以内。

[答案] B

[典型例题 2 · 单选] 下列关于危险化学品燃烧爆炸事故主要破坏作用的说法中，不正确的是（　　）。

A. 危险化学品的燃烧爆炸事故通常伴随发热、发光、高压、真空和电离等现象，具有很强的破坏作用

B. 正在运行的燃烧设备或高温的化工设备被破坏时，其灼热的碎片可能飞出，点燃附近储存的燃料或其他可燃物，引起火灾

C. 在爆炸中心附近，空气冲击波波阵面上的超压可达几个甚至十几个大气压，当波阵面超压在 20～30kPa 时，除坚固的钢筋混凝土建筑外，其余部分将全部破坏

D. 有些物质本身毒性不强，但燃烧过程中可能释放出大量有毒气体和烟雾，造成人员中毒和环境污染

[解析] 在爆炸中心附近，空气冲击波波阵面上的超压可达几个甚至十几个大气压，当波阵面超压在 100kPa 以上时，除坚固的钢筋混凝土建筑外，其余部分将全部破坏，选项 C 错误。

[答案] C

环球君点拨

此考点相对简单，常考点相对集中、明确，多看几遍内容即可。

考点 3　危险化学品火灾、爆炸事故的预防 [2023、2022、2021、2019]

真题链接

[2023 · 单选] 危险化学品因其理化特性，在生产、使用、存储、运输中若处置不当容易引发火灾爆炸事故，造成人员伤亡和财产损失，因此应采取有效的预防措施。下列预防火灾爆炸的措施中，属于限制火灾、爆炸蔓延扩散的是（　　）。

A. 安装防爆泄压装置　　B. 采用惰性气体保护

C. 采用防爆电气设备　　D. 将危化品密闭处理

[解析] 采用惰性气体保护、将危化品密闭处理属于防止燃烧、爆炸系统形成的措施；采用防爆电气设备属于消除点火源的措施。限制火灾、爆炸蔓延扩散的措施包括采用阻火装置、防爆泄压

装置及防火防爆分隔等。

[答案] A

[2022·单选] 防止危险化学品火灾爆炸事故发生的基本原则主要是有防止燃烧爆炸系统的形成消除点火源，限制火灾爆炸事件蔓延扩散。某公司为防止危险化学品火灾爆炸事故采取了诸多措施。下列火灾爆炸事故的预防措施中，属于限制火灾、爆炸蔓延扩散措施的是（　　）。

A. 装设可燃气体报警器　　B. 用带阻火装置的管道输送物料

C. 选用防爆电气设备　　D. 使用有色金属工具

[解析] 限制火灾、爆炸蔓延扩散的措施包括阻火装置、防爆泄压装置及防火防爆分隔等。

[答案] B

[2021·多选] 危险化学品火灾、爆炸事故可以从防止燃烧爆炸系统形成、消除点火源、限制蔓延扩散等方面控制。下列控制措施中，不属于限制火灾、爆炸蔓延扩散措施的有（　　）。

A. 设置惰性气体保护、设置安全监测及报警等设施

B. 防止摩擦和撞击产生火花，控制明火和高温表面等措施

C. 设置阻火装置、防爆泄压装置及防火防爆分隔等设施

D. 在火灾爆炸危险场所采用本质安全型防爆电气设备

E. 有爆炸危险的生产中，机件运转部分用两种材料制成，其一是有色金属材料

[解析] 限制火灾、爆炸蔓延扩散的措施主要包括设置阻火装置、防爆泄压装置及防火防爆分隔等设施。

[答案] ABDE

[2019·单选] 防止火灾、爆炸事故发生的基本原则主要有：防止燃烧、爆炸系统的形成，消除点火源，限制火灾、爆炸蔓延扩散。下列预防火灾爆炸事故的措施中，属于防止燃烧、爆炸系统形成的措施是（　　）。

A. 控制明火和高温表面　　B. 防爆泄压装置

C. 安装阻火装置　　D. 惰性气体保护

[解析] 防止燃烧、爆炸系统的形成有替代、密闭、惰性气体保护、通风置换、安全监测及联锁。

[答案] D

真题精解

点题：本系列真题主要考查危险化学品发生火灾、爆炸事故的预防措施。火灾和爆炸事故从三个原则上进行预防即防止燃烧、爆炸系统的形成，消除点火源，限制火灾、爆炸蔓延扩散的措施。考试中多考查具体措施与三个原则的对应关系。

分析：防止火灾、爆炸事故的三个原则见表 5-3。

表 5-3　防止火灾、爆炸事故的三个原则

原则	措施
防止燃爆系统形成	替代；密闭；惰性气体保护；通风置换；安全监测及联锁
消除点火源	控制明火和高温；避免产生摩擦火花、机械火花、电气火花
限制火灾、爆炸蔓延	安装阻火装置、防爆泄压装置、防火防爆分隔装置

注意原则与具体措施的对应，避免张冠李戴。

举一反三

[典型例题1·单选] 防止火灾、爆炸事故发生包含三个原则，即防止燃烧、爆炸系统的形成，消除点火源，限制火灾、爆炸蔓延扩散。某化工厂在可能发生燃烧爆炸的系统中采取了下列措施，其中属于消除点火源的是（ ）。

A. 通入惰性气体

B. 增加了安全监测人员，设置安全联锁装置

C. 设置了阻火装置、防爆泄压装置

D. 采用防爆电气设备

[解析] 选项A、B属于防止燃烧、爆炸系统形成的措施。选项C属于限制火灾、爆炸蔓延扩散的措施。

[答案] D

[典型例题2·单选] 为确保氧化反应过程安全，阻止火焰蔓延、防止回火，在反应器和管道上应安装（ ）。

A. 泄压装置

B. 自动控制

C. 报警联锁

D. 阻火器

[解析] 阻火器是防止外部火焰窜入存有易燃易爆气体的设备、管道内或阻止火焰在设备、管道间蔓延的安全装置。

[答案] D

环球君点拨

此考点属于重要考点，要求考生理解防火防爆原则，掌握具体措施，明白常用的安全装置的作用。

第三节 危险化学品储存、运输与包装安全技术

考点 危险化学品储存的基本要求 [2023、2021、2020]

真题链接

[2023·多选]《危险化学品仓库储存通则》（GB 15603—2022）中规定了危险化学品储存的基本安全要求，以预防和控制危险化学品事故发生。下列危险化学品储存的要求中，正确的有（ ）。

A. 爆炸物品、剧毒物品可以露天堆放，但是应符合防火、防爆的安全要求

B. 危险化学品必须储存在经公安部门批准设置的专门危险化学品仓库中

C. 危险化学品仓库应采用分库储存、分区储存和分类储存等三种方式

D. 危险化学品储存应满足危险化学品分类包装储存方式及消防要求

E. 危险化学品的储存仓库应配备具有专业知识的技术员和专门管理人员

[解析] 储存危险化学品基本安全要求是：①贮存危险化学品必须遵照国家法律、法规和其他有关的规定。②危险化学品必须储存在经公安部门批准设置的专门的危险化学品仓库中，经销部门自管仓库储存危险化学品及贮存数量必须经公安部门批准。未经批准不得随意设置危险化学品贮存

仓库。③危险化学品露天堆放，应符合防火、防爆的安全要求，爆炸物品、一级易燃物品、遇湿燃烧物品、剧毒物品不得露天堆放。④储存危险化学品的仓库必须配备有专业知识的技术人员，其库房及场所应设专人管理，管理人员必须配备可靠的个人安全防护用品。⑤储存的危险化学品应有明显的标志，标志应符合《危险货物包装标志》（GB 190—2009）的规定。同一区域贮存两种及两种以上不同级别的危险化学品时，应按最高等级危险化学品的性能标志。⑥危险化学品储存方式分为3种：隔离储存、隔开储存、分离储存。⑦根据危险化学品性能分区、分类、分库储存。各类危险化学品不得与禁忌物料混合储存。⑧储存危险化学品的建筑物、区域内严禁吸烟和使用明火。

［答案］BDE

［2021·单选］根据《常用化学危险品贮存通则》（GB 15603—1995），企业在贮存危险化学品时要严格遵守相关要求。下列危险化学品的贮存行为中，正确的是（　　）。

A. 某工厂经厂领导批准后设置危险化学品贮存仓库

B. 某工厂露天堆放易燃物品、剧毒物品时，按最高等级标志

C. 某工厂对可以同贮的危化品，同贮时区域按最高等级标志

D. 某工厂将甲、乙类化学品同库贮存时，按最高等级标志

［解析］根据《常用化学危险品贮存通则》（GB 15603—1995）的规定，危险化学品必须储存在经公安部门批准设置的专门的危险化学品仓库中，选项A错误。爆炸物品、一级易燃物品、遇湿燃烧物品和剧毒物品不得露天堆放，选项B错误。同一区域存在两种及以上不同级别的危险化学品时，应按最高等级危险化学品的性能标志，各类危险化学品不得与禁忌物料混合储存，选项C正确、选项D错误。

［答案］C

［2020·单选］危险化学品贮存应采取合理措施预防事故发生。根据《常用化学危险品贮存通则》（GB 15603—1995），下列危险化学品贮存的措施中，正确的是（　　）。

A. 某工厂因危险化学品库房维护，将爆炸物品临时露天堆放

B. 高、低等级危险化学品一起贮存的区域，按低等级危险化学品管理

C. 某生产岗位员工未经培训，将其调整到危险化学品库房管理岗位

D. 某工厂按照危险化学品类别，采取隔离贮存、隔开贮存和分离贮存

［解析］选项A错误，爆炸物品不得露天堆放。选项B错误，应按最高等级危险化学品的性能标志。选项C错误，危险化学品的仓库应配备有专业知识的技术人员。危险化学品储存方式分为隔离储存、隔开储存、分离储存3种，选项D正确。

［答案］D

真题精解

点题：本系列真题重点考查危险化学品储存的基本要求。危险化学品根据其危险性不同在储存过程中有着较为严苛的要求，注意储存要求的具体表述必须严谨。

分析：根据《常用危险化学品贮存通则》（GB 15603—1995）的规定，危险化学品储存要求如下：

（1）危险化学品必须储存在经公安部门批准设置的专门的危险化学品仓库中，经销部门自管仓库储存危险化学品及贮存数量必须经公安部门批准。未经批准不得随意设置危险化学品贮存仓库。

（2）危险化学品露天堆放，应符合防火、防爆的安全要求，爆炸物品、一级易燃物品、遇湿燃烧物品、剧毒物品不得露天堆放。（禁止要求）

(3) 储存危险化学品的仓库必须配备有专业知识的技术人员，其库房及场所应设专人管理，管理人员必须配备可靠的个人安全防护用品。

(4) 储存的危险化学品应有明显的标志，标志应符合《危险货物包装标志》(GB 190—2009)的规定。同一区域贮存两种及两种以上不同级别的危险化学品时，应按最高等级危险化学品的性能标志。

(5) 危险化学品储存方式分为3种：隔离储存、隔开储存、分离储存。

(6) 根据危险化学品性能分区、分类、分库储存。各类危险化学品不得与禁忌物料混合储存。

拓展：本考点还要求考生了解哪些是爆炸物品、一级易燃物品、遇湿燃烧物品、剧毒物品以及哪些物品互为禁忌物料，考试时会给出具体危险物品要求考生判别。

(1) 爆炸物品：硝化甘油、苦味酸、硝铵炸药、黑索金、雷汞等。

(2) 一级易燃物品：磷、三硫化二磷、乙醚、汽油、甲醇等

(3) 遇湿燃烧物品：金属钾、金属钠、电石、卤化物、过氧化物等。

(4) 剧毒物品：光气、氯气、硫化氢、氰化物、砷化物等。

除此之外危险化学品包装的安全要求也要求掌握。《危险货物运输包装通用技术条件》(GB 12463—2009) 把危险货物包装分成3类：

(1) Ⅰ类包装：适用内装危险性较大的货物。

(2) Ⅱ类包装：适用内装危险性中等的货物。

(3) Ⅲ类包装：适用内装危险性较小的货物。

考试时会直接考查危险化学品的类型与包装级别的对应。

举一反三

[典型例题1·单选] 根据《常用化学危险品贮存通则》(GB 15603—1995) 的规定，下列关于危险化学品储存要求的说法中，错误的是（　）。

A. 危险化学品必须储存在经安全生产监督管理部门批准设置的专门的危险化学品仓库中

B. 危险化学品的储存方式分为隔离储存、隔开储存、分离储存

C. 各类危险化学品不得与禁忌物料混合储存

D. 爆炸物品、剧毒物品不得露天堆放

[解析] 危险化学品必须储存在经公安部门批准设置的专门的危险化学品仓库中，经销部门自管仓库储存危险化学品及储存数量必须经公安部门批准，选项A错误。

[答案] A

[典型例题2·单选] 某化工厂储备了汽油、硝化甘油、乙醚、乙炔、磷化钙、氮气、氰化钠、氰化钾等生产原料。下列关于化学物品存储方式的说法中，正确的是（　）。

A. 仓库A存放氰化钠、氮气　　B. 仓库B存放硝化甘油、乙炔

C. 仓库C贮存放硝化甘油、磷化钙　　D. 仓库D存放汽油、氰化钾

[解析] 氰化钠、氰化钾属于有毒物品，氮气属于惰性气体可以与有毒物品一起储存，选项A正确。硝化甘油属于爆炸物品，乙炔属于易燃气体，不能共同储存，选项B错误。磷化钙属于遇水或空气自燃物品，不应与易爆的硝酸甘油同时共储，选项C错误。汽油属于易燃液体，不能与氰化钾共同储存，选项D错误。

[答案] A

[典型例题 3·单选]《危险货物运输包装通用技术条件》(GB 12463—2009)要求危险货物按照货物的危险性进行分类包装。其中，危险性较大的货物应采用(　　)包装。

A. Ⅰ类　　B. Ⅱ类　　C. Ⅲ类　　D. Ⅳ类

[解析] Ⅰ类包装：适用内装危险性较大的货物。

[答案] A

环球君点拨

此考点考查的关键词较集中，掌握高频考点内容即可。

第四节　危险化学品经营的安全要求

考点　危险化学品经营企业的条件和要求 [2022、2021、2020]

真题链接

[2020·单选] 危险化学品经营实行许可制度，任何单位和个人均需要获得许可，方可经营危险化学品。根据《危险化学品安全管理条例》，下列行政管理程序中，办理危险化学品经营许可证不需要的是(　　)。

A. 申请　　B. 行政备案

C. 审查　　D. 发证

[解析]《危险化学品安全管理条例》第三十五条明确了办理经营许可证的程序：①申请；②审查与发证；③登记注册。

[答案] B

[2022·单选] 国家对危险化学品经营实行许可制度，《危险化学品安全管理条例》对危险化学品经营安全做出专项规定。某危险化学品企业的下列经营行为中，符合《危险化学品安全管理条例》的是(　　)。

A. 办理了危险化学品经营许可证后，招聘危化品专业毕业生直接上岗经营

B. 经公安、消防部门批准后在人员稀疏的城郊设置了危险化学品库房

C. 将危险化学品存放在营业大厅中，便于批发销售，方便用户

D. 将多种不同危险化学品混合堆放在具有防火防爆功能的库房内

[解析] 根据《危险化学品安全管理条例》规定，企业业务经营人员应经国家授权部门的专业培训，取得合格证书方能上岗，选项A错误。危险化学品必须储存在经公安部门批准设置的专门的危险化学品仓库中，经销部门自管仓库储存危险化学品及贮存数量必须经公安部门批准。未经批准不得随意设置危险化学品贮存仓库。从事危险化学品批发业务的企业，应具备经县级以上(含县级)公安、消防部门批准的专用危险化学品仓库(自有或租用)。所经营的危险化学品不得存放在业务经营场所。选项B正确、选项C错误。根据危险化学品性能分区、分类、分库储存。各类危险化学品不得与禁忌物料混合储存，选项D错误。

[答案] B

[2020·单选] 危险化学品在生产、运输、贮存、使用等经营活动中容易发生事故。根据《危险化学品安全管理条例》和《危险化学品经营企业安全技术基本要求》(GB 18265—2019)，下列危

险化学品企业的经营行为中，正确的是（　　）。

A. 某企业将其危险化学品的经营场所设置在交通便利的城市边缘

B. 某企业安排未经过专业技术培训的人员从事危险化学品经营业务

C. 某企业将危险化学品存放在其批发大厅中的化学品周转库房中

D. 某企业为节省空间在其备货库房内将不同化学品整齐地堆放在一起

［解析］根据《危险化学品安全管理条例》和《危险化学品经营企业安全技术基本要求》（GB 18265—2019）的规定，危险化学品经营企业的经营场所应坐落在交通便利、便于疏散处，选项 A 正确。危险化学品企业业务经营人员应经国家授权部门的专业培训，取得合格证书方能上岗，选项 B 错误。危险化学品必须储存在经公安部门批准设置的专门的危险化学品仓库中，经销部门自管仓库储存危险化学品及贮存数量必须经公安部门批准。未经批准不得随意设置危险化学品贮存仓库，所经营的危险化学品不得存放在业务经营场所，选项 C 错误。根据危险化学品性能分区、分类、分库储存。各类危险化学品不得与禁忌物料混合储存，选项 D 错误。

［答案］A

［2021・单选］根据《危险化学品安全管理条例》，下列剧毒化学品经营企业的行为中，正确的是（　　）。

A. 规定经营剧毒化学品人员经过县级公安部门的专门培训合格后即可上岗

B. 规定经营剧毒化学品人员经过国家授权部门的专业培训合格后即可上岗

C. 规定经营剧毒化学品销售记录的保存期限为 1 年

D. 向当地县级人民政府公安机关口头汇报购买的剧毒化学品数量和品种

［解析］根据《危险化学品安全管理条例》，经营剧毒物品企业的人员应经过县级以上公安部门的专门培训，取得合格证书后方可上岗。剧毒化学品的销售企业、购买企业应报所在地县级人民政府公安机关备案，并输入计算机系统。

［答案］C

真题精解

点题：本系列真题重点考查危险化学品经营企业的条件和要求，剧毒化学品、易制爆危险化学品的经营要求，要精准掌握。

分析：根据《危险化学品经营企业安全技术基本要求》（GB 18265—2019）的规定，危险化学品经营企业安全技术基本要求如下。

（1）危险化学品经营企业的经营场所应坐落在交通便利、便于疏散处。

（2）从事危险化学品批发业务的企业，应具备经县级以上（含县级）公安、消防部门批准的专用危险化学品仓库（自有或租用）。所经营的危险化学品不得存放在业务经营场所。零售业务的店面备货库房应报公安、消防部门批准。

（3）零售业务只许经营除爆炸品、放射性物品、剧毒物品以外的危险化学品。

（4）零售业务的店面应与繁华商业区或居住人口稠密区保持 500m 以上距离。

（5）零售业务的店面经营面积（不含库房）应不小于 $60m^2$，其店面内不得设有生活设施。

（6）零售业务的店面内只许存放民用小包装的危险化学品，其存放总质量不得超过 1t。

（7）零售业务的店面内危险化学品的摆放应布局合理，禁忌物料不能混放。综合性商场（含建材市场）所经营的危险化学品应有专柜存放。

(8) 零售业务的店面与存放危险化学品的库房(或罩棚)应有实墙相隔。单一品种存放量不能超过 500kg,总质量不能超过 2t。

(9) 危险化学品经营企业应向供货方索取并向用户提供 SDS。

剧毒危险化学品、易制爆危险化学品的经营应符合《危险化学品经营企业安全技术基本要求》(GB 18265—2019)的规定,经营剧毒物品企业的人员除要达到经国家授权部门的专业培训,取得合格证书方能上岗的条件外,还应经过县级以上(含县级)公安部门的专门培训,取得合格证书后方可上岗。

《危险化学品安全管理条例》第四十一条规定:危险化学品生产企业、经营企业销售剧毒化学品、易制爆危险化学品,应当如实记录购买单位的名称、地址、经办人的姓名、身份证号码以及所购买的剧毒化学品、易制爆危险化学品的品种、数量、用途。销售记录以及经办人的身份证明复印件、相关许可证件复印件或者证明文件的保存期限不得少于 1 年。

剧毒化学品、易制爆危险化学品的销售企业购买单位应当在销售、购买后 5 日内,将所销售、购买的剧毒化学品、易制爆危险化学品的品种、数量以及流向信息报所在地县级人民政府公安机关备案,并输入计算机系统。

举一反三

[典型例题 1·单选]《危险化学品安全管理条例》第三十三条规定,国家对危险化学品经营(包括仓储经营)实行许可制度。未经许可,任何单位和个人都不得经营危险化学品。下列关于危险化学品经营企业的条件和要求的说法中,正确的是( )。

A. 危险化学品商店不含备货库房的营业场所面积应不小于 $60m^2$,危险化学品商店内应设有生活设施

B. 营业场所只允许存放单件质量小于 50kg 的民用小包装危险化学品,其存放总质量不得超过 2t

C. 备货库房只允许存放单件质量小于 50kg 的民用小包装危险化学品,其存放总质量不得超过 1t

D. 应建立危险化学品经营档案,档案内容至少应包括危险化学品品种、数量、出入记录等,数据保存期限应不少于 1 年

[解析] 危险化学品商店不含备货库房的营业场所面积应不小于 $60m^2$,危险化学品商店内不应设有生活设施,选项 A 错误。营业场所只允许存放单件质量小于 50kg 的民用小包装危险化学品,其存放总质量不得超过 1t,选项 B 错误。备货库房只允许存放单件质量小于 50kg 的民用小包装危险化学品,其存放总质量不得超过 2t,选项 C 错误。

[答案] D

[典型例题 2·多选] 下列关于危险化学品的运输安全技术与要求的说法中,正确的有( )。

A. 危险物品装卸前,应对车(船)搬运工具进行必要的通风和清扫

B. 运输强氧化剂应用汽车挂车运输,不得用铁底板车运输

C. 运输爆炸、剧毒和放射性物品,应派不少于 1 人进行押运

D. 禁止利用内河及其他封闭水域运输剧毒化学品

E. 运输危险物品的行车路线,不可在繁华街道行驶和停留

[解析] 运输强氧化剂、爆炸品及用铁桶包装的一级易燃液体时,没有采取可靠的安全措施时,

不得用铁底板车及汽车挂车，选项B错误。运输爆炸、剧毒和放射性物品，应派不少于2人进行押运。本题属于危险化学品运输中常考内容，注意积累。

[答案] ADE

环球君点拨

此考点主要考查危险化学品、剧毒化学品、易制爆危险化学品经营的相关内容，整体内容难度较低，记忆量略大，注意细节表述。

第五节 泄漏控制与销毁处置技术

考点 危险化学品火灾控制 [2023、2022、2021、2020、2019]

真题链接

[2023·多选] 某新建化工企业组织编制应急预案，针对危险化学品火灾控制制定了专项预案和现场处置方案。该应急预案中，对火灾控制方法的描述，正确的有（　　）。

A. 扑救遇湿易燃物品火灾时，不得采用泡沫、酸碱灭火剂扑救

B. 扑救易燃固体火灾时用水和泡沫扑救，控制住燃烧范围，逐步扑灭

C. 扑救易燃液体火灾时，比水轻又不溶于水的液体用直流水、雾状水灭火

D. 扑救爆炸物品火灾时，采用消防沙覆盖，以免增强爆炸物品的爆炸威力

E. 扑救气体类火灾时，在采取堵漏措施的情况下，可以扑灭明火

[解析] 扑救遇湿易燃物品火灾时，绝对禁止用水、泡沫、酸碱等湿性灭火剂扑救，选项A正确。易燃固体、自燃物品火灾一般可用水和泡沫扑救，只要控制住燃烧范围，逐步扑灭即可，选项B正确。扑救易燃液体火灾时，比水轻又不溶于水的液体用直流水、雾状水灭火往往无效，可用普通蛋白泡沫或轻泡沫扑救，选项C错误。水溶性液体最好用抗溶性泡沫扑救。扑救爆炸物品火灾时，切忌用沙土盖压，以免增强爆炸物品的爆炸威力，选项D错误。扑救气体类火灾时，切忌盲目扑灭火焰，在没有采取堵漏措施的情况下，必须保持稳定燃烧，选项E正确。

[答案] ABE

[2022·单选] 危险化学品的主要危险特性之一是燃烧性、存储和使用时要注意预防火灾发生。一旦危险化学品发生火灾，要针对其特性进行有效灭火。下列对不同危险化学品发生火灾所采取的灭火措施中，正确的是（　　）。

A. 扑救甲烷火灾时，立即采用蒸汽、二氧化碳、泡沫等扑灭火焰

B. 扑救樟脑火灾时，采用水和泡沫扑救，控制燃烧范围，逐步扑灭

C. 扑救电石火灾时，采用泡沫、酸碱等湿性灭火剂扑救

D. 扑救硝酸火灾时，采用高压水枪冲洗、稀释

[解析] 甲烷火灾不可以采用蒸汽灭火，选项A错误。电石火灾要选择干砂、二氧化碳灭火器，绝对不可采用水或泡沫灭火器及酸碱灭火器，选项C错误。硫酸、盐酸和硝酸引发的火灾，不能用水流冲，因为强大的水流能使酸飞溅，流出后遇可燃物质，有引起爆炸的危险，另外，酸溅在人身上，能灼伤人，选项D错误。

[答案] B

[2021·单选] 危险化学品性质不同，对其引起火灾的扑救方法及灭火剂的选用亦不相同。下列危险化学品火灾扑救行为中，正确的是（　　）。

A. 使用泡沫灭火器扑救铝粉火灾

B. 使用雾状水扑救电石火灾

C. 使用普通蛋白泡沫扑救汽油火灾

D. 使用沙土盖压扑救爆炸物品火灾

[解析] 铝粉、镁粉等可燃性粉尘，切忌喷射有压力的灭火剂（气体灭火器或泡沫灭火器），选项A错误。遇湿易燃物品（电石等）火灾禁止使用水、泡沫、酸碱等湿性灭火剂扑救，选项B错误。扑救爆炸物品火灾时，切忌用沙土压盖，选项D错误。

[答案] C

真题精解

点题：本系列真题主要考查危险化学品发生火灾时的扑救方法。近5年均有考查，考点内容明确，可结合第四章第五节中灭火器相关考点整体掌握。

2020年、2019年真题对本考点均有类似考查，不再重复展示。

分析：几种特殊化学品火灾扑救注意事项：

（1）扑救爆炸物品火灾时，切忌用沙土盖压，以免增强爆炸物品的爆炸威力；另外扑救爆炸物品堆垛火灾时，水流应采用吊射，避免强力水流直接冲击堆垛，以免堆垛倒塌引起再次爆炸。

（2）扑救遇湿易燃物品火灾时，绝对禁止用水、泡沫、酸碱等湿性灭火剂扑救。一般可使用干粉、二氧化碳、卤代烷扑救，但钾、钠、铝、镁等物品用二氧化碳、卤代烷无效。固体遇湿易燃物品应使用水泥、干砂、干粉、硅藻土等覆盖。对镁粉、铝粉等粉尘，切忌喷射有压力的灭火剂，以防止将粉尘吹扬起来，引起粉尘爆炸。

（3）扑救易燃液体火灾时，比水轻且不溶于水的液体用直流水、雾积水灭火往往无效，可用普通泡沫或轻泡沫扑救；水溶性液体最好用抗溶性泡沫扑救。

（4）扑救毒害和腐蚀品的火灾时，应尽量使用低压水流或雾状水，避免腐蚀品、毒害品溅出；遇酸类或碱类腐蚀品最好调制相应的中和剂稀释中和。

拓展：危险化学品的销毁处置也是一个相对重要的知识，不同类型危险化学品作为废弃物销毁时处置方法不同，注意区分，具体见表5-4。

表5-4　危险化学品销毁处置方法

废弃物类型		销毁处置方法
固体废弃物	危险废弃物	水泥固化、石灰固化、塑性材料固化、有机聚合物固化、自凝胶固化、熔融固化和陶瓷固化
	工业废弃物	（1）一般工业废弃物可以直接进入填埋场进行填埋 （2）粒度小的固体废弃物，可装入编织袋后填埋
爆炸性物品		爆炸法、烧毁法、溶解法、化学分解法
有机过氧化物		分解、烧毁、填埋

举一反三

［典型例题 1 · 单选］扑救特殊化学品时应采取正确的方法，防止产生二次事故。下列关于扑救特殊化学品火灾的做法中，正确的是（　　）。

A. 扑救气体类火灾时应立即将火焰扑灭

B. 扑救爆炸物品火灾时，应用沙土进行覆盖

C. 扑救比水轻又不溶于水的液体火灾时，可用普通蛋白泡沫或轻泡沫扑救

D. 可以用水扑灭轻金属火灾

［解析］扑救气体类火灾时，切忌盲目扑灭火焰，在没有采取堵漏措施的情况下，必须保持稳定燃烧，选项 A 错误。扑救爆炸物品火灾时，切忌用沙土盖压，以免增强爆炸物品的爆炸威力，选项 B 错误。禁止用水扑灭钾、钠等金属火灾，选项 D 错误。

［答案］C

［典型例题 2 · 单选］在处理废弃物时，应根据废弃物种类采取不同的处理方式。下列关于废弃物销毁的说法中，正确的是（　　）。

A. 一般的工业废弃物为防止污染，不得直接进入填埋场进行填埋

B. 确认不能使用的爆炸性物品如需储存，应向当地公安部门报告

C. 爆炸性物品的处理方法主要有爆炸法、烧毁法、分解法、掩埋法

D. 有机过氧化物废弃物的处理方法主要有分解、烧毁、填埋

［解析］一般的工业废弃物可以直接进入填埋场进行填埋，选项 A 错误。凡确认不能使用的爆炸性物品，必须予以销毁，在销毁以前应报告公安部门，选项 B 错误。爆炸性物品的处理方法主要有爆炸法、烧毁法、溶解法、化学分解法，选项 C 错误。

［答案］D

环球君点拨

此考点中火灾扑灭的内容相对简单，前面章节的学习中已经有了相关积累，重点掌握废弃物的处置方法即可。

第六节　危险化学品的危害及防护

考点 1　毒性、放射性危险化学品［2022、2021、2020、2019］

真题链接

［2021 · 多选］毒性危险化学品通过一定的途径进入人体，在体内积蓄到一定剂量后，就会表现出中毒症状。毒性危险化学品侵入人体通常是通过（　　）。

A. 呼吸系统　　B. 皮肤组织

C. 消化系统　　D. 神经系统

E. 骨骼

［解析］毒性危险化学品可以通过呼吸系统、皮肤组织和消化系统进入人体。工业生产中的毒性危险化学品主要通过呼吸系统和皮肤组织线进入体内，有时也会经消化系统进入。

［答案］ABC

[2020·单选] 毒性危险化学品通过人体某些器官或系统进入人体，在体内积蓄到一定剂量后，就会表现出中毒症状。下列人体器官或系统中，毒性危险化学品不能直接侵入的是（　　）。

A. 呼吸系统　　B. 神经系统

C. 消化系统　　D. 人体表皮

[解析] 毒性危险化学品可经呼吸道、消化道和皮肤进入人体。

[答案] B

[2022·单选] 毒性化学品会引起人体器官、系统的损害。毒性危险化学品对人的机体的作用是一个复杂过程，通常按照进入人体的时间和剂量分为急性中毒和慢性中毒，一旦发生急性中毒，需要立即施救，否则会危害人的生命。下列对急性中毒的应急施救行为中，正确的是（　　）。

A. 救护人员进入现场后除救治中毒者外，还立即切断了毒性化学品来源

B. 救护人员发现有人中毒，为节约时间，立即就地展开施救

C. 发现中毒人员后，迅速脱去被毒性化学品污染的衣服，立即用清水冲洗

D. 对不小心误食毒性危险化学品者，立即用稀碳酸氢钠溶液洗胃

[解析] 选项B错误，救护人员发现有人中毒应立即把伤员转移到安全的地带。选项C错误，到达安全地点后，要及时脱去被污染的衣服，用流动的水冲洗身体。选项D错误，固体或液体毒物中毒有毒物质尚在嘴里的立即吐掉，用大量水漱口。误食碱者，先饮大量水再喝些牛奶。误食酸者，先喝水，再服 $Mg(OH)_2$ 乳剂，最后饮些牛奶。不要用催吐药，也不要服用碳酸盐或碳酸氢盐。重金属盐中毒者，喝一杯含有几克 $MgSO_4$ 的水溶液，立即就医。不要服催吐药，以免引起危险或使病情复杂化。砷和汞化物中毒者，必须紧急就医。

[答案] A

[2022·单选] 具有放射性的危险化学品能从原子核内部自行不断地放出有穿透力、人眼不可见的射线。这种射线会对人产生不同程度的放射性伤害。下列危险化学品对人体造成的危害中，属于典型的放射性伤害的是（　　）。

A. 对人的表皮细胞组织造成破坏　　B. 对人的造血系统造成伤害

C. 对人的呼吸道系统造成伤害　　D. 对人体内部器官造成灼伤

[解析] 在极高剂量的放射线作用下，能造成3种类型的放射伤害：①对中枢神经和大脑系统的伤害；②对肠胃的伤害；③对造血系统的伤害。

[答案] B

[2021·单选] 有些危险化学品具有放射性，如果人体直接暴露在存在此类危险化学品的环境中，就会产生不同程度的损伤。高强度的放射线对人体造血系统造成伤害后，人体表现的主要症状为（　　）。

A. 嗜睡、昏迷、震颤等　　B. 震颤、呕吐、腹泻等

C. 恶心、腹泻、流鼻血等　　D. 恶心、脱发、痉挛等

[解析] 对造血系统的伤害，主要表现为恶心、呕吐、腹泻，但很快能好转，经过2～3周无症状之后，出现脱发、经常性流鼻血，再出现腹泻，极度憔悴，通常2～6周后死亡。

[答案] C

真题精解

点题：本系列真题主要考查两方面，一方面是毒性危险化学品侵入途径、特点、处置措施，另

一方面是放射性危险化学品的特性。近 5 年真题多次考查，属于高频考点，本考点的难点在于掌握多种危险化学品名称、毒性化学品的处置措施。

2019 年真题与上述 2020 年真题类似，同样考查毒性危险化学品进入人体途径，不再重复展示。

分析：毒性危险化学品和放射性危险化学品的主要内容如下。

1. 毒性危险化学品

（1）侵入人体途径：呼吸道、消化道、皮肤。

（2）窒息分类及举例：单纯窒息（氮气、二氧化碳、甲烷、氢气、氦气冲淡氧气）；血液窒息（一氧化碳）；细胞窒息（氰化氢、硫化氢）。

（3）急性中毒处置：救护人员在救护之前应做好自身防护，切断毒性危险化学品来源。迅速脱去被毒性危险化学品污染的衣服、鞋袜、手套等，并用大量清水或解毒液彻底清洗被毒性危险化学品污染的皮肤。对于黏稠性毒性危险化学品，可以用大量肥皂水冲洗（敌百虫不能用碱性液冲洗），尤其要注意皮肤褶皱、毛发和指甲内的污染，对于水溶性毒性危险化学品，应先用棉絮、干布擦掉毒性危险化学品，再用清水冲洗。对于腐蚀性毒性危险化学品，一般不宜洗胃，可用蛋清、牛奶或氢氧化铝凝胶灌服，以保护胃黏膜。对氰化钠、氰化钾及其他氰化物的污染，可用硫代硫酸钠的水溶液浇在污染处，因为硫代硫酸钠与氰化物反应，可以生成毒性低的硫氰酸盐。

2. 放射性危险化学品

放射性危险化学品对人体组织会造成不同程度的损伤，主要体现为以下 3 种。

（1）对中枢神经和大脑系统造成伤害。症状为虚弱、倦怠、嗜睡、昏迷、震颤、痉挛等，有的可以在 2 天内死亡。

（2）对肠胃的伤害。症状为恶心、呕吐、腹泻、虚弱和虚脱等，有的会出现急性昏迷，通常在 2 周内死亡。

（3）对造血系统的伤害。症状为恶心、呕吐、腹泻，但很快能好转，经过 2～3 周无症状之后，出现脱发、经常性流鼻血，再出现腹泻，极度憔悴，常在 2～6 周后死亡。

举一反三

[典型例题 1 · 单选] 某化工集团有限公司在气化车间对一储罐开展夏季维修作业，作业人员所使用的某种物质导致吸附剂释放出了某种气体，致使作业人员昏迷，监护人员见状，立刻开展了施救，也晕倒在罐内。后经送医院救治并确认均属于细胞内窒息造成的昏迷。下列气体中，此次维修作业时吸附剂释放的气体可能是（　　）。

A. 二氧化碳　　B. 甲烷

C. 一氧化碳　　D. 氰化氢

[解析] 毒性化学物质影响机体和氧结合的能力。如氰化氢、硫化氢等物质影响细胞和氧的结合能力，尽管血液中含氧充足。

[答案] D

[典型例题 2 · 单选] 危险化学品会通过几种渠道进入人体，引起人体中毒。下列关于急性中毒现场抢救的说法中，错误的是（　　）。

A. 救护人员在救护前应做好自身呼吸系统、皮肤的防护

B. 应迅速切断毒性危险化学品的来源

C. 对于腐蚀性毒性危险化学品经口引起急性中毒，一般不宜洗胃

D. 对于腐蚀性毒性危险化学品进入胃应立即洗胃

[解析] 对于腐蚀性毒性危险化学品一般不宜洗胃，可用蛋清、牛奶或氢氧化铝凝胶灌服。

[答案] D

[典型例题 3 · 单选] 下列不属于放射性危险化学品危险特性对肠胃伤害症状的是（　　）。

A. 恶心　　B. 呕吐　　C. 流鼻血　　D. 腹泻

[解析] 流鼻血是对造血系统造成伤害后的症状，而非对肠胃造成伤害后的症状。

[答案] C

环球君点拨

此考点考查较为细致，学习时尽量通读毒性危险化学品、放射性危险化学品的内容，做到熟悉内容并能选对答案。

考点 2 劳动防护用品选用原则 [2022、2021、2020]

真题链接

[2022 · 单选] 某企业对污水提升井进行改造，施工前检测发现该提升井内存在硫化氢气体，体积浓度远远超过 1%。该企业在制定改造施工方案时，应准备的呼吸道劳动保护用品是（　　）。

A. 双罐式防毒口罩　　B. 全面罩导管式防毒面具

C. 全面罩直接式防毒面具　　D. 送风长管式防毒面具

[解析] 硫化氢可以使人窒息，故应选用隔离式防毒面具，选项 D 正确。

[答案] D

[2021 · 单选] 在工业生产中，为防止毒性危险化学品对人体造成伤害，须佩戴防护用具。呼吸道防毒面具包括过滤式和隔离式两类。下列呼吸道防毒面具中，属于隔离式的是（　　）。

A. 单罐式防毒口罩　　B. 空气呼吸器

C. 头罩式防毒面具　　D. 双罐式防毒口罩

[解析] 呼吸道防毒面具包括隔离式和过滤式两类。隔离式呼吸道防毒面具包括氧气呼吸器、空气呼吸器、生氧面具、自救器、电动式和人工式送风长管式、自吸长管式等。单罐式防毒口罩、头罩式防毒面具、双罐式防毒口罩均属于过滤式防毒面具，故选项 B 正确。

[答案] B

[2020 · 单选] 某化工厂对储罐进行清洗作业时，罐内作业人员突然晕倒，原因不明，现场人员需要佩戴呼吸道防毒劳动防护用品进行及时营救。下列呼吸道防毒劳动防护用品中，营救人员应该选择佩戴的是（　　）。

A. 头罩式面具　　B. 双罐式防毒口罩

C. 送风长管式呼吸器　　D. 自给式氧气呼吸器

[解析] 自给式氧气呼吸器适用于毒性气体浓度高，毒性不明或缺氧的可移动性作业。头罩式面具、双罐式防毒口罩的使用范围为毒性气体的体积浓度低，一般不高于 1% 的情况。送风长管式呼吸器适用于毒性气体浓度高，缺氧的固定作业。根据题干描述，本次救援行动属于在毒性不明的环境中进行的可移动性作业，因此营救人员应该选择佩戴自给式氧气呼吸器。

[答案] D

真题精解

点题： 本系列真题考查过滤式防毒面具和隔离式防毒面具的选用，即根据题干给出的工作背景选用合适的防护面具。

分析： 根据《呼吸防护　自吸过滤式防毒面具》（GB 2890—2022）的规定，选用面具的要求见表 5-5。

表 5-5　选用面具的要求

<table>
<tr><th colspan="4">品类</th><th>适用范围</th></tr>
<tr><td rowspan="6">过滤式</td><td rowspan="3">全面罩式</td><td colspan="2">头罩式面具</td><td rowspan="6">毒性气体的体积浓度低，不高于1%</td></tr>
<tr><td rowspan="2">面罩式面具</td><td>导管式</td></tr>
<tr><td>直接式</td></tr>
<tr><td rowspan="3">半面罩式</td><td colspan="2">双罐式防毒口罩</td></tr>
<tr><td colspan="2">单罐式防毒口罩</td></tr>
<tr><td colspan="2">简易式防毒口罩</td></tr>
<tr><td rowspan="7">隔离式</td><td rowspan="4">自给式</td><td rowspan="2">供氧（气）式</td><td>氧气呼吸器</td><td rowspan="3">毒性气体浓度高，毒性不明或缺氧的可移动性作业</td></tr>
<tr><td>空气呼吸器</td></tr>
<tr><td rowspan="2">生氧式</td><td>生氧面具</td></tr>
<tr><td>自救器</td><td>上述情况短暂时间事故自救用</td></tr>
<tr><td rowspan="3">隔离式</td><td rowspan="2">送风长管式</td><td>电动式</td><td rowspan="2">毒性气体浓度高，缺氧的固定作业</td></tr>
<tr><td>人工式</td></tr>
<tr><td colspan="2">自吸长管式</td><td>同上，导管限长<10m，管内径>18mm</td></tr>
</table>

注意毒性气体浓度影响选用过滤式还是隔离式防护面具，救援距离影响选用固定式还是移动式防护面具。

举一反三

[典型例题 1・多选] 工业生产中有毒危险化学品会通过呼吸道等途径进入人体对人造成伤害。进入现场的人员应佩戴防护用具。按作用机理，呼吸道防毒面具可分为（　　）。

A. 全面罩式　　B. 半面罩式

C. 过滤式　　D. 隔离式

E. 生氧式

[解析] 按作用机理，呼吸道防毒面具分为过滤式和隔离式。

[答案] CD

[典型例题 2・多选] 对于毒性气体浓度高，毒性不明或缺氧的可移动性作业环境中，可选用的防毒面具有（　　）。

A. 全面罩式防毒口罩　　B. 半面罩式防毒口罩

C. 自给式氧气呼吸器　　D. 自给式生氧面具

E. 送风长管式防毒面具

[解析] 对于毒性气体浓度高，毒性不明或缺氧的可移动性作业环境中，可选用的防毒面具有

自给式氧气呼吸器、自给式空气呼吸器、自给式生氧面具、自给式自救器等。

[答案] CD

环球君点拨

考试时一定要根据作业环境、毒性气体浓度选择合适的防护面具。

亲爱的读者：

如果您对本书有任何感受、建议、纠错，都可以告诉我们。

我们会精益求精，为您提供更好的产品和服务。

祝您顺利通过考试！

扫码参与问卷调查

环球网校注册安全工程师考试研究院